ESSAI

SUR

L'HISTOIRE GENERALE

DES

MATHÉMATIQUES.

II.

ESSAI

SUR

L'HISTOIRE GENERALE

DES

MATHÉMATIQUES,

Par CHARLES BOSSUT,

Membre de l'Institut National des Sciences et des Arts de France, des Académies de Bologne, de Pétersbourg, de Turin, etc.

TOME SECOND.

A PARIS,

CHEZ LOUIS, LIBRAIRE, RUE DE SAVOIE, N°. 22.

MDCCCII.

ESSAI

SUR L'HISTOIRE GÉNÉRALE

DES MATHÉMATIQUES.

QUATRIÈME PÉRIODE.

PROGRÈS

DES MATHÉMATIQUES,

depuis la découverte de l'Analise infinitésimale jusqu'à nos jours.

Les progrès que les Mathématiques ont faits dans cette quatrième Période, étant dus, en très-grande partie, à l'*Analise infinitésimale*, autrement appelée *la méthode des fluxions*, je commencerai par l'histoire de cette nouvelle Analise, et je la conduirai sans interruption jusqu'à nos jours. Ensuite je reprendrai successivement, et suivant le même plan, les autres parties des Mathématiques.

Comme l'Analise infinitésimale s'est développée par degrés, et par la solution de divers problèmes, dont les uns sont relatifs à la Géométrie pure, d'autres à la Mécanique, d'autres à l'Astronomie, etc., je serai forcé d'entremêler ces problèmes; mais il ne résultera de-là aucun désordre, aucune confusion, tous ayant le même objet, le progrès de l'art par lequel ils ont été résolus. Je réserverai pour chaque partie des Mathématiques les problèmes qui s'y rapportent, lorsqu'ils n'ont pas concouru immédiatement au but que je viens d'indiquer.

Tous les faits que je vais rapporter, ont été puisés dans les sources, c'est-à-dire, dans les journaux du temps, les mémoires des académies, les traités publiés séparément, les recueils des œuvres de Leibnitz, de Newton, des frères Bernoulli, etc. Il aurait été trop long de citer en détail les titres de tous les écrits sur lesquels je m'appuie, et que j'ai lus avec attention; je l'ai fait seulement lorsque la chose m'a paru nécessaire. Mais j'ai indiqué exactement les dates des découvertes, ou dans mon texte même, ou dans des notes marginales.

CHAPITRE PREMIER.

Découverte de l'Analise infinitésimale : Leibnits en publie le premier les élémens ; Newton emploie une méthode semblable dans son livre des Principes Mathématiques.

De toutes les grandes conceptions qui honorent l'esprit humain, l'Analise infinitésimale est peut-être la plus remarquable, soit par le caractère de l'invention, soit par la variété et l'importance de ses usages. Presque à sa naissance, elle imprime à la Géométrie, et, de proche en proche, aux autres parties des Mathématiques, un mouvement qui s'accélère avec rapidité, à mesure que l'art se perfectionne. Des problèmes rebelles ou étrangers aux anciennes méthodes, se soumettent sans résistance à la nouvelle Analise. La généralité et l'uniformité des moyens rapprochent sous un même point de vue des théories qui paraissaient isolées et indépendantes les unes des autres. Un édifice régulier et magnifique s'élève sur une base solide, qui en maintient toutes les parties dans une juste proportion et un parfait équilibre. Si les deux plus grands géomètres de l'antiquité, Archimède et Apollonius, pouvaient revivre, ils seraient eux-mêmes frappés d'étonnement et d'admiration, en contemplant les progrès que les sciences exactes ont faits depuis leur temps jusqu'au nôtre, à travers des siècles barbares qui ont tant de fois interrompu la marche du génie.

Que l'esprit humain ne prenne pas néanmoins de-là une opinion trop orgueilleuse de ses forces : elle n'aurait aucun fondement raisonnable. Si dans cette masse de connaissances, accumulées par le temps, on pouvait séparer le produit de la mémoire, et fixer la part uniquement due à la sagacité primitive de chaque inventeur, on trouverait un bien grand nombre de petits lots. Tout est soumis à la loi de continuité, dans le monde intellectuel comme dans la succession des êtres physiques. Nous nous traînons, pour ainsi dire, d'une vérité à la vérité voisine. Le génie peut raccourcir la chaîne des principes et des conséquences; mais il ne la détruit point, et jamais il ne marche par sauts. Quelquefois une idée renfermée en apparence dans un espace fixe et déterminé, s'agrandit peu à peu par la réflexion, et forme

le noyau d'un corps de science , qui n'a plus
de bornes. Il s'en présente ici un grand exemple.
La méthode de mener les tangentes aux lignes
courbes par la nouvelle Analise, est la pierre
fondamentale du vaste édifice des sciences dans
son état actuel , comme un ruisseau , faible à
sa naissance, accru successivement par les eaux
qu'il reçoit , devient enfin un fleuve majes-
tueux.

Les anciens menaient les tangentes aux sections coniques et aux autres courbes géométriques de leur invention, par des moyens particuliers, dérivés dans chaque cas les propriétés in-
dividuelles de la courbe dont il était question.
Archimède détermina , d'une manière semblable, les tangentes de la spirale, courbe mécanique. Parmi les modernes, Descartes, Fermat,
Roberval, Barrow, Sluze, etc. avaient trouvé
des méthodes uniformes, plus ou moins simples , pour mener les tangentes des courbes
géométriques; ce qui était un grand pas : mais
il fallait préalablement que les équations des
courbes fussent délivrées des quantités radicales , si elles en contenaient ; et cette opération exigeait quelquefois des calculs immenses,
et même absolument impraticables. La tangente de la cycloïde , courbe mécanique moderne, n'avait été déterminée que par quelques

artifices fondés sur sa nature, et dont on ne pouvait tirer aucune lumière pour d'autres exemples. Il restait à trouver une méthode générale qui s'appliquât indistinctement à toutes sortes de courbes, géométriques ou mécaniques, sans qu'il fût nécessaire en aucun cas de faire disparaître les quantités radicales.

LEIBNITZ, né en 1646, m en 1716.

Leibnitz publia cette sublime découverte (et c'est le premier pas du calcul différentiel), dans les actes de Leipsick pour le mois d'octobre 1684. L'écrit à jamais mémorable qui la contient, est intitulé : *Nova Methodus pro maximis et minimis, itemque tangentibus, quæ nec fractas nec irrationales quantitates moratur, et singulare pro illis calculi genus.* On y trouve la méthode pour différencier toutes sortes de quantités, rationnelles, fractionnaires, radicales, et l'application de ces calculs à un exemple fort compliqué, qui indique la voie pour tous les cas. L'auteur résout ensuite un problème *de maximis et minimis,* dont l'objet est de trouver la route que doit suivre un corpuscule de lumière qui traverse deux milieux différens, afin d'arriver d'un point à un autre par le chemin le plus facile. Le résultat de sa solution est que les sinus des angles d'incidence et de réfraction doivent être entr'eux en raison réciproque des résistances des deux milieux. Enfin, il applique son nouveau calcul à un problème que Beaune avait autrefois proposé à Descartes, et dont celui-ci n'avait donné qu'une solution incomplète. Il s'agissait de trouver une courbe dont la soustangente fût partout la même : Leibnitz fait voir, en deux traits de plume, que la courbe cherchée est telle, que si les abscisses forment une progression arithmétique, les ordonnées forment une progression géométrique : propriété où l'on reconnaît la logarithmique ordinaire.

Quelque temps après, il jeta dans deux petits écrits sur les quadratures des courbes, les premières notions du calcul *sommatoire* ou *intégral*. Ces idées sont plus développées dans un autre écrit intitulé : *De Geometria recondita et Analisi indivisibilium atque infinitorum*. Leibnitz y donne la règle fondamentale du calcul intégral : il explique en quoi consistent les problèmes de la méthode inverse des tangentes, que l'on a dans la suite variés de tant de manières. Barrow avait démontré laborieusement que dans toute courbe, la somme des produits des intervalles infiniment petits des ordonnées par les sous perpendiculaires de la courbe, est égale à la moitié du quarré de l'ordonnée extrème :

An 163;.

An 1696.

Leibnitz trouve en se jouant le même résultat, au moyen du calcul intégral ; et il observe en général que tous les problèmes des quadratures, donnés auparavant par les géomètres, se résolvent sans aucune difficulté par sa méthode.

Dans le temps que Leibnitz était en possession de toutes ces richesses, Newton n'avait encore rien publié qui pût faire connaître qu'il était parvenu de son côté à de semblables résultats ; mais sur la fin de l'année 1686, il mit au jour son livre intitulé : *Philosophiæ naturalis principia Mathematica* ; ouvrage immense et profond, dans lequel il s'est proposé d'expliquer, par l'observation et le calcul, les principaux phénomènes de la nature, et spécialement les mouvemens des corps célestes. Je parlerai en détail de cet ouvrage, quand je serai arrivé à l'Astronomie physique. Ici je me contente de remarquer que la clef des plus difficiles problèmes qui y sont résolus, est la méthode des fluxions, ou l'Analise infinitésimale, mais présentée sous une forme qui la déguisait, et rendait l'ouvrage pénible à suivre. Aussi n'eut-il pas d'abord tout le succès qu'il méritait ; on y trouva de l'obscurité, des démonstrations puisées dans des sources trop détournées, un usage

Newton,
né en 1642,
m. en 1727.

trop affecté de la méthode synthétique des anciens, tandis que l'Analise aurait beaucoup mieux fait connaître l'esprit et le progrès de l'invention. L'extrême concision de quelques endroits fit penser, ou que Newton, doué d'une sagacité extraordinaire, avait un peu trop présumé de la pénétration de ses lecteurs, ou que, par une faiblesse dont les plus grands hommes ne sont pas toujours exempts, il avait cherché à surprendre une admiration que le vulgaire accorde facilement aux choses qui passent ou fatiguent son intelligence. Quoi qu'il en soit, la grande célébrité du livre des principes ne date guère que du commencement du siècle dernier, où l'Analise infinitésimale, déjà fort avancée, mit les géomètres en état de le comprendre. Alors on vit, à n'en pouvoir douter, que des théorèmes et des problèmes enveloppés dans une synthèse compliquée, avaient été trouvés originairement par l'Analise : mais en même temps on rendit à Newton la justice de reconnaître qu'à l'époque de la publication de son livre, il possédait la méthode des fluxions dans un haut degré, du moins quant à la partie qui concerne les quadratures des courbes. J'examinerai dans la suite le droit qu'il a, concurremment avec Leibnitz, à l'invention de cette méthode : attendons, pour en parler, les circonstances où cette espèce de procès s'engagea, et continuons ici le précis historique des progrès de la science.

CHAPITRE II.

Leibnitz continue d'étendre sa nouvelle Analise : il est secondé par les frères Bernoulli. Divers problèmes proposés et résolus. Analise des infiniment petits du marquis de l'Hopital.

Dans le temps que Leibnitz était le plus occupé à perfectionner la nouvelle Analise, il en fut d'abord un peu détourné par une dispute qu'il eut avec les Cartésiens sur la mesure des forces vives ; mais il trouva enfin le secret de faire tourner la dispute au succès de son dessein. Il avait avancé que Descartes Act. Lips. 1686. et ses disciples s'étaient trompés en mesurant la force des corps en mouvement par le simple produit de la masse et de la vitesse, et qu'il la fallait mesurer par le produit de la masse et du quarré de la vitesse ; sa preuve se réduisait à ce raisonnement très – simple : De l'aveu de tout le monde, il faut la même force pour élever un poids d'une livre à quatre pieds de hauteur, que pour élever un poids de quatre livres à un pied de hauteur ;

or un corps tombant de quatre pieds, et un corps tombant d'un pied, acquièrent des vitesses qui sont comme deux et un : donc, selon les Cartésiens, les forces seraient ici comme deux et quatre, au lieu d'être égales. Les Cartésiens répondirent qu'il fallait avoir égard à la différence des temps des chutes dans les deux cas : Leibnitz répliqua que la considération du temps devait être écartée ; que la force existait en elle-même, et qu'il importait peu de savoir comment elle avait été acquise. Bientôt on se perdit dans des subtilités métaphysiques qui faisaient briller l'esprit et n'éclaircissaient point la question. Enfin, l'égalité des temps, que les Cartésiens exigeaient absolument pour la mesure et la comparaison des forces motrices, fit naître à Leibnitz l'idée d'un problème curieux, qu'il leur proposa comme un moyen de rendre au moins la discussion utile à la Géométrie : c'était de trouver la courbe *isochrone;* c'est-à-dire, *la courbe qu'un corps pesant doit suivre pour s'éloigner ou s'approcher également, en temps égaux, d'un plan horizontal.* Mais les Cartésiens, jusque-là fort prodigues d'*explications*, de *remarques*, de *répliques*, gardèrent ici un profond silence, et l'Analise de leur maître, tant exaltée par eux, ne leur fournit aucun moyen de répondre au défi qui leur était adressé.

Huguens, qui n'avait pris aucune part à la question sur la mesure des forces vives, jugea le problème digne de son application; il publia les propriétés et la construction de la courbe, sans en ajouter les démonstrations. Cette courbe est la seconde parabole cubique.

Leibnitz, après avoir attendu en vain pendant trois ans la solution des Cartésiens, nomma la même courbe qu'Huguens, et démontra qu'elle satisfait au problème. Et pour *offrir*, disait-il, la *revanche* à ses adversaires, il leur proposa de trouver la courbe *isochrone paracentrique*, où le corps doit maintenant s'éloigner ou s'approcher également, en temps égaux, d'un point fixe; mais ce second problème était plus embarrassant que l'autre, et la prétendue politesse de Leibnitz pouvait être regardée comme un persiflage.

Cette petite guerre, et d'autres travaux absolument étrangers aux Mathématiques, enlevaient à Leibnitz un temps qu'il eût voulu consacrer tout entier au progrès de la nouvelle Géométrie. Malgré tant de distractions, il répandait sans cesse dans les journaux des vues qui tendaient à ce but. Bientôt il fut

An 1687.

An 1689.

secondé par deux hommes illustres qui saisirent sa méthode avec ardeur, qui se l'approprièrent tellement, et qui en firent tant de belles applications, que Leibnitz a publié plusieurs fois dans les journaux, avec un abandon bien digne d'un si grand homme, qu'elle leur était aussi redevable qu'à lui-même. On voit que je veux parler des deux frères, Jacques Bernoulli et Jean Bernoulli.

JACQUES BERNOULLI, né en 1654, m. en 1705.

JEAN BERNOULLI, né en 1667, m. en 1748.

L'aîné (Jacques Bernoulli), déjà célèbre par différens ouvrages de Géométrie, de Mécanique et de Physique, avait initié son frère aux Mathématiques. Les progrès qu'ils firent conjointement ou séparément dans la nouvelle Analise, furent rapides. Une noble émulation, resserrée par les liens du sang, de l'amitié et de la reconnaissance, dirigea leurs études pendant deux ou trois ans. Avides seulement de s'instruire, ils n'avaient alors devant les yeux que la sublime ambition de pénétrer dans le labyrinthe scientifique ouvert à leur curiosité; et cette malheureuse rivalité qui tient à l'envie, ne troublait point encore de si douces jouissances.

A son entrée dans la carrière, Jacques Bernoulli donna la solution et l'analise du problème de la courbe isochrone ordinaire : il

An 1690.

trouva, comme Leibnitz et Huguens, que

cette courbe est la seconde parabole cubique. Il prit de-là occasion de proposer aux géomètres un problème que Galilée avait autrefois inutilement attaqué : c'était de *trouver la courbe que forme la chaînette*, ou *un fil pesant flexible et inextensible, attaché par ses extrémités à deux points fixes.*

Cet usage de proposer publiquement des problèmes, déjà introduit depuis long-temps parmi les géomètres, et auquel Leibnitz et les frères Bernoulli ont principalement donné une grande vogue, était alors un puissant moyen d'aiguiser les esprits, et de faire concourir toutes leurs facultés au progrès d'une Géométrie naissante : tel fut l'effet que produisit le problème de la chaînette.

Pendant qu'on en cherchait la solution, Jacques Bernoulli publia deux mémoires, où il détermine, par la nouvelle Analise, les tangentes, les quadratures des espaces, et les rectifications de trois fameuses courbes : la spirale parabolique, la spirale logarithmique, et la loxodromie ; à quoi il joignit par supplément la mesure de l'aire des triangles sphériques. Ces deux écrits contiennent les premiers essais un peu développés qu'on ait donnés du calcul intégral, au progrès duquel ils ont en effet sensiblement contribué. L'auteur

An 1691.

ne se borna pas à la simple théorie : il indiqua
quelques propriétés utiles de la loxodromie.

De son côté, *Leibnitz* fit paraître sur la
quadrature arithmétique des sections coniques
qui ont un centre, un écrit dans lequel il établit
des formules analitiques très-simples et facilement convertibles en nombres ; il appliqua
sa méthode à quelques problèmes concernant
la loxodromie.

An 1691.
Le problème de la chaînette fut résolu par
Huguens, Leibnitz et Jean Bernoulli. Comme
les deux frères Bernoulli travaillaient alors
ordinairement en commun, on présume que
la solution de Jean Bernoulli est l'ouvrage
de l'un et de l'autre. Ce problème est la véritable époque où l'Analise des équations différentielles commence à prendre un caractère
fixe et certain. On ne considéra d'abord que
des chaînettes uniformément pesantes : Jacques
Bernoulli étendit la solution au cas où le poids
de la chaînette varierait d'un point à l'autre
suivant une loi donnée. De proche en proche,
et par l'analogie des matières, le même géomètre détermina la courbe que forme un arc
tendu, celle d'une lame élastique arrêtée solidement par un bout, et chargée à l'autre d'un
poids donné ; il fixa plus particulièrement son
attention sur la courbure que prend une voile

flexible enflée par le vent, espérant que cette recherche pourrait être utile à la navigation ; il trouva que dans la supposition où le vent, An 1691. après avoir frappé la voile, aurait toute liberté de s'échapper, la courbe de la voile est une chaînette ordinaire, mais que si la voile, toujours supposée parfaitement flexible, était enflée par un fluide qui pesât sur elle verticalement, comme l'eau pèse sur les parois d'un vase qui la contient, elle formerait une courbe connue sous le nom de *lintéaire*, et dont la nature est exprimée par la même équation que la courbe élastique ordinaire, où les extensions sont supposées proportionnelles aux forces appliquées à chaque point. L'identité des deux courbes n'était pas facile à reconnaître : Jacques Bernoulli montra dans cette question, et quelques autres du même genre, une profonde sagacité.

Dans le temps qu'il était occupé de ses premières méditations sur la courbure de la voile, il en communiquait successivement les progrès par lettres à son frère, alors absent de Bâle. On voit clairement que ces ouvertures conduisirent Jean Bernoulli à la solution qu'il publia du même problème, dans le journal des Savans, et An 1692. d'où il résulte également que la courbe de la voile est une chaînette. Lui-même, par la

II. 3

manière dont il expose les faits, nous fournit la
preuve du secours qu'il avait emprunté. N'a-t-
on pas droit après cela d'être un peu surpris de
trouver ici les premiers traits de cette jalousie
qu'il montra dans la suite trop ouvertement
contre son ancien maître ?

An 1691. La théorie des courbes qui, roulant sur
elles-mêmes, en produisent d'autres, fut pour
Jacques Bernoulli un champ de découvertes
remarquables. Il suppose qu'une courbe quelconque étant donnée et considérée comme
immobile, on fasse rouler sur elle une courbe
égale et semblable ; il détermine la développée
et la caustique de l'espèce de roulette que décrit un point de la courbe roulante ; il en tire
deux autres courbes analogues, qu'il appelle
l'*antidéveloppée* et la *péricaustique*. Toutes
ces courbes offraient une foule de propriétés
bien dignes de piquer la curiosité des géomètres ; surtout dans un temps où ils étaient
encore peu exercés à manier la nouvelle Analise. En appliquant ses méthodes à la spirale
logarithmique, Jacques Bernoulli trouva que
cette courbe est elle-même sa développée, sa
caustique, son antidéveloppée et sa péricaustique : caractère singulier, dont il fut tellement
émerveillé, qu'il ne put s'empêcher de témoigner avec chaleur que si l'usage était encore,

comme au temps d'Archimède, de placer des
figures et des inscriptions sur le tombeau des
géomètres, il eût désiré que l'on gravât sur le
sien une spirale logarithmique, avec ces mots :
Eadem mutata resurgo.

La cycloïde a des propriétés analogues à
celles que je viens de rapporter de la spirale :
Jacques Bernoulli les fit connaître dans une
addition à son premier mémoire; il avertit en
même temps que son frère était parvenu de
son côté à des résultats semblables.

Je ne dois pas omettre un écrit de Leibnitz
sur les courbes qui se forment d'une infinité
de lignes droites ou courbes, qui vont concourir en une suite de points soumis à une loi
donnée. Cet écrit peu développé contient des
vues générales pour la solution de plusieurs
problèmes, tels que ceux des caustiques, des
courbes qui en coupent une suite d'autres sous
un angle donné, etc. Leibnitz se livrait rarement aux ouvrages de détail : aussitôt qu'il se
voyait en possession d'une méthode, il l'abandonnait, laissant à d'autres le plaisir de l'étendre
et de la perfectionner.

Dans cette multitude de problèmes, il en
parut un fort curieux, proposé par Viviani,
célèbre géomètre italien, sous ce titre : *Ænig-
ma geometricum de miro opificio testitudinis*

An 1692.

2.

quadrabilis hemisphæricæ. L'auteur feignait que, parmi les monumens de l'ancienne Grèce savante, il existait encore un temple de forme hémisphérique, percé de quatre fenêtres égales, avec un tel art, que le reste de la voûte était absolument quarrable ; et il espérait que *les illustres analistes du siècle* (il désignait ainsi les géomètres en possession des nouveaux calculs), devineraient facilement cette énigme. Il ne fut point trompé dans son espérance : le jour même où Leibnitz et Jacques Bernoulli reçurent le programme de Viviani, ils résolurent le problème ; et les autres géomètres *infinitaires* l'eussent sans doute aussi résolu, s'il était parvenu assez tôt à leur connaissance. Viviani était profond dans l'ancienne Géométrie : il s'était principalement distingué par la *divination* ou la *restitution* des cinq livres des coniques de l'ancien Aristée, qui sont perdus ; mais lorsque la Géométrie des infiniment petits parut, il était trop âgé pour l'étudier et l'approfondir ; c'était d'ailleurs un homme véritablement modeste, et qui n'avait point eu l'intention d'embarrasser les *illustres analistes.* Néanmoins il faut reconnaître que sa propre solution, fondée sur la méthode synthétique des anciens, est très-recommandable par sa simplicité et son élégance : il démontra

qu'on satisfait à la question en élevant perpendiculairement à la base de la voûte hémisphérique, deux cylindres droits, dont les axes
passent par les milieux de deux rayons qui
forment un même diamètre du cercle de la
base.

Un problème qui se rapporte à la méthode
de maximis et minimis, occupa long-temps
sans succès les frères Bernoulli ; c'était de
*trouver le jour du plus petit crépuscule pour
un lieu dont la latitude est donnée*. Cette
question, traitée par la méthode analitique,
mène à une équation du quatrième degré
dont il est embarrassant de séparer les racines
utiles d'avec celles qui doivent être rejetées ;
mais, en employant la méthode synthétique,
ils parvinrent, chacun de leur côté, à une analogie très-simple et très-commode pour le
calcul astronomique.

La place de professeur de Mathématiques
en l'université de Bâle, qu'occupait Jacques
Bernoulli, valut à ses élèves et au public
un excellent traité sur la sommation des
suites ; la première partie avait paru en 1689,
la seconde fut publiée en 1692.

Toutes les parties de la nouvelle Géométrie marchaient rapidement. Les problèmes
volaient de tous côtés ; et les journaux étaient

An 16;2:

devenus une espèce d'arène savante, où l'on voyait combattre les plus grands géomètres du temps, Huguens, Leibnitz, les frères Bernoulli, Newton, et le marquis de l'Hopital qui y soutint dignement, pendant plusieurs années, l'honneur de la France.

L'HOPITAL,
né en 1661,
m. en 1704.

Le problème suivant, proposé par Jean Bernoulli, contribua beaucoup au progrès des méthodes pour intégrer les équations différentielles : *trouver une courbe telle que les tangentes terminées à l'axe fussent en raison donnée avec les parties de l'axe, comprises entre la courbe et ces tangentes.* Il fut résolu par Huguens, Leibnitz, Jacques Bernoulli et le marquis de l'Hopital.

An 1693.

A cette occasion, Huguens rendit un témoignage d'autant plus honorable aux nouveaux calculs, que ce grand homme ayant fait plusieurs sublimes découvertes sans ces calculs, pouvait être dispensé d'en célébrer les avantages : il avoue qu'il voyait *avec surprise et admiration l'étendue et la fécondité de cet art ; que de quelque côté qu'il tournât la vue, il en découvrait de nouveaux usages, et qu'enfin il y concevait un progrès et une spéculation infinie.* Quel malheur qu'il ait été enlevé aux sciences dans un âge où, avec le secours de ce nouvel instrument, il pouvait

encore leur rendre tant d'importans services !

Tschirnhaus avait fait connaître, depuis
plusieurs années, les fameuses courbes appe-
lées *caustiques* : elles sont formées, comme
on sait, par le concours des rayons de lumière qu'une autre courbe quelconque a réflé-
chis ou rompus. Tschirnhaus, avec le seul
secours de la Géométrie ordinaire, en avait
découvert plusieurs belles propriétés, comme,
par exemple, qu'elles sont égales à des lignes
droites, quand les courbes qui les produisent
sont géométriques. La Géométrie des infiniment petits facilita extrêmement toutes ces recherches, et Jacques Bernoulli les poussa très-
loin, principalement la théorie des caustiques
par réfraction.

L'abondance des matières et les bornes de
cet Essai me forcent de passer sous silence plusieurs autres mémoires du même Jacques Bernoulli, sur divers sujets de Géométrie, de
Mécanique, d'Hydraulique, etc. J'omets également les réflexions de Leibnitz sur la manière
de résoudre les problèmes des quadratures, par
la construction de certaines courbes qu'il décrit
par des mouvemens assujétis à des lois données. La description de la *tractoire* est un
exemple de ces mouvemens, et c'est en effet à

TSCHIRNHAUS
né en 1651,
m. en 1708.

An 1693.

An 1693.

l'occasion de cette courbe dont Claude Per-
rault lui avait demandé la nature, que Leibnitz proposa ces remarques où l'on reconnaît
sa subtilité ordinaire. Je dis la même chose
d'une nouvelle application que Leibnitz fit de
son calcul différentiel pour construire les
courbes d'après une condition des tangentes.
D'autres géomètres donnèrent, vers le même
temps, des ouvrages, ou des solutions de problèmes, qu'il serait trop long de rapporter.

Les géomètres semblaient avoir oublié le
problème de la courbe isochrone paracentrique, que Leibnitz avait proposé en 1689,
et dont il tenait toujours la solution cachée.
La cause de cet oubli apparent était sans doute
la difficulté de séparer les indéterminées de
l'équation que l'on trouve, lorsqu'on rapporte
la courbe à des coordonnées perpendiculaires.
Jacques Bernoulli surmonta la difficulté, en
prenant pour ordonnées des droites parallèles,
et pour abscisses les cordes d'une infinité de
cercles qui ont tous pour centre le point fixe:
il obtint de la sorte une équation séparée,
qu'il construisit d'abord par la rectification de
la courbe élastique, et ensuite par celle d'une
courbe algébrique. Peu de temps après, Jean
Bernoulli résolut aussi ce problème : il en
donna une analise détaillée et complète, que

An 1694.

je louerais beaucoup, s'il n'eût lui-même pris ce soin, et s'il se fût abstenu de critiquer injustement les constructions de son frère, auxquelles même cette analise se rapporte quant au fond. Leibnitz publia dans le même temps sa solution, qui ne diffère pas essentiellement de celle des deux Bernoulli, mais qui est accompagnée de réflexions utiles au progrès de la Géométrie.

On apprend, dans le *Commercium epistolicum* de Leibnitz et Jean Bernoulli, publié seulement en 1745, que dès l'année 1694, Tom. 1, p. 10. ils avaient trouvé l'un et l'autre, chacun de leur côté, cette branche de la nouvelle Analise, qu'on appelle le *calcul exponentiel*. Leibnitz a la priorité de date; mais Jean Bernoulli a fait la découverte de lui-même: il publia, en 1697, les règles et l'usage de ce calcul, et on croit ordinairement qu'il en est le premier et même le seul inventeur.

Ce même *Commerce* offre, sous l'année An 1695. 1695, une remarque importante de Leibnitz sur l'analogie qui règne entre les puissances d'un polynome composé de termes variables, et les différentielles (du même ordre) du produit de ces termes. De-là Jean Bernoulli déduisit une méthode pour intégrer, en certain cas, des formules différentielles de tous les ordres.

On doit compter au nombre des plus curieux problèmes de ce temps-là, celui de la courbe d'équilibration dans les ponts-levis, résolu par le marquis de l'Hopital : il mérita principalement l'attention des géomètres, par l'utilité qu'on en espérait pour la pratique. Jean Bernoulli observa que la courbe demandée, dont le marquis de l'Hopital avait donné l'équation générale, était une *épycicloïde*, ou qu'elle pouvait être engendrée par un style fixé à un cercle qui roule sur un autre cercle. Leibnitz et Jacques Bernoulli donnèrent aussi des solutions de ce problème.

On remarque vers le même temps un excellent écrit de Jacques Bernoulli, concernant la courbe élastique, les courbes isochrones, le chemin de moyenne direction dans la course des navires, la méthode inverse des tangentes, etc. Il avait déjà traité la plupart de ces sujets : ici il les étend, les rectifie et les perfectionne. Aux discussions de science, il entremêle quelques détails historiques qu'on lit avec plaisir : il repousse pour la première fois les attaques injustes et réitérées de son frère ; il l'avertit de modérer ses prétentions, d'attacher moins d'importance à des découvertes que l'instrument dont ils étaient munis l'un et l'autre, rendait faciles, et de reconnaître que comme *les quantités en Géométrie croissent par degrés, semblablement tout homme pourvu du même instrument aurait trouvé par degrés les mêmes résultats :* paroles modestes et bien remarquables dans la bouche de l'un des plus grands géomètres que la terre ait portés.

Ce mémoire était terminé par l'invitation que Jacques Bernoulli faisait aux géomètres d'intégrer une équation différentielle très-générale et du plus grand usage dans l'Analise. La solution qu'il avait trouvée de ce problème, et celles qu'en donnèrent Leibnitz et Jean Bernoulli, furent publiées dans les actes de Leipsick.

Il parut, dans l'année 1696, un grand nombre d'ouvrages qui donnèrent une nouvelle extension à l'Analise infinitésimale : tels furent le mémoire de Jacques Bernoulli sur les quadratures des surfaces sphéroïdales, où l'on trouve des problèmes analogues à celui de Viviani, mais plus généraux et plus compliqués ; plusieurs beaux théorèmes de Jean Bernoulli sur ces mêmes quadratures ; la troisième partie du traité *des suites* de Jacques Bernoulli, et principalement le célèbre livre du marquis de l'Hopital, intitulé : *Analise des infiniment petits, pour l'intel-*

ligence des lignes courbes, sur lequel je m'arrêterai un moment.

Il y avait long-temps qu'on désirait un pareil ouvrage. « Jusque-là, dit Fontenelle
» dans l'éloge du marquis de l'Hopital, la
» nouvelle Géométrie n'avoit été qu'une es-
» pèce de mystère, et, pour ainsi dire, une
» science cabalistique renfermée entre cinq
» ou six personnes. Souvent on donnoit dans
» les journaux les solutions, sans laisser pa-
» roître la méthode qui les avoit produites;
» et lors même qu'on la découvroit, ce n'é-
» toient que quelques foibles rayons de cette
» science qui s'échappoient, et les nuages se re-
» fermoient aussitôt. Le public, ou pour mieux
» dire, le petit nombre de ceux qui aspiroient
» à la haute Géométrie, étoient frappés d'une
» admiration inutile qui ne les éclairoit point;
» et l'on trouvoit le moyen de s'attirer leurs
» applaudissemens, en retenant l'instruction
» dont on auroit dû les payer. » L'ouvrage du marquis de l'Hopital dévoila toute la science du calcul différentiel; il fut reçu avec un applaudissement universel, compté dès lors, et même encore aujourd'hui, au nombre des livres classiques. Mais le temps n'était pas arrivé de traiter de même le calcul intégral, qui est immense dans les détails, et qui, malgré

les progrès considérables qu'il a faits, n'est pas encore, à beaucoup près, entièrement inventé. Leibnitz promettait un ouvrage qui, sous le titre de *Scientia infiniti*, devait comprendre le calcul différentiel et le calcul intégral ; mais cet ouvrage, qui aurait été alors fort utile, n'a jamais vu le jour.

CHAPITRE III.

Insigne mouvement dans la théorie des Maxima et des Minima. Dispute des frères Bernoulli sur le problème des Isopérimètres.

An 1695. Tous les problèmes *de Maximis et Minimis* qu'on avait résolus jusqu'au temps où nous sommes, n'avaient eu pour objet que de trouver, dans le nombre des fonctions explicites qui ne renferment qu'une seule variable, ou réductibles à une seule variable, celles qui, parmi leurs semblables, peuvent devenir des *maxima* ou des *minima*. Descartes, Fermat, Sluze, Hudde, etc. s'étaient fait des méthodes particulières pour ces problèmes : celle du calcul différentiel les avait toutes fait disparaître, par sa simplicité et sa généralité. Il restait une autre classe de problèmes du même genre, mais beaucoup plus profonde et plus compliquée, où le calcul différentiel et le calcul intégral étaient nécessaires l'un et l'autre : elle consistait à trouver parmi les fonctions *implicites* ou affectées de signes *sommatoires*, celles qui donnent des *maxima* ou des *minima*; comme, par exemple, la courbe qui renferme le plus grand espace suivant des conditions données, ou qui produit par sa révolution le plus grand solide entre des limites pareillement données, etc. Newton, après avoir déterminé, parmi tous les cônes droits tronqués, de même base et de même hauteur, celui qui, étant mu dans un fluide par la plus petite base (inconnue) suivant la direction de son axe, éprouve la moindre résistance possible (ce qui était un problème de l'ancien genre), avait énoncé sans démonstration une proportion, d'où l'on tire l'équation différentielle de la courbe, qui, en tournant autour de son axe, produit *le solide de la moindre résistance* : problème relatif au second genre. Le principe de cette solution, dont Newton avait fait mystère suivant son usage, est que, lorsqu'une propriété de *maximum* ou de *minimum* convient à une courbe, ou à une portion finie de courbe, elle convient aussi à une portion infiniment petite : il a de l'analogie avec des moyens qu'on a employés souvent dans la Géométrie; comme, par exemple, lorsqu'on démontre l'égalité d'une zône sphérique avec la

Prin. Math., Lib. II, prop. 34.

surface correspondante du cylindre circonscrit, par l'égalité réciproque de leurs élémens. Mais quand même Newton aurait indiqué formellement ce principe, le problème général avait encore, dans chaque cas particulier, sa difficulté particulière, soit pour trouver l'équation différentielle de la courbe, soit pour parvenir à l'intégration. Les sciences ont donc une obligation de la plus haute importance à Jean Bernoulli, d'avoir attiré l'attention des géomètres sur cette théorie générale, en leur proposant le fameux problème de la *Brachystochrone*, ou *de la courbe telle qu'un corps pesant descendant le long de sa concavité, arrive dans le moindre temps possible d'un point à un autre, les deux points n'étant pas situés dans la même ligne verticale.* Il est certain qu'à l'époque dont il s'agit, ce problème était plus difficile que celui du solide de la moindre résistance, dont Newton avait même laissé la solution incomplète, puisqu'il n'avait pas intégré l'équation différentielle de la courbe génératrice.

Au premier coup d'œil, on est porté à croire que la ligne droite, comme le plus court chemin d'un point à l'autre, doit être aussi le chemin de la plus vite descente ; mais le géomètre attentif s'abstient de prononcer,

An 1697.

lorsqu'il considère que dans une courbe con-
cave décrite d'un point à l'autre, le mobile
descend d'abord plus verticalement, et acquiert
par conséquent une plus grande vitesse, que
sur le simple plan incliné; ce qui produit une
compensation, et peut faire arriver le corps
plus promptement suivant la ligne courbe que
suivant la ligne droite. La métaphysique seule
ne peut donc pas résoudre la question, et il
fallait absolument recourir à un calcul précis.
Or le résultat de ce calcul fit connaître qu'en
effet le chemin cherché est une courbe, et un
arc de cycloïde renversée : nouvelle propriété
très-remarquable de la cycloïde, que les recherches de Huguens et de Pascal avaient déjà
rendue si célèbre.

Leibnitz résolut le problème le jour même
qu'il reçut le programme de Jean Bernoulli,
à qui il en donna aussitôt avis : tous deux con-
vinrent de tenir leurs solutions cachées, et
d'accorder un an aux autres géomètres pour
s'exercer sur une si belle question. Ce délai
fut annoncé dans les journaux, et dans une
feuille volante que Jean Bernoulli envoya de
tous côtés.

Il n'était pas encore expiré, lorsqu'outre les
solutions de Jean Bernoulli et de Leibnitz, il
en parut encore trois autres, dont les auteurs

Leib. et John.
Bern., com.
Epist., tom. I,
page 171.

II.   3

étaient Newton, le marquis de l'Hopital et Jacques Bernoulli. Celle de Newton parut anonyme, dans les *Transactions philosophiques* de la société royale de Londres; mais Jean Bernoulli devina l'auteur, *tanquam*, dit - il, *ex ungue leonem*.

Le marquis de l'Hopital eut beaucoup de peine à trouver la sienne : elle peut néanmoins se tirer assez facilement d'un principe qu'il emploie lui – même, lorsqu'il cherche la route que doit suivre un voyageur pour arriver, dans le moindre temps possible, d'un lieu à un autre, en traversant deux campagnes où il éprouve à marcher des résistances qui font varier la vitesse dans un rapport donné; car si l'on regarde les deux campagnes comme les deux élémens d'une courbe située dans un plan vertical, et si l'on suppose, conformément à la théorie de la chute des graves, que les vitesses d'un corps pesant le long d'une courbe quelconque, sont comme les racines quarrées des hauteurs d'où le corps est descendu, on parvient en un instant à l'équation différentielle de la cycloïde. Mais personne ne fit alors cette remarque, et ne rapprocha des idées qui nous paraissent aujourd'hui si voisines.

An. des infiniment petits, art. 59.

Enfin, Jacques Bernoulli donna, avant

l'expiration du terme prescrit par son frère, une solution où il démontre que la courbe demandée est un arc de cycloïde. En la cherchant, il s'était élevé à des problèmes *sur les isopérimètres*, d'une spéculation encore plus profonde ; et après les avoir résolus, il les proposa publiquement, à la suite de sa méthode pour la courbe de la plus vîte descente.

Toutes ces solutions parurent dans le même temps, et sans que les auteurs eussent pu tirer aucune lumière les uns des autres.

La rivalité de gloire qui divisait depuis long-temps les frères Bernoulli, se déploya toute entière dans cette occasion : elle avait été d'abord un peu tempérée par l'habitude de se voir, au moins de temps en temps, et par l'entremise de quelques amis communs; mais le cadet ayant été nommé professeur de Mathématiques à Groningue, en 1695, ils ne conservèrent bientôt plus de relations particulières : ils ne se parlaient plus que dans les journaux, et c'était pour se proposer les problèmes les plus difficiles. Jean Bernoulli était l'aggresseur; mais peut-être son frère avait-il montré un peu trop de hauteur dans la première réponse qu'il lui fit, et dont j'ai rapporté le précis. Les esprits s'étaient aigris;

Jean Bernoulli revenait souvent à la charge ; et son ancien maître n'était pas homme à souffrir plus long-temps des attaques injustes par elles-mêmes, et indépendamment des motifs de reconnaissance qui auraient dû les empêcher. Dans ces dispositions, Jacques Bernoulli voulant enfin se venger d'une manière éclatante, mais en même temps utile à la Géométrie, provoqua nominativement son

Histoire du problème des Isopérimètres.

frère à résoudre le problème suivant : *Trouver parmi toutes les courbes isopérimètres entre des limites données, une courbe telle que, construisant une seconde courbe dont les ordonnées soient des fonctions quelconques des ordonnées, ou des arcs de celle-là, l'aire de la seconde courbe forme un* maximum *ou un* minimum. A ce problème principal, il en joignit un autre plus analogue à celui de la Brachystochrone : c'était de *trouver parmi toutes les cycloïdes qu'un corps grave peut décrire pour arriver d'un point à une ligne donnée de position, la cycloïde qui est décrite dans le moindre temps possible.* Il termina son défi à peu près en ces termes : « Une personne dont je réponds (*Prodit* NON » NEMO *pro quo caveo*) s'engage à donner, » indépendamment des louanges méritées, un » prix de cinquante florins à mon frère, sous

» la condition que dans trois mois il promette
» de résoudre ces problèmes ; et que dans un
» an il en publie des solutions légitimes : si
» au bout de ce temps personne n'a résolu
» les problèmes , je publierai mes propres
» solutions. »

Aussitôt que Jean Bernoulli eut reçu les
différens écrits qui contenaient les solutions
de son problème de la *Brachystochrone*, il se
crut en droit, et il ne manqua pas d'en dire
son avis : il loua beaucoup Leibnitz, le marquis de l'Hopital et Newton. Il reconnut aussi
que son frère avait bien résolu le problème ;
mais il l'accusa d'y avoir mis trop de temps :
il oubliait sans doute que dans ce même espace
de quatre ou cinq mois, Jacques Bernoulli
avait de plus conçu la théorie générale, et exécuté les calculs du grand problème des isopérimètres qu'il proposait, et dont il tenait la
solution toute prête à paraître. Ensuite passant aux nouveaux problèmes qu'on lui proposait à lui-même, et croyant que sa théorie
de la Brachystochrone suffisait seule pour les
résoudre, Jean Bernoulli laissa échapper ces
expressions d'une vanité bien naïve: « Quel-
» qu'en difficiles que ces problèmes paraissent,
» je n'ai pas manqué de m'y attacher à l'ins-
» tant même que je les ai reçus ; mais voyez

» avec quel succès ! au lieu de trois mois que
» l'on me donne pour sonder le gué, et au
» lieu de tout le reste de cette année pour
» trouver la solution, je n'ai employé en tout
» que trois minutes de temps pour tenter,
» commencer et achever d'approfondir tout
» le mystère. » Ces belles promesses étaient
accompagnées des constructions qu'il donnait des problèmes, et de la demande qu'il
faisait en conséquence, qu'on lui délivrât
l'argent du prix, voulant, disait-il, le donner
aux pauvres, puisque d'ailleurs il lui avait trop
peu coûté à gagner. Mais l'affaire n'était pas
à beaucoup près aussi avancée qu'il le croyait ;
et sans doute il se fût épargné toute cette jactance, s'il eût prévu qu'elle allait lui attirer
des chagrins d'autant plus amers, qu'à un talent supérieur pour la Géométrie, il joignait
la franchise ou la maladresse de montrer un
peu trop ouvertement l'opinion avantageuse
qu'il en avait lui-même.

Sa construction du problème de la cycloïde
de la plus vite descente était exacte. On voit
aussi qu'il avait rencontré fortuitement la
vraie solution, ou plutôt le vrai résultat d'un
cas des isopérimètres ; mais sa méthode ne
s'étendait pas au problème général ; et Jacques
Bernoulli, bien sûr de la sienne propre,

trouvant que les deux méthodes ne donnaient pas la même équation, lorsque les ordonnées de la seconde courbe sont des fonctions des ARCS de la première, fit imprimer un *Avis* où il affirmait que la méthode de son frère était défectueuse : il accordait encore quelque temps aux géomètres pour chercher la solution, et si personne ne la donnait, il s'engageait à trois choses : 1°. à deviner au juste l'Analise de son frère ; 2°. quelle qu'elle fût, à y faire voir des paralogismes ; 3°. à donner la véritable solution du problème dans toutes ses parties. A quoi il ajouta ce pari d'une espèce piquante, que si quelqu'un s'intéressait assez au progrès des sciences pour hasarder un prix pour chacun de ces articles, il s'engageait à perdre autant, s'il ne s'acquittait pas du premier, à perdre le double, s'il ne réussissait pas au second, et le triple, s'il manquait au troisième.

An 1698.

La singularité de cet avertissement et l'autorité de l'auteur en Géométrie, ébranlèrent un peu la confiance que Jean Bernoulli avait en sa méthode : il revit sa solution ; il reconnut qu'il s'était trompé en quelque chose ; ce qu'il attribuait *à une trop grande précipitation*. Il envoya un nouveau résultat, mais sans prendre un ton plus modeste, et demandant toujours le prix proposé par le NON NEMO.

A ces prétentions, Jacques Bernoulli répondit laconiquement : « Je prie mon frère » de repasser tout de nouveau sur sa dernière solution, d'en examiner attentivement tous les points, et de nous dire ensuite si tout va bien, lui déclarant qu'après » que j'aurai donné la mienne, les prétextes » de précipitation ne seront plus écoutés. »

Jean Bernoulli, alors très-éloigné de soupçonner le vice radical de sa méthode, répliqua qu'il n'avait pas besoin de revoir sa seconde solution, qu'elle était bonne, et que *son temps serait mieux employé à faire de nouvelles découvertes.*

Dans le temps même où Jacques Bernoulli publia son premier *Avis*, il écrivit sur ce sujet une lettre à Varignon, laquelle devait être aussitôt insérée dans le journal des Savans. J'ignore pourquoi on différa de la faire paraître : elle ne vit le jour que quatre mois après la seconde solution de Jean Bernoulli ; seulement les journalistes eurent le soin d'avertir que cette seconde solution n'avait pas fait changer d'opinion à l'auteur de la lettre. Elle avait pour objet de satisfaire aux deux premières conditions que Jacques Bernoulli s'était imposées, c'est-à-dire, de deviner la méthode de son frère, et de montrer en quoi elle péchait; il y exposait une analise défectueuse en elle-même, où néanmoins des faussetés redressées par d'autres faussetés, conduisaient en certains cas à un résultat vrai; et au moyen de cette Analise, il trouvait les équations de son frère, d'où il conjecturait que selon toutes les apparences, elles en étaient émanées.

A cette lettre, Jacques Bernoulli joignit un *Avis* récemment composé à l'occasion de la seconde solution de son frère, et dans lequel l'air triomphant dont Jean Bernoulli avait annoncé ses solutions, le refus qu'il faisait de revoir la dernière, et le prétexte de ce refus, sont tournés en ridicule avec un sel et une sorte de légèreté qu'on n'attend guère des géomètres, et qu'on est d'autant plus surpris de trouver ici, que Jacques Bernoulli, Suisse de nation et d'habitation, emploie la langue française : « Je n'ai jamais cru, dit-il, que mon
» frère possédât la véritable solution pour le
» problème des isopérimètres. ... J'en doute
» plus que jamais, vu la difficulté qu'il fait
» de repasser sur ses solutions. S'il n'a em-
» ployé *que trois minutes,* comme il dit,
» *pour tenter, commencer et achever d'ap-*
» *profondir tout le mystère,* il y a apparence
» que la revue ne lui en coûtera pas davan-
» tage : d'ailleurs quand il en mettroit le

» double, est-ce que *six minutes* employées
» à cet examen diminueroient tant le nombre
» de ses nouvelles découvertes ? »

Lorsque Jean Bernoulli reçut le journal où
ces pièces étaient insérées, il entra dans une
fureur qu'on ne peut se représenter : elle
s'exhala en un torrent d'injures grossières et
dépourvues de sel contre son frère. Les journalistes eurent la trop facile complaisance de
les imprimer. Oublions-les en faveur du génie
de l'auteur pour les sciences.

Il n'y avait plus d'autre moyen de terminer
la dispute, que de publier de part et d'autre
les méthodes, et de les soumettre au jugement
des plus habiles géomètres de l'Europe. Jean
Bernoulli demandait Leibnitz pour arbitre ;
il lui avait envoyé ses solutions, et Leibnitz
qui sans doute ne les avait pas examinées avec
assez d'attention, les avait approuvées. De son
côté, Jacques Bernoulli consentit que non-
seulement Leibnitz fût pris pour juge, mais
qu'on lui adjoignît encore Newton, le marquis de l'Hopital, et tous les autres excellens
géomètres du temps, pourvu qu'on lui laissât
toute liberté de parler, et de mettre la vérité
dans tout son jour.

Les choses demeurèrent en cet état pendant
environ deux années. En 1700, Jacques

Bernoulli fit imprimer à Bâle une lettre adressée à son frère, dans laquelle il l'invite avec une grande modération, où l'on sent néanmoins un peu le ton de la supériorité, à publier sa méthode : il finit par donner, sans démonstrations, les formules du problème. Ces formules furent aussi insérées dans les actes de Leipsick *. Alors Jean Bernoulli vit en quoi il différait de son frère quant aux résultats : mais n'y découvrant point le principe de la véritable solution, et toujours persuadé que sa méthode était exacte, il la développa dans un mémoire qui fut envoyé sous cachet à l'académie des sciences de Paris, dans le courant de février 1701, avec la condition qu'il ne serait ouvert, et de son consentement, qu'après que Jacques Bernoulli aurait donné son Analise.

Instruit de cet envoi, Jacques Bernoulli n'avait plus de raison de tenir sa méthode cachée : il l'exposa donc, et la fit soutenir en forme de thèse à Bâle, au mois de mars 1701,

---

* Les journalistes supprimèrent la première partie de la lettre. Elle a été également exclue, par l'influence de Jean Bernoulli, de l'édition des œuvres de Jacques Bernoulli, donnée en 1744 ; je l'ai fait réimprimer en 1792 dans le journal de Physique (Septembre.)

avec une dédicace aux quatre illustres géomètres, l'Hopital, Leibnitz, Newton et Fatio
de Duillier. Il la fit de plus imprimer sépara-
ment à Bâle et dans les actes de Leipsick,
pour le mois de mai 1701, sous ce titre : *Ana-
lisis magni problematis isoperimetrici.* Elle
fut regardée comme un prodige d'invention et
de sagacité : on peut assurer en effet qu'eu
égard au temps, on n'a jamais résolu de problème plus difficile. Le marquis de l'Hopital
écrivit à Leibnitz qu'il l'avait lue avec avidité, et qu'il l'avait trouvée très-directe et
très-exacte : témoignage que Leibnitz trans-
mit à Jean Bernoulli lui-même, quoiqu'il fût
d'ailleurs très-prévenu en sa faveur.

Leib. et John.
Bern., com.
Epist., T. II,
page 48.

On avait lieu d'attendre qu'après tant d'é-
clats, Jean Bernoulli combattrait les solutions
de son frère, ou qu'il en reconnaîtrait publiquement la justesse : mais dès ce moment il
garde un profond silence ; point d'observations, point de critiques de sa part ; au lieu
de mettre sa méthode en opposition avec
celle de son rival, il la laisse dormir paisi-
blement pendant cinq ans au dépôt de l'académie ; enfin, Jacques Bernoulli meurt en
1705, et bientôt après, cette méthode paraît
parmi les mémoires de l'académie pour l'année 1706. Que faut-il penser de cette étrange

conduite de Jean Bernoulli ? Supposera-t-on, contre toute apparence, que cet homme si ardent, si impétueux, ait voulu laisser tomber une dispute dont il était fatigué ? N'est-il pas beaucoup plus vraisemblable que soupçonnant quelque vice dans sa méthode, il craignit de la soumettre au jugement de son frère, mais que ce frère mort, la honte de paraître vaincu aux yeux de toute l'Europe, le détermina à publier le mémoire envoyé en 1701, dans l'espérance que personne n'approfondirait assez la question pour prononcer entre les deux méthodes, et qu'au moins il passerait dans l'opinion de quelques savans pour avoir aussi résolu le problème ? Cette conjecture acquerra une nouvelle force, si l'on se rappelle qu'en effet Fontenelle, dans l'éloge de Jacques Bernoulli, et quarante-trois ans après, Fouchi, dans celui de Jean Bernoulli, ont parlé de leurs solutions, comme si elles étaient également exactes, également générales.

Les profunds géomètres portèrent un jugement très-différent : les palmes de la victoire furent décernées aux méthodes de Jacques Bernoulli. Malgré tous les détours de Jean Bernoulli, malgré tous les moyens spécieux qu'il employait pour donner l'apparence de la vérité à sa méthode, elle était réellement

défectueuse, comme son frère l'avait toujours
soutenu : l'erreur radicale venait de ce que
Jean Bernoulli ne considérait que deux élémens de la courbe, au lieu qu'il en fallait
considérer trois, ou employer une condition équivalente. Dans les problèmes du même
genre que celui de la plus vîte descente,
où il s'agit simplement de remplir la condition du *maximum* ou du *minimum*, il suffit
d'appliquer cette condition à deux élémens,
pour trouver l'équation différentielle de la
courbe : mais lorsqu'outre le *maximum* ou
le *minimum* il faut que la courbe ait encore
une propriété, comme d'être isopérimètre à
une autre, cette nouvelle condition exige qu'un
troisième élément de la courbe ait une certaine inclinaison par rapport aux deux autres ;
et toute détermination fondée uniquement sur
la première considération, donnera des résultats faux, excepté dans les cas où une courbe
ne peut satisfaire à l'une des deux conditions,
sans satisfaire en même temps à l'autre. Vainement Jean Bernoulli croyait remplir la condition de l'isopérimétisme, sans déroger au
maximum ou au *minimum*, en considérant
deux élémens de la courbe comme deux petites lignes droites menées d'un point intermédiaire, aux deux foyers d'une ellipse infiniment

petite : cette supposition n'introduisait pas une nouvelle condition dans le calcul ; elle n'avait d'autre effet que de rendre constante ou variable la différentielle de l'abscisse. Jacques Bernoulli avait employé explicitement trois élémens de la courbe ; et par-là il était parvenu à des solutions exactes, générales et complètes.

Cette considération des trois élémens était alors tellement essentielle, qu'enfin Jean Bernoulli, plus de treize ans après la mort de son frère, en fit la base d'une nouvelle solution, avouant qu'il s'était trompé dans la première : aveu tardif, mais qui du moins eût honoré l'auteur, s'il eût de plus reconnu que sa nouvelle solution n'était autre chose dans le fond que celle de son frère, présentée sous une forme qui abrège beaucoup le calcul, et s'il n'eût pas cherché à relever avec une sorte d'affectation quelques inutilités qui se trouvent dans celle-ci, mais qui n'en altèrent point l'exactitude et la généralité.

J'ai cru devoir raconter de suite la dispute des frères Bernoulli sur les isopérimètres. Avant de la quitter, je ne puis m'empêcher encore de marquer mon étonnement de ce qu'aucun autre géomètre du temps n'entreprît, au moins publiquement, de résoudre

Mém. de l'Ac.
1718.

ces problèmes : car quoique Jacques Bernoulli
eût provoqué son frère en particulier, tout
le monde avait la liberté de concourir ; et les
questions proposées réunissaient tous les avantages capables d'exciter l'émulation : nouveauté du sujet, grandes difficultés à vaincre,
enrichissement de la Géométrie.

CHAPITRE IV.

*Solutions de divers problèmes. Leibnitz
invente la méthode pour différentier de
curvâ in curvam. Justification du marquis de l'Hopital. Ouvrages de Newton.
Notions sur quelques autres géomètres.*

LA dispute dont je viens de rendre compte
m'a fait un peu anticiper sur l'ordre des
temps, et m'a forcé de laisser en arrière
plusieurs problèmes intéressans et remarquables sur lesquels je reviens.

En proposant le problème des isopérimètres, Jacques Bernoulli y avait joint celui de
la cycloïde de la plus vite descente à une ligne
donnée de position, pour compléter en quelque sorte la théorie de la Brachistochrone. Il
démontra que la cycloïde cherchée est celle
qui coupe à angles droits la ligne donnée de
position ; et il apprit en général à trouver
parmi les courbes semblables qui se terminent
à une ligne donnée de position, celle qui jouit
de quelque propriété de *maximum* ou de

An 1697.

II.   4

minimum. De son côté, Jean Bernoulli était parvenu à de semblables résultats, par une méthode un peu détournée, mais très-ingénieuse, et qui donna lieu à une insigne extension de l'Analise infinitésimale. Il employa dans cette recherche la considération de la courbe *synchrone*, ou d'une courbe qui coupe une suite de courbes semblables et semblablement posées, de telle manière que les arcs de ces dernières courbes, compris entre un point donné et la synchrone, sont parcourus en temps égaux par un corps pesant : il démontra que parmi toutes les cycloïdes ainsi coupées, celle qui l'est perpendiculairement, est parcourue en moins de temps qu'aucune autre pareillement terminée à la synchrone. La question n'était donc plus que de savoir mener, sous une direction donnée, une tangente à la synchrone des cycloïdes ; et pour résoudre le problème en général, il ne fallait pas qu'ici la solution fût dépendante uniquement des propriétés de la cycloïde, mais de principes applicables à toute autre suite de courbes semblables et semblablement posées. Jean Bernoulli détermina par une construction géométrique la synchrone correspondante à la cycloïde du temps le plus court ; mais il ne put parvenir à trouver l'expression analitique de la soustangente des synchrones pour toutes sortes de courbes semblables. Ayant long-temps cherché en vain la solution de ce problème, il le proposa à Leibnitz, qui le résolut très-promptement, et qui inventa à ce sujet la célèbre méthode de différencier *de curvâ in curvam.*

A la réception de la lettre qui contenait cette méthode, Jean Bernoulli fut transporté de joie et d'admiration : il se plaignit amicalement de ce que *le Dieu de la Géométrie avait admis Leibnitz plus avant que lui dans son sanctuaire.* Ce premier mouvement fut celui de la justice : on voit avec peine que dans la suite, et après la mort de Leibnitz, Jean Bernoulli ait cherché à se faire regarder comme le co-inventeur de cette méthode, quoiqu'il n'ait réellement que le mérite d'en avoir fait de très-belles applications, comme on peut le voir dans le tome II de ses œuvres. Leibnitz ne l'a jamais publiée lui-même; elle n'a paru pour la première fois sous son nom qu'en 1745, dans le recueil de sa correspondance avec Jean Bernoulli.

Leib. et Ioh., Ber., Com. Epist., tom. I, p. 19.

On voit, par les œuvres posthumes de Jacques Bernoulli, qu'il avait aussi trouvé de son côté une méthode semblable, et qu'il l'avait employée pour résoudre les problèmes

que son frère lui proposait pendant le cours
de la dispute sur les isopérimètres : il s'était
borné à indiquer ses solutions sous des ana-
grammes, voulant éviter toute diversion avant
que l'affaire des isopérimètres fût terminée.
Ces problèmes incidens étaient relatifs à la
méthode *de maximis et minimis*. Je n'en cite-
rai qu'un seul qui suffira pour donner une
idée générale de tous : Jean Bernoulli demandait *quelle était, parmi toutes les demi-*
ellipses qu'on pouvait décrire dans un même
plan vertical et sur un même axe horizontal
donné, celle qui était parcourue dans le
moindre temps possible, par un corps grave
dont le mouvement commençait à l'une des
extrémités de l'axe donné.

Années 1699,
1700, 1701, etc. Une foule innombrable d'autres recherches
curieuses et difficiles occupait alors les géomètres : c'étaient la quadrature de certains espaces cycloïdaux, la section indéfinie des arcs
circulaires, la courbe d'égale pression, la
transformation de courbes en d'autres de
même longueur, de nouvelles méthodes d'approximation pour les quadratures et les rectifications des courbes, la manière de trouver
certaines courbes par les relations données de
leurs branches, etc. On voyait continuellement paraître sur la scène Leibnitz, les frères

Bernoulli, le marquis de l'Hopital, etc. Toutes ces recherches n'avaient pas le même degré d'utilité, mais toutes ont contribué plus ou moins au progrès de la Géométrie. Je ne finirais point, si je cherchais à les faire connaître avec quelque détail : je m'arrêterai seulement un peu sur un écrit de Jean Bernoulli, parce qu'il attaque la mémoire d'un illustre Français, que je dois défendre autant qu'il est en mon pouvoir.

Le marquis de l'Hopital avait exposé dans le livre *des infiniment petits* une règle très-ingénieuse pour trouver la valeur d'une fraction dont le numérateur et le dénominateur s'évanouissent en même temps, lorsqu'on donne à la variable qui y entre une certaine valeur déterminée. Personne ne s'était avisé de lui en disputer la propriété tant qu'il vécut. Un mois environ après sa mort, Jean Bernoulli ayant remarqué que cette règle était incomplète, y fit une addition nécessaire, et prit de-là occasion de s'en déclarer l'auteur. Plusieurs amis du marquis de l'Hopital se plaignirent hautement et avec chaleur d'une réclamation qui aurait dû être faite plutôt, si elle avait quelque fondement. Mais au lieu de rétracter son assertion, Jean Bernoulli alla bien plus loin ; il en vint par degrés jusqu'à

revendiquer tout ce qu'il y a de plus important dans l'analise des infiniment petits. Qu'on
me permette d'examiner un peu sa prétention.

En 1692, Jean Bernoulli était venu à Paris :
il y fut accueilli avec distinction par le marquis de l'Hopital, qui l'emmena peu de temps
après dans sa terre d'Ourques en Touraine, où
ils passèrent quatre mois entiers à étudier ensemble la nouvelle Géométrie. Toutes les attentions, toutes les marques solides de reconnaissance furent prodiguées au savant étranger.
Bientôt le marquis de l'Hopital, par un travail opiniâtre et forcé qui altéra pour jamais
sa santé, se trouva en état de résoudre les
grands problèmes que les géomètres se pro-
posaient. Dès l'année 1693, il paraît dans cette
savante lice, et s'y distingue jusqu'à sa mort.
On le comptait en ce temps-là au premier rang
des géomètres de l'Europe, et on observe en
particulier que Jean Bernoulli était l'un de ses
plus ardens panégyristes. Peut-être l'éleva-t-
on trop haut, pendant qu'il vivait; mais l'accusation que Jean Bernoulli intente contre lui
quand il est mort, forme un contre-poids trop
pesant, et la justice doit rétablir l'équilibre.
Or, je le demande avec assurance, est-il vraisemblable qu'un géomètre qui avant la publication du livre des infiniment petits, avait

donné tant de preuves d'un profond savoir,
qui avait, par exemple, résolu le problème
de la courbe d'équilibration dans les ponts-
levis, n'ait été qu'un simple rédacteur dans
toutes les parties difficiles de cet ouvrage?
Peut-on présumer qu'il ait eu assez peu de
délicatesse pour demander ou accepter tant
de secours humilians? Ne sait-on pas d'ailleurs qu'il avait l'âme très-élevée? Les fragmens de lettres, produits par Jean Bernoulli,
ne prouvent pas à beaucoup près ce qu'il
avance : on y trouve bien à la vérité que Jean
Bernoulli avait composé des leçons de Géométrie pour le marquis de l'Hopital, mais non
pas que ces leçons soient le livre des infiniment
petits ; l'élève, homme de génie, était devenu
maître, et volait de ses propres ailes. On voit
encore dans ces fragmens que le marquis de
l'Hopital, pendant qu'il travaillait à son livre,
demandait, avec la confiance de l'amitié, des
éclaircissemens à Jean Bernoulli sur certaines
questions qui y sont traitées ; mais nous n'a-
vons pas les réponses de Jean Bernoulli ; nous
ne savons pas s'il a donné ces éclaircissemens,
ou si le marquis de l'Hopital, en y réfléchissant davantage, ne les a pas enfin trouvés.
Dans toutes ces incertitudes, le parti le plus
sage et le plus juste est de nous en tenir à la

Ac. Lips.
1721.

déclaration générale que fait le marquis de
l'Hopital dans sa préface, de *devoir beaucoup
aux lumières* de Jean Bernoulli, et de penser
que s'il lui avait eu des obligations d'une nature particulière, il n'aurait pas osé les enve-
lopper dans les expressions d'une reconnaissance vague et générale. Si, malgré toutes ces
raisons, on veut croire Jean Bernoulli sur sa
parole, quand il se donne pour l'auteur du
livre des infiniment petits, la morale au moins
ne l'absoudra jamais d'avoir troublé la cendre
d'un bienfaiteur généreux, pour un misérable
intérêt d'amour-propre, d'autant plus déplacé
que Jean Bernoulli était fort riche par lui-
même. Du reste, cet exemple doit être une
grande leçon pour les hommes ambitieux qui
veulent courir trop vîte à la réputation : il les
avertit de repousser les services empressés of-
ferts souvent plutôt par la vanité que par la
bienveillance, et de se bien persuader qu'on
n'arrive jamais à la véritable et solide gloire
que par ses propres travaux.

Travaux des
Anglais dans la
Géométrie.

Depuis le livre *des Principes*, les Anglais
n'avaient fait paraître aucune découverte un
peu importante dans la nouvelle Géométrie,
si ce n'est la solution du problème de la Brachistochrone. Sur la fin de l'année 1704,
Newton publia, dans un même volume, ses

leçons *d'Optique* en anglais, une énumération *des lignes du troisième ordre* en latin, et le traité des *Quadratures* des courbes, pareillement en latin. Les leçons d'Optique sont étrangères ici. L'énumération des lignes du troisième ordre est un ouvrage original et profond, quoique simplement fondé sur l'Analise ordinaire et sur la théorie des suites que Newton avait poussée très-loin; il ne contient, pour ainsi dire, que des énoncés et des résultats; il a été commenté dans la suite par plusieurs savans géomètres, à qui il a fourni une ample moisson de recherches très-curieuses. Le traité des quadratures appartient à la nouvelle Géométrie.

Ce traité a pour objet spécial l'intégration des formules différentielles du premier ordre à une seule variable: d'où dépend la quadrature des courbes, ou exacte, ou du moins approchée. Newton forme avec beaucoup d'adresse des séries, au moyen desquelles il rappelle l'intégration de certaines formules compliquées à celles d'autres formules plus simples; et ces séries venant à s'interrompre en certains cas, donnent alors les intégrales en termes finis. Le développement de cette théorie offre une longue chaîne de très-belles propositions, où l'on remarque entr'autres

problèmes curieux, la méthode pour intégrer les fractions rationnelles; ce qui était
alors difficile, surtout lorsque les racines
sont égales. Un commencement si heureux,
si important, fait regretter que l'auteur n'ait
donné que les premiers principes de l'Analise
des équations différentielles. Il enseigne bien
à la vérité à prendre les fluxions d'un ordre
quelconque d'une équation à un nombre quelconque de variables; ce qui appartient au calcul différentiel : mais il n'apprend point à
résoudre le problème inverse, c'est-à-dire,
qu'il n'a indiqué aucun moyen d'intégrer les
équations différentielles, soit immédiatement,
soit par la séparation des indéterminées, soit
par la réduction en séries, etc. Cependant cette
théorie avait déjà fait alors des progrès très-
considérables en Allemagne, en Hollande et
en France, comme on en peut juger par les
problèmes de la chaînette, des courbes isochrones, de la courbe élastique, et principalement par la solution que Jacques Bernoulli avait donnée du problème des isopérimètres. Les adversaires de Newton ont
pris acte de ce traité des quadratures,
pour affirmer qu'à l'époque où cet ouvrage
parut, l'auteur ne connaissait parfaitement
du calcul intégral que la partie des quadra-

tures, et non celle de l'intégration des équations différentielles.

Newton a fondu presqu'entièrement le traité *des Quadratures* dans un autre intitulé : *Méthode des fluxions et des suites infinies.* Celui-ci ne contient que les simples élémens de la Géométrie infinitésimale, c'est-à-dire, les méthodes pour déterminer les tangentes des lignes courbes, les *maxima* et les *minima* ordinaires, les longueurs des courbes, les espaces qu'elles renferment, quelques problèmes faciles sur l'intégration des équations différentielles, etc. L'intention de l'auteur avait été plusieurs fois de le faire imprimer ; mais il en fut toujours détourné par diverses raisons, dont la principale sans doute fut que cet ouvrage ne pouvait rien ajouter à sa gloire, ni même contribuer à l'avancement de la profonde Géométrie. Le docteur Pemberton le fit paraître en anglais en 1736, neuf ans après la mort de Newton. En 1740, on le traduisit en français, et on mit à la tête une préface où Leibnitz est rabaissé avec un excès, un ton décisif qui pourrait en imposer à quelques lecteurs, si l'auteur de cette préface n'offrait lui-même la réfutation de sa critique, par la médiocre intelligence qu'il montre de la matière. Malgré des efforts publics, souvent réitérés, il n'a jamais pu pénétrer un peu avant dans la haute Géométrie : on se rappelle encore l'anecdote sur le sens étrange qu'il avait donné à ces mots latins *de testitudine quadrabili* de Viviani, et d'où il avait formé une petite dissertation qu'un de ses amis lui fit heureusement retrancher de cette même préface. La postérité ne le connaît plus que par son *Histoire naturelle*, où les philosophes, en condamnant quelques écarts de l'imagination, ne peuvent s'empêcher d'admirer plusieurs idées grandes et vraies, ainsi que la pompe et l'élégance du style.

Il parut en 1711, un autre ouvrage de Newton, sa *Méthode différentielle*, dont il avait déjà jeté les fondemens, sous une forme un peu différente, dans son livre des *Principes*. L'objet de cette méthode est de faire trouver les coefficiens linéaires d'une équation qui satisfait à autant de conditions qu'il y a de coefficiens, ou de construire une courbe du genre parabolique, qui passe par un nombre quelconque de points donnés. Il en résulte un moyen facile et commode de quarrer par approximation les courbes dont on peut déterminer un certain nombre d'ordonnées. Au surplus, Newton n'a employé dans cet ouvrage que la simple Algèbre ordinaire, et c'est à tort que quelques-uns de ses admirateurs, un peu trop zélés, ont cru y trouver les premiers élémens du calcul intégral aux différences finies, si célèbre de nos jours.

L'Italie fit des progrès considérables dans la nouvelle Géométrie au commencement du siècle passé : elle en fut principalement redevable à l'ouvrage que Gabriel Manfredi publia en 1707, sous ce titre : *De constructione Æquationum differentialium primi gradus* ; ouvrage où l'auteur fait remarquer beaucoup d'adresse pour assujétir certaines équations différentielles aux conditions qui les rendent intégrales. Il s'est rencontré par la conformité du génie et de la doctrine avec Jean Bernoulli, sur la méthode de séparer les indéterminées dans les équations différentielles homogènes du premier ordre.

MANFREDI, né en 1681, m. en 1761.

La perte que l'Allemagne avait faite en Géométrie par la mort de Jacques Bernoulli fut réparée en quelque sorte par les disciples de cet homme célèbre, tels que Jacques Herman, son compatriote, Nicolas Bernoulli, son neveu, et d'autres que je ne pourrais citer en détail sans être trop long.

Herman se fit connaître d'abord par une méthode de trouver les rayons osculateurs dans les courbes polaires ; il publia peu de

HERMAN, né en 1678, m. en 1733.

temps après une belle solution du problème *de la section indéfinie des arcs circulaires*, agité alors entre les frères Bernoulli. Il se distingua encore plus dans la suite par divers ouvrages dont j'aurai occasion de parler.

Nicolas Bernoulli se rendit célèbre de très-bonne heure dans *l'art de conjecturer*, en marchant sur les traces de son oncle Jacques Bernoulli, dont on connaît l'excellent ouvrage intitulé : *Ars conjectandi*. En 1709, Nicolas Bernoulli fit une importante application des principes de cet ouvrage aux probabilités de la durée de la vie humaine. On lui doit plusieurs autres recherches d'une profonde Géométrie, que nous remarquerons expressément quand il sera question des sujets auxquels elles se rapportent.

En France, le marquis de l'Hopital n'eut point de contemporains, ni de successeurs immédiats de sa force en Géométrie. Nous possédions cependant alors plusieurs savans géomètres qui sans avoir reculé, au moins d'une manière marquée, les bornes de la science, ont surmonté des difficultés attachées alors aux méthodes d'application : les principaux sont Parent, Varignon et Saurin.

On doit à Parent la solution d'un très-beau et très-utile problème *de maximis et minimis*.

Ayant remarqué en général que si dans une machine la disposition des parties est telle que la vîtesse du poids *moteur* devienne plus grande ou plus petite, selon qu'au contraire celle du poids *mu* devient plus petite ou plus grande, il existe un rapport entre les deux vîtesses, pour que l'effet de la machine soit un *maximum* ou un *minimum*; il démontra que le *maximum* d'effet a lieu dans les roues hydrauliques, mues par le choc de l'eau, lorsque la vîtesse de la roue est le tiers de la vîtesse du courant. On trouve plusieurs autres idées très-ingénieuses dans ses nombreux écrits; mais en général il avait le défaut d'être obscur, ce qui a beaucoup nui à sa réputation. Il convenait lui-même de ce défaut. Le célèbre Fontenelle, que j'ai eu l'honneur de connaître dans les dernières années de sa vie, et dont je me rappelle les bontés avec attendrissement, me racontait un jour qu'ayant fait, en sa qualité de secrétaire de l'académie des sciences, l'extrait d'un mémoire de Parent, celui-ci fut étonné de s'y trouver si clair, et l'en remercia par ces paroles: *Domine, illuminasti tenebras meas.* Le P. Malebranche peignait l'obscurité de ce même géomètre d'une manière fort ingénieuse: *Monsieur Parent*, disait-il, *a beaucoup d esprit, mais il n'en a pas la clef.*

Mém. de l'Ac. 1704.

Varignon a joui d'une fort grande célébrité: il la devait à sa place de professeur de Mathématiques au collége Mazarin, et au mérite qu'il avait d'exposer clairement ses idées, quoique son style fût d'ailleurs incorrect, lâche et diffus. Il était foncièrement dépourvu de génie ; on ne lui voit résoudre aucun grand problème du temps ; mais il était doué d'une excellente mémoire, lisait beaucoup, tournait et retournait les écrits des inventeurs, généralisait leurs méthodes, s'appropriait leurs idées ; et quelques élèves prenaient des réminiscences déguisées ou amplifiées, pour des découvertes. Il a publié à part un traité de *Mécanique générale*, où il applique avec clarté et exactitude le principe du parallélogramme des forces aux lois de l'équilibre. Les mémoires de l'académie des sciences de Paris sont remplis de ses calculs dans toutes sortes de genres. On lui a principalement l'obligation d'avoir éclairci plusieurs endroits du livre des *Principes mathématiques* : de notre temps, il aurait commenté Euler et d'Alembert.

Saurin n'a pas, à beaucoup près, autant écrit que Varignon, mais il avait une trempe d'esprit bien plus forte et plus approchante du véritable génie de l'invention. On juge même par le peu d'ouvrages mathématiques qui nous

restent de lui, que s'il eût commencé à étudier
la Géométrie de meilleure heure, et s'il se fût
appliqué à un genre particulier, il se serait
élevé au premier rang. Il a donné une très-
belle solution générale du problème, où parmi
une infinité de courbes semblables, décrites
dans un même plan vertical, et ayant un même
axe et un même point d'origine, il s'agit de
déterminer celle dont l'arc compris entre le
point d'origine et une ligne, droite ou courbe
donnée de position, est parcouru dans le plus
court temps possible. Il est le premier qui ait
pleinement éclairci la théorie des tangentes
aux points multiples des courbes. Ses connaissances dans toutes les parties théoriques et
pratiques de l'Horlogerie étaient très-profondes : la preuve en est dans deux mémoires
qu'il a donnés sur ce sujet à l'académie des
sciences.

Tous ces savans, et plusieurs autres d'un
ordre inférieur, concouraient au progrès de
la méthode des infiniment petits. Une guerre
sourde, qui fermentait depuis plusieurs années,
et qui éclata enfin avec violence en 1711, au
sujet du droit à la première invention de cette
méthode, fit craindre d'abord qu'on ne perdît
en discussions polémiques un temps qui devait
être employé à la perfectionner ; mais ces

(marginal notes:) Mém. de l'Ac. 1709. — Mém. de l'Ac. 1716, 1723, 1727. — Mém. de l'Ac. 1720, 1722.

II.   5

discussions même finirent par tourner au profit de la science. Cette querelle a fait trop de bruit, elle est encore aujourd'ui un trop grand objet d'intérêt et de curiosité, pour que je puisse me dispenser de la rapporter : je tâcherai de traiter et d'éclaircir la question avec plus de soin qu'on ne l'a fait jusqu'ici.

CHAPITRE V.

Examen des droits de Leibnitz et de Newton à l'invention de l'Analise infinitésimale.

Les productions du génie étant des biens d'un ordre infiniment supérieur à tous les autres objets de l'ambition humaine, on ne doit pas être surpris de la chaleur avec laquelle Leibnitz et Newton se sont disputé la découverte de la nouvelle Géométrie. Ces deux illustres rivaux, ou plutôt l'Allemagne et l'Angleterre, combattaient en quelque sorte pour l'empire des Sciences.

La première étincelle de la guerre fut excitée par Nicolas Fatio de Duillier, Génevois, retiré en Angleterre, le même qui dans la suite donna un étrange spectacle de démence, en voulant ressusciter publiquement un mort dans l'église de Saint-Paul de Londres, mais qui avait alors la tête saine, et même de la réputation parmi les géomètres. Poussé d'un côté par les Anglais, de l'autre par un ressentiment personnel contre Leibnitz, dont il

5.

prétendait n'avoir pas reçu les marques d'estime qui lui étaient dues, il s'avisa de dire dans un petit écrit sur *la courbe de la plus vite descente*, et sur *le solide de la moindre résistance*, qui parut en 1699, que Newton était le *premier inventeur* des nouveaux calculs ; qu'il parlait ainsi pour l'honneur de la vérité et l'acquit de sa conscience, et qu'il laissait à d'autres le soin de décider ce que Leibnitz, *second-inventeur*, avait emprunté du géomètre anglais. Leibnitz, justement blessé de cette antériorité d'invention, qu'on attribuait à Newton, et de la maligne conséquence qu'on insinuait, répondit avec beaucoup de modération que Fatio parlait sans doute de son chef ; qu'il ne pouvait penser que Newton l'approuvât ; qu'il ne voulait point entrer en procès avec cet homme célèbre, pour qui il avait et montrait dans toutes les occasions une vénération profonde ; que lorsqu'ils s'étaient rencontrés dans quelques inventions géométriques, Newton lui-même avait déclaré dans son livre *des Principes*, qu'ils ne tenaient rien l'un de l'autre ; que lorsqu'il publia son calcul différentiel en 1684, il en était en possession depuis environ huit ans ; que vers le même temps Newton lui avait bien annoncé, sans aucune explication, qu'il savait mener les tangentes par une méthode générale qui n'était point arrêtée par les quantités irrationnelles, mais qu'il ne pouvait pas juger si cette méthode était le calcul différentiel, puisque Huguens, qui ne connaissait pas alors ce calcul, affirmait également qu'il en avait une, douée des mêmes avantages; que le premier ouvrage des Anglais, où le calcul différentiel fût expliqué d'une manière positive, était la préface de l'Algèbre de Wallis, publiée seulement en 1693; que sur toutes ces choses, il s'en rapportait entièrement au témoignage et à la candeur de Newton, etc. L'assertion de Fatio, absolument dénuée de preuves, fut oubliée pendant plusieurs années.

En 1708, Keil, excité peut-être par Newton, ou du moins certain de n'en être pas désavoué, renouvela la même accusation. Leibnitz observa que Keil, qu'il appelait d'ailleurs un homme *savant*, était trop *nouveau* pour porter un jugement assuré de choses arrivées depuis un grand nombre d'années; et il répéta ce qu'il avait déjà dit, qu'il s'en rapportait à la candeur et à la bonne foi de Newton même. Keil revint à la charge; et dans une lettre adressée à Hansloane, secrétaire de la société royale de Londres, il ne se contenta plus de dire que Newton était le

An 1711.

premier inventeur , il fit entendre clairement
que Leibnitz , après avoir puisé la méthode
dans les écrits de Newton, se l'était appropriée, en y appliquant seulement une notation
particulière : ce qui était , en d'autres termes,
le taxer de plagiat. Leibnitz, indigné d'une
pareille inculpation, en porta de vives plaintes
à la société royale, et demanda hautement
que l'on réprimât les *clameurs* d'un homme
inconsidéré qui attaquait sans raison et sans
pudeur sa réputation et sa bonne foi. La
société royale nomma des commissaires pour
examiner tous les écrits qui regardaient cette
question ; et elle les publia en 1712 , avec le
rapport des commissaires sous ce titre : *Com-*
mercium epistolicum de Analisi promota.
Sans être absolument affirmative, la conclusion du rapport est que Keil n'a pas calomnié
Leibnitz. L'ouvrage fut répandu avec profu-
sion dans toute l'Europe.

Newton était alors président de la société
royale, où il jouissait de la plus haute considération , du pouvoir le plus étendu : peut-
être devait-il par délicatesse faire instruire le
procès à un autre tribunal. Il est vrai que
Fontenelle a dit, dans l'éloge de Leibnitz,
que *Newton n'avait point paru , et qu'il*
s'était reposé de sa gloire sur des compa-

triotes asses vifs. Mais il parlait ainsi après la mort de Leibnitz, et Newton était vivant. Sans doute il avait été trompé par de faux mémoires : car dans le cours de la dispute, Newton écrivit deux lettres très-amères contre Leibnitz, et dans lesquelles on remarque même avec quelque surprise un art un peu trop ingénieux, pour révoquer ou infirmer les témoignages de haute estime qu'il lui avait donnés autrefois en diverses occasions, et notamment dans le fameux *Scholie* qui accompagnait la proposition VII du second livre *des Principes*.

Il paraît que la société royale, en se hâtant de publier les pièces qui pouvaient être à la charge de Leibnitz, sans attendre celles qu'il promettait pour sa défense, sentit elle-même qu'on ne manquerait pas de l'accuser de partialité ou de précipitation ; car elle eut soin de déclarer bientôt après qu'elle n'avait point eu l'intention de juger le fond du procès, et qu'elle laissait à tout le monde la liberté de le discuter et d'en dire son avis. Je demande donc la permission de me livrer à cet examen : j'y apporterai toute l'attention dont je suis capable. Leibnitz et Newton me sont indifférens ; je n'ai reçu d'eux, si je puis employer une expression de Tacite, *ni bienfait, ni injure*. La sublimité de leur génie exige un profond hommage ; mais on doit encore plus de respect à la vérité.

Newton tenant de la nature une intelligence supérieure, et né dans un temps où Hariot, Wren, Wallis, Barrow, etc., avoient déjà rendu les Mathématiques florissantes en Angleterre, eut de plus l'avantage de recevoir dans sa première jeunesse, les leçons de Barrow à l'université de Cambridge. Toutes les forces de son génie se portèrent vers ce genre d'études ; les succès qu'il y obtint furent prodigieux. Fontenelle lui a appliqué ce que Lucain avait dit du Nil, *qu'il n'a pas eté donné aux hommes de le voir faible et naissant.* On assure que dès l'âge de vingt-cinq ans, il avait jeté les fondemens des grandes théories qui l'ont rendu depuis si fameux. Leibnitz, plus jeune de quatre ans, ne trouva en Allemagne que de médiocres secours pour son instruction ; il se forma, pour ainsi dire, tout seul. Son génie vaste et dévorant, secondé par une mémoire extraordinaire, embrassait toutes les branches des connaissances humaines : littérature, histoire, poésie, droit des gens, sciences exactes, physique, etc. Cette multiplicité de goûts nuisit nécessairement à la rapidité de ses progrès dans chaque genre ; il ne

s'annonça donc comme un grand mathématicien que sept ou huit ans après Newton.

Ces deux grands hommes possédaient l'un et
l'autre la nouvelle Analise long-temps avant
de la mettre au jour. Si la priorité de la publication emportait la priorité de la découverte,
Leibnitz aurait pleinement gain de cause;
mais ce moyen n'est pas suffisant pour prononcer ici avec une entière assurance. L'inventeur peut s'être réservé long-temps à lui-
même son secret; il peut en avoir laissé échapper quelques rayons qu'un autre aura saisis.
Remontons donc à la source, s'il est possible,
et tâchons de reconnaître l'être bienfaisant qui,
comme le Prométhée de la fable, déroba le
feu aux dieux pour en faire part aux hommes,
suivant la belle comparaison de Fontenelle.

Le *Commercium epistolicum* contient d'a-
bord, à dater de l'année 1669, plusieurs découvertes analitiques de Newton. Dans la pièce
intitulée : *De Analisi per æquationes numero
terminorum infinitas*, outre la méthode pour
résoudre les équations par approximation dont
il ne s'agit pas ici, Newton enseigne à quarrer
les courbes dont les ordonnées sont exprimées
par des monomes, ou par des sommes de monomes; et lorsque les ordonnées renferment
des radicaux complexes, il rappelle la question

au premier cas, en développant l'ordonnée en une suite infinie de termes simples, au moyen de la formule du binome; ce que personne n'avait fait encore. Sluze et Grégori avaient trouvé, chacun de leur côté, une méthode pour les tangentes. Newton, dans une lettre à Collins, en date du 10 décembre 1672, prouve qu'il en avait aussi trouvé une : il l'applique à un exemple, sans y ajouter la démonstration; il dit ensuite qu'elle n'est qu'un corollaire d'une autre méthode générale, qu'il a pour mener les tangentes, quarrer les courbes, trouver leurs longueurs et leurs centres de gravité, etc. sans être arrêté par les quantités radicales, comme Hudde l'est dans sa méthode pour les *maxima* et les *minima*. Les Anglais ont vu clairement la méthode des fluxions dans ces deux écrits de Newton, après qu'elle a été connue d'ailleurs dans toute l'Europe par les écrits de Leibnitz et des frères Bernoulli; mais les géomètres des autres nations n'ont pas eu tout-à-fait les mêmes yeux. En convenant que le développement des radicaux en séries est un pas considérable que Newton a fait, ils voient immédiatement, et sans le secours d'aucune lumière postérieure et conjecturale, que les méthodes de Fermat, de Wallis et de Barrow, pouvaient servir à trouver les résultats concernant les quadratures, que Newton se contente d'énoncer, puisqu'après le développement des radicaux, s'il y en a, il n'est plus question que de sommer des quantités monomes. Ils avouent que les deux pièces dont il s'agit contiennent, si l'on veut, une indication vague de la méthode des fluxions : indication peut-être suffisante pour montrer que Newton possédait alors les premiers principes de cette méthode, mais trop obscure pour en donner l'intelligence au lecteur. Et ce qui rend cette conjecture très-vraisemblable, c'est qu'Oldembourg, secrétaire de la société royale, envoyant (le 10 juillet 1673) à Sluze un exemplaire de la méthode de celui-ci pour les tangentes, que l'on avait imprimée à Londres, rapporte un fragment de lettre de Newton, où, après avoir dit que cette méthode appartient bien véritablement à Sluze, Newton poursuit ainsi : *Quant aux méthodes*, (il entend celle de Sluze et la sienne propre) *elles sont les mêmes, quoique je les croye tirées de principes différens. Je ne sais cependant si les principes de M. Sluze sont aussi féconds que les miens, qui s'étendent aux équations affectées de termes irrationnels, sans qu'il soit nécessaire d'en changer la forme.* Aurait-il parlé avec tant de réserve, et n'aurait-il pas dit nettement que la méthode de Sluze et celle des fluxions étoient différentes, s'il avait possédé alors la dernière dans un degré aussi avancé qu'on l'a prétendu depuis ? Supposera-t-on qu'il a parlé ainsi par modestie ? Mais on peut dire la vérité, même lorsqu'elle nous est avantageuse, sans sortir des bornes de la modestie. Toutes ces considérations prouvent, ce me semble, que si les deux écrits *de Analisi per æquationes, etc.*, et la lettre de 1672, contiennent la méthode des fluxions, elle y était au moins couverte d'épaisses ténèbres. Mais qu'elle y fût ou non, on va démontrer qu'avant d'avoir trouvé son calcul différentiel, ou Leibnitz n'a point eu communication de ces deux écrits, ou il n'en a tiré aucune lumière. C'est un point capital que ses défenseurs n'ont pas suffisamment établi, et sur lequel j'espère ne laisser aucun doute.

Leibnitz vint en France en 1672, au sortir des universités d'Allemagne, où il s'était principalement occupé du droit public et de l'histoire : il était néanmoins déjà initié aux Mathématiques, puisqu'en 1666, il avait publié un petit livre sur quelques propriétés des nombres. Il passa à Londres au commencement de 1673 ; il y vit Oldembourg, et ils lièrent ensemble un commerce de lettres. Dans une de ces lettres, écrite de Londres même à Oldembourg, Leibnitz expose qu'ayant trouvé une manière de sommer certaines suites par le moyen de leurs différences, on lui avait montré cette méthode déjà imprimée dans un livre de Mouton, chanoine de Saint-Paul de Lyon, sur *les diamètres du soleil et de la lune*; qu'alors il imagina une autre manière qu'il explique, de former les différences, et d'en conclure les sommes des suites; qu'il est en état de sommer une suite de fractions dont les numérateurs sont l'unité, et les dénominateurs sont, ou les termes de la suite des nombres naturels, ou ceux de la suite des nombres triangulaires, ou ceux de la suite des nombres piramidaux, etc. Toutes ces recherches sont ingénieuses, et semblent avoir un rapport du moins éloigné au calcul des différences. Jamais les Anglais n'ont d·· , et d'ailleurs il n'en existe pas la moindre preuve, qu'à ce premier voyage Leibnitz ait vu les deux écrits cités de Newton.

Après quelques mois de séjour à Londres, Leibnitz revint à Paris, où il se lia d'amitié avec Huguens, qui lui ouvrit le sanctuaire de la plus profonde Géométrie. Il trouva bientôt la quadrature approchée du cercle, par une série analogue à celle que Mercator avait donnée pour la quadrature approchée de l'hyperbole : il communiqua sa série à Huguens, qui en fit de grands éloges, et à Oldembourg, qui lui répondit que Newton avait déjà trouvé des choses semblables, non-seulement pour le cercle, mais encore pour d'autres courbes, et qui en envoya des essais. En effet, la théorie des suites était déjà très-avancée dès ce temps-là en Angleterre ; et quoique Leibnitz y eût pénétré fort avant de son côté, il a toujours néanmoins reconnu que les Anglais, et surtout Newton, l'avaient précédé et surpassé dans cette branche de l'Analise ; mais elle n'est point le calcul différentiel, et les Anglais ont montré une partialité trop évidente, en cherchant à lier ensemble ces deux objets.

Écoutons, et pesons l'histoire que Leibnitz fait de sa découverte du calcul différentiel. Il raconte que joignant ses anciennes remarques sur les différences des nombres à ses nouvelles méditations de Géométrie, il trouva ce calcul vers l'année 1676 ; qu'il en fit de merveilleuses applications à la Géométrie ; qu'étant obligé, vers le même temps, de retourner à Hanovre, il ne put suivre entièrement le fil de ses méditations ; que cherchant néanmoins *à faire valoir* sa nouvelle découverte, il passa par l'Angleterre et par la Hollande ; qu'il resta quelques jours à Londres, où il fit connaissance avec Collins, qui lui montra plusieurs lettres de Grégori, de Newton et d'autres mathématiciens, lesquelles roulaient principalement sur les séries. D'après cet exposé, il semblerait que Leibnitz, voulant répandre *sa nouvelle découverte*, aurait alors fait connaître le calcul différentiel en Angleterre. Ajoutons que dans une lettre de Collins à Newton, du 5 mars 167$\frac{6}{7}$, il est dit que Leibnitz ayant passé une semaine à Londres, au mois d'octobre 1676, *avait remis à Collins quelques écrits* * dont Newton recevrait incessamment des extraits, ou des copies. Collins ne désigne point la nature de ces *écrits*, et on n'en trouve aucun vestige dans le *Commercium epistolicum*. Mais si le récit de Leibnitz est fidèle, ou si sa mémoire ne l'a point trompé quand il a dit qu'il possédait le calcul différentiel avant le second voyage en Angleterre, il lui survint sans doute alors quelque raison

* Ce passage et plusieurs autres grands morceaux de cette lettre, ont été supprimés dans le *Commercium epistolicum*. Voyez-la en entier dans les œuvres de Wallis, tom. III, pag. 646.

particulière de tenir encore sa découverte
cachée, contre le projet qu'il avait formé
d'abord de la *faire valoir :* car dans cette
même lettre, Collins en rapporte une autre
de Leibnitz à Oldembourg, écrite d'Amster-
dam, le $\frac{14}{28}$ novembre 1676, où Leibnitz
propose de construire des tables de formules
tendant à perfectionner la méthode de Sluze,
au lieu d'expliquer, ou au moins d'indiquer
le calcul différentiel comme beaucoup plus
expéditif et plus commode. Les Anglais ont
donc eu raison de dire qu'à son passage à
Londres en 1676, Leibnitz ne leur a point
appris le calcul différentiel ; mais ils devaient
reconnaître que la même lettre prouve avec
la dernière évidence, qu'il n'a non plus rien
appris d'eux sur ce sujet. En effet, si, comme
ils l'ont avancé depuis, on lui eût donné alors
connaissance de la méthode des fluxions, ne
faudrait-il pas qu'il fût tombé en démence,
pour oser proposer un mois après, au secrétaire de la société royale de Londres, homme
fort savant dans ces matières, les moyens de
perfectionner la méthode de Sluze en elle-
même, sans parler le moins du monde d'une
autre méthode beaucoup plus simple qu'on
venait de lui enseigner en Angleterre ? Je crois
donc pouvoir conclure affirmativement, ou

que Leibnitz ne vit point au mois d'octobre l'ouvrage *de Analisi per æquationes*, *etc.*; et la lettre de Newton, du 10 décembre 1672, ou que s'il vit ces deux pièces, il n'en tira aucun secours, non plus que les savans géomètres anglais qui avaient eu tout le temps de les méditer, et qui étaient d'ailleurs à portée de demander à l'auteur les éclaircissemens nécessaires. Les Anglais n'ont jamais dit en termes formels qu'il eût vu l'ouvrage *de Analisi per æquationes*, *etc.*; ils se sont contentés d'avancer positivement qu'il avait vu la lettre du 10 décembre 1672; mais quand même cela serait vrai, on n'en peut rien inférer contre Leibnitz; car outre que cette lettre ne contient que des résultats sans démonstration, il n'est pas bien certain qu'elle indique une méthode essentiellement différente de celle de Sluze, comme on l'a pu remarquer d'après les paroles que j'ai rapportées de Newton.

Il n'y a dans toute cette affaire que trois pièces véritablement décisives : savoir, 1°. une lettre de Newton à Oldembourg, du 24 octobre 1676, lettre communiquée l'année suivante à Leibnitz ; 2°. la réponse que Leibnitz fit à Oldembourg, le 21 juin 1677, relativement à cette même lettre ; 3°. *le Scholie*, déjà cité, du livre *des Principes de Newton :*

ouvrage publié sur la fin de 1686. Analisons brièvement ces trois pièces.

La lettre de Newton contient, indépendamment de différentes recherches sur les suites qu'il faut ici mettre de côté, plusieurs théorèmes qui ont la méthode des fluxions pour base; mais l'auteur en cache les démonstrations. Il se contente de dire qu'il les a tirés de la solution d'un problème général qu'il énonce énigmatiquement sous des lettres transposées, et dont le sens expliqué après coup, est tel: *Étant donnée une équation qui contienne des quantités fluentes, trouver les fluxions: et réciproquement.* Quelle lumière Leibnitz pouvait-il tirer d'un pareil logogryphe? Tout ce qu'on peut conclure de cette lettre, c'est qu'au temps où elle a été écrite, Newton possédait la méthode des fluxions, par où néanmoins il faut entendre seulement la méthode des tangentes et des quadratures; car il n'était pas alors question de la méthode pour l'intégration des équations différentielles, qui n'est venue que beaucoup plus tard, comme on l'a vu ci-dessus.

Leibnitz, dans sa lettre à Oldembourg, commence par dire qu'il avait reconnu, comme Newton, que la méthode de Sluze pour les tangentes était imparfaite. Ensuite il explique ouvertement et sans mystère celle du calcul différentiel, assurant que depuis long-temps il s'en servait pour mener les tangentes des lignes courbes. Voilà donc la solution claire et positive du problème dont Newton cherchait avec tant de soin à se réserver la possession.

Le Scholie du livre *des Principes* porte : *Dans un commerce de lettres que j'entretenais, il y a dix ans *, avec le très-savant géomètre M. Leibnitz, ayant mandé que je possédais une méthode pour déterminer les maxima et les minima, mener les tangentes et faire autres choses semblables, laquelle réussissait également dans les équations rationnelles et dans les quantités radicales, et ayant caché cette méthode sous des lettres transposées qui signifiaient : Etant donnée une équation qui contienne un nombre quelconque de quantités fluentes, trouver les fluxions : et réciproquement ; cet homme célèbre répondit qu'il avait trouvé une méthode semblable, et me communiqua sa méthode, qui ne différait de la mienne que dans l'énoncé et la notation.* L'édition

---

* Par l'entremise d'Oldembourg.

de 1714 ajoute : *Et dans l'idée de la géné-*
ration des quantités. Peut-on dire d'une manière plus formelle que Leibnitz avait trouvé
de son côté la méthode des fluxions, et qu'il
l'avait communiquée franchement, sans se
cacher dans les ténèbres comme Newton ?

Il est donc constant par ces trois pièces, que
si Newton a trouvé le premier la méthode des
fluxions, comme on prétend l'établir par sa
lettre du 10 décembre 1672, Leibnitz l'a
trouvée également de son côté, sans rien emprunter de son rival. Ces deux grands hommes
sont arrivés, par la force de leur génie, à la
même découverte, par des chemins différens :
l'un, en regardant les fluxions comme de simples rapports de quantités qui naissent ou
s'évanouissent au même instant; l'autre, en
considérant que dans une suite de quantités
qui croissent ou décroissent, la différence
entre deux termes consécutifs peut devenir
infiniment petite, c'est-à-dire, plus petite
que toute grandeur finie déterminable.

Cette opinion, aujourd'hui reçue universellement, excepté en Angleterre, était celle
de Newton même, lorsqu'il publia pour la
première fois son livre *des Principes,* comme
on le voit par le Scholie que j'ai cité. La vérité
était alors proche de sa source, et les passions

ne l'avaient pas encore altérée. En vain Newton, entraîné dans la suite par la flatterie de
ses disciples et de ses compatriotes, a-t-il
changé de langage ; en vain a-t-il prétendu
que la gloire d'une découverte appartenait
toute entière au premier inventeur, et que
les seconds inventeurs ne devaient point être
admis au partage. D'abord, sans discuter sa
prétendue antériorité, on lui a répondu que
deux hommes qui font séparément une même
découverte importante, ont un droit égal à
l'admiration, et que celui qui la publie le
premier a le premier droit à la reconnaissance publique. Ensuite on lui a prouvé que
son principe n'avait pas même ici une juste
application.

Le projet de dépouiller Leibnitz et de le
faire regarder comme plagiaire, fut porté si
loin en Angleterre, que pendant le feu de
la dispute, on osa dire (et Newton lui-même
n'eut pas honte d'appuyer l'objection) que le
calcul différentiel de Leibnitz n'était autre
chose que la méthode de Barrow. A quoi
pensez-vous, répondit Leibnitz, de me faire
une pareille imputation ? Vous voulez tout
à la fois, que le calcul différentiel soit la
méthode de Barrow, quand je me l'attribue,
et que M. Newton en soit l'inventeur, quand

il s'agit de me le ravir ! Faut-il que la passion vous aveugle au point de ne pas sentir cette contradiction manifeste ? Si le calcul différentiel était réellement la méthode de Barrow, (et vous savez très-bien qu'il ne l'est pas) qui mériterait le plus d'être appelé *plagiaire*, ou de M. Newton, qui a été le disciple, l'ami de Barrow, qui a été à portée de puiser dans la conversation des vues que Barrow n'a pas mises dans ses livres, ou de moi, qui n'ai pu connaître que les livres, et qui n'ai jamais eu de relations avec l'auteur ?

Jean Bernoulli, qui avait appris, conjointement avec son frère, l'Analise infinitésimale dans les écrits de Leibnitz, opposa au *Commercium epistolicum* une lettre où il mit en avant, que non-seulement la méthode des fluxions n'avait pas précédé le calcul différentiel, mais qu'elle pouvait en être née, et que Newton ne l'avait réduite à des opérations analitiques générales en forme d'algorithme, qu'après que le calcul différentiel était déjà répandu dans tous les journaux de Hollande et d'Allemagne. Les raisons de Jean Bernoulli sont en substance, 1°. que le *Commercium epistolicum* n'offre aucun vestige que Newton eût employé, dans les écrits allégués, les lettres ponctuées pour désigner les fluxions; 2°. que dans le livre *des Principes*, où l'auteur avait si souvent occasion d'employer ce calcul et d'en donner l'algorithme, il ne l'a point fait; qu'il procède partout par les lignes et les figures, sans aucune analise déterminée, et seulement à la manière de Huguens, de Roberval, de Cavalleri, etc.; 3°. que les lettres pointées n'ont commencé à paraître que dans le troisième volume des œuvres de Wallis, plusieurs années après que le calcul différentiel était connu partout; 4°. que la vraie méthode de différencier les différences, ou de prendre les fluxions des fluxions, était ignorée de Newton, puisque même dans son traité des *Quadratures*, publié seulement en 1704, la règle qu'il donne à la fin pour déterminer les fluxions de tous les ordres, en regardant ces fluxions comme les termes de la puissance d'un binôme formé d'une quantité variable et de sa fluxion première, et traitant cette fluxion première comme constante, est fausse, excepté seulement pour le terme qui répond à la fluxion première; 5°. qu'à la même époque de 1704, Newton n'était pas versé dans le calcul intégral des équations différentielles, que Leibnitz et les frères Bernoulli avaient déjà poussé si loin : autrement il n'aurait pas manqué de traiter cette partie , la plus difficile de l'Analise infinitésimale , et au moins aussi digne d'être promulguée et perfectionnée , que les quadratures sur lesquelles il s'était fort étendu.

A cette lettre , les Anglais répondirent que la notation ne faisait pas la méthode ; que les principes du calcul des fluxions étaient contenus dans les lettres et dans le grand ouvrage de Newton ; que la règle du traité des *quadratures* pour trouver les fluxions de tous les ordres était vraie , en supprimant les dénominateurs des termes de la série , et donnait par conséquent des quantités *proportionnelles* aux véritables fluxions. Je ne vois pas qu'ils aient répondu à la dernière objection.

Les partisans de Leibnitz répliquèrent que les avantages d'une méthode analitique tiennent en grande partie à la simplicité de l'algorithme ; que la Caractéristique de Leibnitz avait déjà fait faire des progrès immenses à la nouvelle Analise dans un temps où presque personne n'entendait le livre de Newton ; qu'on tentait vainement de nier ou de pallier l'erreur de la règle de Newton pour trouver les fluxions de tous les ordres, et qu'on ne pouvait pas dire que les termes d'une suite de fractions fussent *proportionnels* aux termes d'une autre suite de fractions, lorsque les termes correspondans avaient des dénominateurs différens, comme il arrivait ici.

Telles furent à peu près les raisons alléguées et débattues entre les deux partis, pendant plus de quatre années. La mort de Leibnitz, arrivée en 1716, semblait devoir mettre fin à la contestation; mais les Anglais poursuivant l'ombre de ce grand homme, publièrent en 1726 une édition du livre *des Principes*, où l'on supprima le *Scholie* qui concernait Leibnitz. C'était avouer sa découverte d'une manière bien authentique et bien maladroite. Ne devaient-ils pas sentir que l'on attribuerait à une prévention nationale, ou peut-être à un sentiment encore plus injuste, le dessein chimérique d'anéantir le témoignage qu'une noble émulation avait autrefois rendu à la vérité?

Il s'est trouvé dans les temps postérieurs des géomètres qui, sans prendre un parti décisif entre Newton et Leibnitz, ont objecté au dernier que la métaphysique de sa méthode était obscure ou même défectueuse; qu'il n'y a point de quantités infiniment petites, et qu'il reste des doutes sur l'exactitude d'une méthode où ces quantités sont introduites. Mais Leibnitz peut répondre : Je n'ai proposé

que subsidiairement l'existence des quantités
infiniment petites, ou comme une simple
hypothèse qui sert à abréger le calcul et les
raisonnemens sur lesquels il est fondé ; je
n'ai pas besoin qu'il y ait des quantités infiniment petites ; il suffit, comme je l'ai imprimé dans plusieurs ouvrages, que mes *différences* soient moindres que toute quantité
finie que vous voudrez assigner, et que par
conséquent l'erreur qui peut résulter de ma
supposition, soit au-dessous de toute erreur
déterminable, c'est-à-dire, absolument nulle.
La manière dont Archimède démontre la proportion de la sphère au cylindre, a pour base
un principe semblable. M. de Fontenelle, qui
était d'ailleurs bien intentionné pour moi, a
eu tort de se contenter de dire à la tête de
sa *Géométrie de l'infini*, qu'après avoir admis d'abord les infiniment petits, je m'étais
relâché dans la suite jusqu'au point de réduire
les infiniment petits de différens ordres, à
n'être que des *incomparables*, dans le sens
qu'un grain de sable serait incomparable au
globe de la terre : il devait ajouter que cette
similitude ne me sert qu'à présenter une idée
générale et sensible de mes différences à l'imagination de certains lecteurs, et que dans le
mémoire auquel il fait allusion, je finis par

remarquer expressément qu'au lieu de l'infini, ou de l'infiniment petit, il faut prendre des quantités aussi grandes, ou aussi petites qu'il est nécessaire, pour que l'erreur soit moindre que toute erreur donnée. La métaphysique de mon calcul est donc entièrement conforme à celle de la méthode d'*exhaustion* des anciens, dont jamais personne n'a révoqué la certitude en doute; et quoi qu'on ait voulu dire, mon rival n'a réellement à cet égard aucun avantage sur moi.

Enfin, on a dit que malgré l'affectation de Newton à n'employer que la synthèse dans son livre *des Principes*, on ne peut pas douter aujourd'hui qu'il n'en eût trouvé un grand nombre de propositions par la méthode analitique des fluxions; que cette application à une foule de si grands objets suppose une longue suite de méditations; et qu'au moins, selon toutes les apparences, il possédait la méthode des fluxions avant Leibnitz : car il a dû employer bien des années à composer son livre. Examinons les conséquences qu'on veut tirer de cette induction.

Il n'a peut-être pas existé d'homme plus doué que Newton, de cette intelligence et de cette vigueur de tête capables de concevoir, de suivre et d'exécuter un vaste plan. Leibnitz

Leib. op. t. IL pag. 370.

Parallèle de Newton et de Leibnitz.

n'a point donné d'ouvrage particulier, qui
pour l'importance et l'enchaînement des matières, soit comparable au livre *des Principes :* trop emporté par la vivacité de son
génie, par la multitude et la variété de ses
occupations, de ses voyages, de ses corres-
pondances littéraires avec la plupart des savans de tous les pays du monde, il ne pouvait
pas s'astreindre à creuser long-temps un
même sujet, ni à poursuivre en détail toutes
les connaissances d'un grand principe; mais
le recueil de ses ouvrages et son *Commerce
épistolaire* avec Jean Bernoulli portent partout le plus haut caractère de l'invention. Il
sème partout des idées neuves, et des germes
de théories dont le développement produirait
quelquefois des traités entiers. Il a sur Newton
l'avantage d'avoir inventé et fort avancé le
calcul intégral des équations différentielles. S'il
n'a pas égalé le géomètre anglais du côté de la
profondeur, il paraît le surpasser par cette
pénétration rapide et cette pointe d'esprit qui
vont saisir dans une matière les questions les
plus subtiles et les plus piquantes. L'un a laissé
une plus grande masse de vérités géométriques; l'autre a plus accéléré en son temps les
progrès de la science, par la notation simple
et commode de son calcul, les applications

qu'il en fit lui-même, ou qu'il mit les savans à portée d'en faire, les encouragemens qu'il leur donnait, et les routes nouvelles qu'il ouvrait continuellement à leurs méditations. Enfin, quelque long travail qu'ait pu demander le livre *des Principes*, on ne doit pas oublier que cet ouvrage n'a paru que deux ou trois ans après que Leibnitz avait publié son calcul différentiel, et quelques essais du calcul intégral.

CHAPITRE VI.

Suite de la même querelle. Guerre de problèmes entre Jean Bernoulli et les Anglais ; variétés.

Dans cette longue dispute, on oublia trop souvent les égards mutuels que les bienséances sociales imposent à tous les hommes ; mais au moins elle eut l'avantage d'exciter la plus vive émulation parmi les plus grands géomètres du temps. On en vint à des défis de problèmes très - difficiles, dont les solutions donnèrent lieu à de nouvelles théories, et accrurent considérablement le domaine de la Géométrie.

Quelque temps avant sa mort, Leibnitz voulant *tâter le pouls aux Anglais*, comme il disait, leur fit proposer le fameux problème des trajectoires octogonales, lequel consistait à trouver la courbe qui coupe une suite de courbes données, sous un angle constant, ou sous un angle variable suivant une loi donnée. On rapporte que Newton

rentrant chez lui, bien fatigué, reçut le problème à quatre heures, et ne se coucha point
qu'il ne l'eût résolu. Sa méthode se réduit à
ce peu de paroles : *La nature des courbes à*

Tom. Éloge
de Newton

couper donne leurs tangentes aux points
d'intersection ; les angles d'intersection

Transac. phil.
1716.

donnent les perpendiculaires des courbes
coupantes ; deux perpendiculaires voisines
donnent par leurs points de concours le centre
de courbure de la courbe coupante. Placez
commodément l'axe des abscisses, et pre-
nez la fluxion première de l'abscisse pour
l'unité : la position de la perpendiculaire
donnera la fluxion première de l'ordonnée
à la courbe cherchée, et la courbure de
cette même courbe donnera la fluxion se-
conde de l'ordonnée : ainsi le problème
sera toujours réduit en équation. Quant à
l'intégration de l'équation, ajoutait l'auteur,
elle appartient à une autre méthode. Les
Anglais triomphaient déjà ; mais Jean Bernoulli, chargé de la cause de Leibnitz qui
venait de mourir, se moqua hautement de
ce projet de solution ; il soutint que rien
n'était plus facile que de parvenir à l'équation
de la trajectoire ; qu'on avait même déjà traité
depuis long-temps avec succès plusieurs questions particulières de cette espèce ; que l'affaire

essentielle était d'intégrer l'équation différentielle de la trajectoire, lorsqu'elle pouvait
l'être, soit exactement, soit par les quadratures des courbes ; que cette intégration, loin
d'être étrangère au problème, en était le
complément nécessaire : d'où il concluait que
Newton n'ayant donné pour cela aucun moyen,
n'avait fait qu'éluder et n'avait point du tout
vaincu les difficultés de la question.

N Bernoulli
né en 1699,
m. en 1726.
Nicolas Bernoulli (fils de Jean) résolut
d'une manière très-élégante le cas particulier
où les courbes coupées sont des hyperboles
d'un même centre et d'un même sommet. Son
Act.Lips. 1716,
cousin Nicolas Bernoulli et Herman traitèrent
la question plus généralement par des méthodes qui revenaient à la même, sans qu'ils
Act.Lips. 1717
se fussent rien communiqué. Ces méthodes
s'appliquaient facilement à tous les cas où
les courbes coupées sont géométriques, et
même à quelques courbes transcendantes.
Herman ayant voulu donner aux formules
plus d'extension qu'elles n'en comportaient,
tomba dans quelques méprises qui furent rele-
vées par les Bernoulli. Du reste, ils s'accordaient tous à regarder la solution de Newton
comme insuffisante et de nul usage.

Il paraît que dès lors Newton abandonna
entièrement le champ de bataille. Quelques-

uns de ses amis ou de ses disciples continuè-
rent la guerre avec chaleur. Taylor fut celui
qui s'y distingua le plus. Sans s'arrêter à développer la solution de Newton, il en donna
une de son propre fonds, laquelle satisfaisait à
toute l'étendue de la question telle que Leibnitz l'avait proposée. S'il s'en fût tenu là, il
n'aurait mérité que des louanges; mais emporté par son ressentiment contre Jean Bernoulli, qui avait parlé de lui un peu légèrement
dans une autre occasion, il plaça à la tête de
sa solution quelques réflexions injurieuses
contre les partisans de Leibnitz, ayant principalement en vue Jean Bernoulli leur chef : il y
disait, entr'autres choses, que s'ils ne voyaient
pas comment la solution de Newton condui-
sait aux équations du problème, il fallait s'en
prendre à leur ignorance : *illorum imperi-
tiæ tribuendum.* L'homme à qui s'adressait
cette étrange incartade n'était pas endurant,
et il en tira la vengeance la plus humiliante
pour la vanité de Taylor.

Dans une dissertation sur *les trajectoires
orthogonales*, composée en commun par
Jean Bernoulli et son fils Nicolas, on commença par avouer que la solution de Taylor
était exacte, et même qu'elle supposait en lui
de la sagacité; mais ensuite on fit voir qu'elle

Taylor, né en 1685, m. en 1731.

Trans. philos. 1717.

Act. Lips. 1718.

IL 7

n'était pas à beaucoup près assez générale,
et qu'il existait un grand nombre de cas réso-
lubles auxquels elle ne pouvait s'appliquer.
En même temps, Jean Bernoulli donna une
autre méthode qui, à l'avantage d'être incomparablement plus simple, joignait celui d'embrasser toutes les courbes géométriques,
toutes les courbes mécaniques *complétement*
semblables, et enfin un grand nombre de
courbes mécaniques *incomplétement* semblables. Ces découvertes étaient le produit
d'une Analise profonde, nouvelle et déli-
cate. L'auteur avait entre les mains un instrument qu'il maniait avec dextérité, la
méthode de différencier *de curvâ in curvam*.
Sa victoire ne fut pas équivoque; et Taylor,
malgré le ton de suffisance qu'il avait d'abord
pris, fut forcé de reconnaître ici un supérieur.

Je remarquerai en passant que les auteurs
de cette dissertation rapportent à ce même sujet un petit écrit de Nicolas Bernoulli, neveu,
où l'on trouve, pour la première fois, le fameux théorème de condition, d'où dépend la
réalité des équations différentielles du premier ordre à trois variables : théorème que
des géomètres modernes ont cherché à s'attribuer.

Pendant qu'on traitait la question des trajectoires, Taylor proposa divers problèmes, alors nouveaux et fort difficiles, sur l'intégration des fractions rationnelles. Jean Bernoulli, qui avait déjà donné quelques essais en ce genre, résolut facilement tous ces problèmes : et des résultats auxquels il parvint, il forma une suite de théorèmes curieux dont le développement et les démonstrations exercèrent utilement son fils et son neveu.

Mém. de l'Ac 1701.

Act. Lips. 1719.

Nous ne devons pas oublier d'ajouter ici, à l'honneur de l'Angleterre, que Roger Cotes, professeur de Mathématiques à Cambridge, avait traité la même matière et réduit l'intégration des fractions rationnelles en formules générales et très-commodes, dans son célèbre ouvrage intitulé : *Harmonia mensurarum ;* mais cet ouvrage ne vit le jour que six ans après la mort de l'auteur : sans doute Taylor, et les Bernoulli n'en connaissaient pas la teneur. Il y a dans le même volume de Cotes, plusieurs autres découvertes très-utiles, telles que sa méthode pour estimer les erreurs dans les Mathématiques mixtes, ses remarques sur la méthode différentielle de Newton, son fameux théorème pour la résolution des équations quadratiques, etc. Cotes mourut à la fleur de son âge. Newton l'estimait infiniment;

Roger Cotes, né en 1682, m. en 1716.

il disait souvent de lui: *Si M. Cotes eut vécu,* *il nous aurait appris quelque chose.*

L'animosité qui régnait entre Taylor et Jean Bernoulli augmentait tous les jours. Dès l'année 1715, Taylor avait publié son livre intitulé: *Methodus incrementorum directa et inversa;* ouvrage profond et un peu obscur dans lequel l'auteur, sans citer personne, avait traité plusieurs problèmes déjà résolus.

Act. Lps. 1716. En 1716, il parut, à la louange de Jean Bernoulli, une lettre dans laquelle Taylor était traité ouvertement de *plagiaire*. Il s'en plaignit avec amertume: il retorqua l'accusation en faisant voir que Jean Bernoulli, dans sa dernière solution du problème des isopérimètres, n'avait fait que travestir la solution de son frère, et que toutes les simplifications qu'il y avait apportées, n'en changeaient pas la nature. Alors Jean Bernoulli ne garda plus de ménagement; il fit paraître sous le nom d'un certain *Burcard*, maître d'école à Bâle, une réponse à Taylor, remplie d'injures et de plaisanteries, parmi lesquelles néanmoins on rencontre quelques vérités utiles.

Trajectoires réciproques. Le problème des trajectoires orthogonales donna la naissance à celui des trajectoires réciproques, proposé à la fin de la dissertation de Bernoulli père et fils. On demandait les courbes

qui étant construites en deux sens contraires
sur un même axe donné de position, puis venant
à se mouvoir parallèlement à elles-mêmes,
avec des vitesses inégales, se coupaient constamment sous un même angle donné. Ce fut
un nouveau sujet de difficultés analitiques à
vaincre, et d'extension pour la science. Il fut
long-temps agité entre Jean Bernoulli et un
Anglais anonyme qu'on sut depuis être le
docteur Pemberton, ami particulier de Newton. Nous sommes encore obligés de dire
qu'ici Jean Bernoulli conserva sa supériorité, par la simplicité et l'élégance de ses
solutions.

Les géomètres anglais avaient formé une
ligue contre Jean Bernoulli, et ils l'attaquaient
sur toutes sortes de sujets. Seul, dit Fontenelle, comme le fameux Horatius Coclès,
il soutenait sur le pont tout l'effort de leur ar-
mée. Keil, soldat plus hardi que vaillant, crut
avoir trouvé l'occasion de l'embarrasser. La
théorie de la résistance des milieux au mouvement des corps qui les traversent, formait
une partie considérable du livre *des Principes*. Newton avait déterminé la courbe que
décrit une projectile dans un milieu résistant
comme la simple vitesse; mais il n'avait pas
touché au cas, alors plus difficile, où le milieu

résiste comme le quarré de la vitesse. Keil proposa ce cas à Jean Bernoulli, qui non-seulement le résolut en très-peu de temps, mais qui étendit la solution à l'hypothèse générale où la résistance du milieu serait comme une puissance quelconque de la vitesse du mobile. Lorsque cette théorie fut trouvée, l'auteur offrit, à diverses reprises, de l'envoyer à un homme de confiance à Londres, sous la condition que Keil remettrait aussi sa solution ; mais Keil, quoique vivement interpellé, garda un profond silence. La raison en était facile à deviner ; il n'avait pas résolu son problème : en le proposant, il s'était attendu que personne ne trouverait ce qui avait échappé à la sagacité de Newton. Il fut cruellement trompé dans sa conjecture ; et son défi, plus qu'indiscret, lui attira, de la part du géomètre de Bâle, une réprimande d'autant plus piquante, que le seul moyen d'y répondre solidement était de résoudre le problème, et que Keil ne put trouver ce moyen, ni dans ses propres forces, ni dans le secours de ses amis. Le triomphe de Jean Bernoulli fut complet. Dans la première ivresse de sa victoire, il s'abandonna contre ses rivaux à des sarcasmes et à des plaisanteries qui n'étaient pas de bon goût, mais pardonnables sans doute au caractère franc et loyal d'un homme attaqué insidieusement, ayant à venger les outrages faits à lui-même, et à un illustre ami dont il pleurait encore la perte.

Ces savans combats attiraient l'attent‫ n de tous les géomètres ; et malgré l'aigreur qu'y mêlaient les passions humaines, ils échauffaient les esprits ,et faisaient naître de tous côtés de nouveaux prosélytes aux Mathématiques.

Je reviens un peu sur mes pas, et je reprends quelques autres sujets que j'ai été obligé de laisser en arrière.

En 1711 parut l'*Analise des jeux de hasard*, de Remond de Montmort : ouvrage rempli de vues fines et profondes, dont l'objet est de soumettre des probabilités au calcul, d'estimer des hasards, de régler des paris, etc. Il n'appartient pas proprement à la nouvelle Géométrie; néanmoins il contribua à ses progrès, soit en aiguisant en général l'esprit des combinaisons, soit par des extensions que l'auteur donna à la théorie des suites, heureux supplément à l'imperfection des méthodes rigoureuses, dans toutes les parties des Mathématiques.

Montmort, né en 1678, m. en 1718.

Trois ans après, Moivre fit paraître sur le même sujet un petit traité intitulé : *Mensura sortis*, principalement remarquable en ce

Moivre, né en 1668, m. en 1754.

qu'il contient les élémens et quelques applications très-ingénieuses de la théorie des suites récurrentes. Cet Essai, accru successivement par les réflexions de l'auteur, est devenu un ouvrage considérable, admiré de tous les géomètres. La meilleure édition qui s'en soit faite est celle de 1738, en anglais, sous le titre : *Doctrine of Chances.* On sait que Moivre était un géomètre français que la révocation de l'édit de Nantes avait forcé de s'expatrier ; il s'était retiré à Londres. Né avec un talent supérieur pour la Géométrie, le mauvais état de sa fortune l'obligeait de donner des leçons de Mathématiques pour vivre. Newton avait pour lui la plus haute estime. On rapporte que lorsque dans les dix à douze dernières années de la vie du géomètre anglais, on venait lui demander quelques explications sur ses ouvrages, il renvoyait les consultans à Moivre, disant : *Voyez M. de Moivre ; il sait toutes ces choses-là mieux que moi.*

Nicolas Bernoulli, neveu, vint à Paris en 1711. Une grande réputation, des mœurs douces et faciles lui acquirent plusieurs illustres amis. De ce nombre fut Montmort, avec qui il forma une étroite liaison, par conformité de caractère, et de goût pour l'Analise des

probabilités. Ils passèrent trois mois entiers
à la campagne, uniquement occupés à résoudre
les plus difficiles problèmes sur cette matière.
Toutes ces nouvelles recherches et les éclaircissemens auxquels elles donnèrent lieu, produisirent une seconde édition du livre de
Montmort, fort supérieure à la première.

An 1714.

J'ai dit par occasion quelques mots du livre
de Taylor, *Methodus incrementorum, etc.*
Cet ouvrage, célèbre encore aujourd'hui,
mérite une mention plus expresse.

L'auteur appelle *incrementa* ou *decrementa*
des quantités variables, les différences, finies
ou infiniment petites, de deux termes consécutifs dans une même suite formée suivant une
loi donnée. Lorsque ces différences sont infiniment petites, leur calcul, direct ou inverse,
appartient à l'Analise Leibnitienne, ou à la
méthode des fluxions : Taylor résout un grand
nombre de problèmes de ce genre. Mais
lorsque les différences sont finies, la méthode
de trouver les rapports qu'elles ont avec les
quantités qui les produisent, forme une nouvelle branche de calcul, dont Taylor a donné
les premiers principes, et à cet égard son
livre est original. Il a sommé de cette manière quelques suites très – curieuses.

L'extrême concision, ou plutôt l'obscurité

avec laquelle cet ouvrage est écrit, arrêta long-
temps le succès qu'il devait avoir. Cependant

Nicole,
né en 1683,
m. en 1738.

Nicole, géomètre français, très-distingué,
parvint à l'entendre ; il développa très-clai-
rement la méthode pour l'intégration des différences finies, et il y ajouta plusieurs nouvelles suites de son invention. On peut regarder
les deux excellens mémoires qu'il publia sur ce

An.1717et1718.

sujet, dans le recueil de l'académie des sciences
de Paris, comme le premier traité élémentaire,
méthodique et lumineux, qui ait paru du calcul
intégral aux différences finies.

Je pourrais citer encore plusieurs autres
ouvrages du temps; mais il faut abréger. J'invite mes lecteurs à consulter les journaux d'Allemagne, de France, d'Angleterre, d'Italie, etc., et les collections académiques : ils y
trouveront une foule de précieux mémoires
sur toutes les parties des Mathématiques.

Etablissement
d'utilité des
académies.

On a déjà vu que la société royale de Londres
et l'académie des sciences de Paris prirent naissance presqu'en même temps, vers l'année
1660. L'académie de Berlin, dont l'établissement avait été projeté dès l'année 1700,
reçut, en 1710, une forme régulière et légale,
sous les auspices de Frédéric 1, électeur de
Brandebourg, premier roi de Prusse; et Leibnitz en fut nommé le président perpétuel.

L'institut de Bologne fut fondé en 1715 par les soins du célèbre comte de Marsigli , à qui l'histoire naturelle a tant d'obligations. En 1726 , Catherine I , veuve de Pierre le Grand , créa l'académie de Pétersbourg. Il s'est encore formé dans la suite plusieurs autres sociétés savantes qu'il serait trop long d'indiquer en detail. Tous ces établissemens ont été infiniment utiles au progrès des sciences.

CHAPITRE VII.

Continuation des progrès de la Géométrie. Solutions de divers problèmes.

Act.Lips. 1719.

DEUX problèmes très-curieux, proposés par Herman, occupèrent pendant quelque temps les géomètres avec beaucoup d'utilité : le premier consistait à trouver une courbe dont l'aire fût égale à une certaine fonction proposée des coordonnées ; le second, beaucoup plus difficile, était de déterminer une courbe algébrique, telle que l'expression indéfinie de sa longueur renfermât la quadrature d'une courbe algébrique donnée, plus ou moins un nombre *donné* de quantités algébriques. Nicolas Bernoulli, fils, résolut le premier. Quant Ibid. 1720. au second, il avoua (quoiqu'il écrivît sous les yeux de son père) qu'il ne pouvait le résoudre que dans certaines suppositions qui en restreignaient la généralité. Herman Ib. 1723. donna la solution générale, par une méthode très-ingénieuse, fondée sur la théorie des développées ; et dans cette occasion il eut de l'avantage sur les Bernoulli.

Un an après, Jean Bernoulli revint sur la Ib. 1714. même question, et la traita d'une manière plus directe et plus analitique, en lui donnant une nouvelle extension.

Il y a une observation générale à faire sur Véritable difficulté de résoudre les problèmes dépendans de l'Analise infinitésimale. tous les problèmes ainsi dépendans de l'Analise infinitésimale. On parvient pour l'ordinaire assez facilement à les mettre en équations : la principale difficulté est d'intégrer ces équations ; elle est souvent telle qu'elle échappe à toutes les forces de l'Analise. Aussi, les plus grands géomètres se sont-ils occupés à perfectionner le calcul intégral, ou l'intégration des équations différentielles de tous les ordres.

Dans cette vue, le comte Jacques Riccati RICCATI, né en 1690, m. en 1735.
Act. Lips. 1725. étant tombé sur une équation différentielle du premier ordre, à deux variables, fort simple en apparence, et n'ayant pu néanmoins parvenir à l'intégrer dans sa généralité, proposa la question aux géomètres. Aucun ne put atteindre complétement le but ; mais on assigna un grand nombre de cas où les indéterminées sont séparables, et où par conséquent l'équation s'intègre par les quadratures des courbes. Les auteurs de ces belles découvertes sont Riccati lui-même, Nicolas Bernoulli, neveu, Nicolas Bernoulli, fils, Daniel Ber- D. BERNOULLI né en 1700, m. en 1782. noulli, son frère, Goldebach. Tous arrivèrent par des méthodes différentes aux mêmes résultats. On appelle ordinairement l'équation dont il s'agit, *l'équation de Riccati*, quoiqu'elle eût déjà été considérée par Jacques Bernoulli, qui en avait intégré des cas particuliers : elle est dans l'Analise infinitésimale à peu près ce qu'est la quadrature du cercle dans la Géométrie élémentaire. Lorsqu'une équation y est rappelée, le problème est censé résolu. Si l'équation ne tombe pas dans les cas séparables, on n'a plus d'autre ressource que de l'intégrer par les méthodes d'approximation.

Euler, né en 1707, m. en 1785.

Act.Lips.1737.

Le célèbre Euler, cet homme destiné à faire une révolution dans la science analitique, s'annonça dès ce temps-là par diverses recherches, et entr'autres par une très-belle solution du problème des trajectoires réciproques, qu'il a étendue et perfectionnée dans la suite. Il avait pris les premières connaissances des Mathématiques sous Jean Bernoulli, qui à la fin de sa propre solution du problème dont je viens de parler, prédit ce qu'un pareil élève deviendrait un jour.

Premiers succès de l'académie de Pétersbourg.

A la fondation de l'académie de Pétersbourg, on vit se renouveler l'exemple que Ptolomée Philadelphe avait donné par rapport au musée d'Alexandrie : une colonie de géomètres, d'astronomes, de physiciens, de naturalistes, etc., fut appelée de tous les pays de l'Europe à Pétersbourg. On compte dans ce nombre, Nicolas Bernoulli, fils, Daniel Bernoulli, Euler, Leutmann, Bulfinger, etc. Outre ces membres résidans, l'académie avait plusieurs illustres associés étrangers, tels que Jean Bernoulli, Wolf, Poleni, Michelotti, etc. Tous ces hommes, pleins de génie, ardens et laborieux, s'empressaient d'enrichir les collections de cette société.

On remarque dans le premier volume deux ou trois excellens mémoires de Nicolas Bernoulli, fils : malheureusement il fut enlevé par la mort presque à son entrée dans la carrière. Les deux hommes qui ont le plus contribué à la gloire de la Géométrie dans cet établissement, à sa naissance, et dans la suite, sont Daniel Bernoulli et Euler. An 1716.

La plupart des problèmes dont on s'était occupé dans la première effervescence de la nouvelle Géométrie, avaient pour objet des théories particulières, auxquelles on n'avait pas donné toute l'extension dont elles étaient susceptibles. Daniel Bernoulli et Euler généralisèrent plusieurs de ces anciens problèmes, tels que ceux des chaînettes, des isopérimètres ; ils en traitèrent d'autres absolument nouveaux et très-difficiles, comme, par exemple, la détermination des mouvemens oscillatoires d'une chaîne pesante, suspendue verticalement, la recherche des sons que rend une lame élastique frappée, les mouvemens qui résultent de la percussion excentrique des corps, etc. Toutes ces questions demandaient une grande sagacité primitive et une profonde science du calcul. Nos deux géomètres les résolvaient chacun de leur côté; et on ne doit pas oublier de remarquer le rare exemple de modération et d'honnêteté qu'ils donnèrent alors, et duquel ils ne se sont jamais écartés dans la suite. On les voyait se proposer réciproquement des problèmes, travailler sur les mêmes sujets, sans que jamais la rivalité de talens, ou la diversité des opinions sur certains points qui tenaient à la Physique, ait altéré l'étroite amitié qu'ils avaient contractée ensemble dans la jeunesse. Tous deux se rendaient franchement et sans restriction une justice mutuelle : dans la science analitique, Daniel Bernoulli baissait pavillon devant Euler, qu'il appelait son *amiral;* mais dans les questions qui exigeaient plus de finesse d'esprit que de profonde Géométrie, Daniel Bernoulli prenait à son tour le dessus : en effet, il avait un talent tout particulier d'appliquer la Géométrie à la Physique, et de soumettre à un calcul précis des phénomènes que l'on ne connaissait que d'une manière générale et vague.

On a attribué à Pascal le projet de faire plier tous les hommes sous le joug de la religion, par la force du raisonnement et de l'éloquence : il semble de même qu'Euler a voulu faire dominer l'Analise sur toutes les parties des Mathématiques. On le voit continuellement occupé à perfectionner ce grand instrument, et à montrer l'art de le bien manier. A peine était-il âgé de vingt-un ans, lorsqu'il donna une méthode nouvelle et générale pour intégrer des classes entières d'équations différentielles du second ordre, assujéties à certaines conditions. On n'arrivait auparavant au but que dans quelques cas particuliers, et même plutôt par la sagacité de l'analiste, que par des méthodes uniformes et déterminées.

Acad. de Pétersbourg. 1728.

En Italie, Gabriel Manfredi publiait de temps en temps d'ingénieux mémoires de Géométrie et d'Analise dans les journaux et dans les *Commentaires* de l'institut de Bologne.

Un autre géomètre de la même nation, le comte de *Fagnani*, s'ouvrit un champ de problèmes nouveaux et d'une espèce très-piquante. Il apprit à déterminer des arcs

FAGNANI, né en 1682. m. en 1766.

d'ellipse, ou d'hyperbole, dont la différence
est une quantité algébrique. Leibnitz et Jean
Bernoulli, qui avaient tenté cette recherche,
jugèrent qu'elle ne devait pas donner prise aux
nouveaux calculs; ils avaient seulement résolu
la question pour la parabole, mais en y employant le calcul algébrique ordinaire; elle est
aussi résolue, par le même moyen, dans le traité
des *sections coniques* du marquis de l'Hopital.
Fagnani appliqua très-adroitement le calcul
intégral aux arcs d'ellipse et d'hyperbole; ce qui
comprend la parabole, comme un cas particulier. Sa méthode consiste à transformer le polynome différentiel qui représente l'arc élémentaire, elliptique, ou hyperbolique, en un autre
polynome négativement semblable; d'où, par
la soustraction, et l'intégration subséquente,
résulte une quantité algébrique. La gloire
d'avoir fouillé ce coin de la Géométrie, si
je puis parler ainsi, a placé Fagnani au rang
des analistes les plus subtils.

Long-temps après, Euler ayant considéré
la même matière, parvint non-seulement à
résoudre les problèmes de Fagnani d'une
manière nouvelle, mais il s'éleva à une méthode pour intégrer une classe fort étendue
d'équations différentielles séparées, dont les
deux membres n'étant pas intégrables chacun

en particulier, forment néanmoins un tout absolument intégrable. On savait intégrer des équations de cette espèce, lorsque les deux membres dépendent tout à la fois des arcs de cercle, ou des logarithmes. Les nouvelles intégrations d'Euler sont beaucoup plus étendues ; elles forment une nouvelle branche très-utile et très-piquante du calcul intégral : l'auteur y déploya toutes les ressources du génie et de la plus profonde science analitique.

Le problème de Viviani sur la quadrature de la voûte hémisphérique, en fit naître long-temps après un autre de pareille nature, proposé par un géomètre, d'ailleurs assez peu connu, nommé *Ernest d'Offemburg* : c'était Act.Lips. 1718. de percer une route hémisphérique d'un nombre quelconque de fenêtres de forme ovale, avec cette condition que leurs contours fussent exprimés par des quantités algébriques ; ou bien, en d'autres termes, il fallait déterminer sur la surface d'une sphère des courbes algébriquement rectifiables. On voit d'abord que les courbes demandées ne peuvent pas être formées par l'intersection d'un plan avec la sphère, puisque toutes ces intersections, en quelque sens qu'on les fasse, ne sont jamais que des cercles : elles appartiennent à la classe des courbes à double courbure. Ce problème, quoique curieux et difficile, de-meura intact pendant long-temps, et on ignore même si l'auteur l'avait résolu.

Ac. de Péters, 1726.

Herman, dans un mémoire sur la rectifica-tion des épycycloïdes sphériques, crut que ces courbes satisfaisaient en général à la question d'Offemburg, ou qu'elles étaient algébrique-ment rectifiables : mais cela n'a lieu que dans certains cas particuliers ; la rectification des épycycloïdes sphériques dépend en général de la quadrature de l'hyperbole. Jean Ber-

Ac. de Paris, 1732.

noulli releva l'erreur de Herman ; et non content d'avoir assigné la véritable épycy-cloïde algébrique et rectifiable, il résolut directement et *a priori* le problème d'Offem-burg, c'est-à-dire, qu'il donna la méthode générale pour déterminer les courbes recti-fiables qu'on peut tracer sur la surface d'une sphère. Ensuite il proposa la même recherche

MAUPERTUIS, né en 1698, m. en 1759.

à Maupertuis, comme au chef des géomètres français de ce temps-là, offrant d'ailleurs d'envoyer sa solution si on la désirait L'offre fut acceptée. Pendant que la solution de Ber-noulli était en route, Maupertuis résolut aussi le problème ; du moins il l'assure, ajoutant qu'il eut grand soin de bien faire constater sa découverte : précaution qui devint en effet d'autant plus nécessaire, que les deux solutions sont entièrement les mêmes quant au fond.

Nicole donna dans le même temps la méthode pour trouver l'expression générale de la rectification des épycycloïdes sphériques, et pour déterminer ensuite les cas où ces courbes deviennent algébriques et rectifiables.

Clairaut, alors très-jeune et déjà connu avantageusement par ses *recherches sur les courbes à double courbure*, traita la question dans le même sens que Nicole ; mais sa méthode porte un caractère particulier d'élégance qui a toujours distingué ses différens ouvrages.

CLAIRAUT, né en 1713, m. en 1765.

Ac. de Paris, 1734.

La Géométrie fit peu de temps après une autre acquisition très-importante. Clairaut considéra une classe de problèmes déjà ébauchée par Newton et les Bernoulli : il s'agissait de trouver des courbes dont la propriété consiste dans une certaine relation entre leurs branches, exprimée par une équation donnée. Il n'y aurait point de difficulté , si pour satisfaire à l'équation donnée , il était permis d'employer les branches de deux courbes ; mais il faut ici que les branches appartiennent à une seule et même courbe , et alors le calcul est d'un genre nouveau et délicat. Dans cette recherche, Clairaut fit une observation qui est principalement digne d'attention : il y a des questions de ce genre, qui admettent deux solutions, l'une immédiate et indépendante du calcul intégral, l'autre fondée sur ce calcul. La seconde, où l'on suppose qu'on ait eu soin d'introduire une constante arbitraire, devrait, ce semble, renfermer la première, en donnant à la constante toutes les valeurs dont elle est susceptible. Cependant il n'en est pas ainsi : quelque valeur qu'on donne à la constante, on ne tombe jamais dans la première solution. Cette espèce de paradoxe dans le calcul intégral, remarqué par Clairaut, le fut en même temps par Euler, comme on le voit dans sa *Mécanique*, qui parut en 1736, ainsi que les mémoires de l'académie des sciences de Paris, pour l'année 1734. Tel a été le germe de la fameuse théorie *des intégrales particulières* qu'Euler et plusieurs autres savans géomètres ont expliquée complétement. Il ne paraît pas que Clairaut ait donné de la suite à ses premières idées sur ce sujet.

CHAPITRE VIII.

Problème des tautochrones dans les milieux résistans. Réflexions générales sur les problèmes de pure théorie. Algèbre des sinus et des cosinus. Utilité des méthodes d'approximation, et en particulier des suites infinies.

Le problème des tautochrones est remarquable dans l'histoire de la Géométrie, tant par sa nature singulière, que par les difficultés qu'il a fallu vaincre pour le résoudre. Il consiste, comme on sait, à trouver une courbe telle qu'un corps pesant descendant le long de sa concavité, arrive toujours dans le même temps au point le plus bas, de quelque point de la courbe qu'il commence à descendre. Huguens examinant les propriétés de la cycloïde, trouva qu'elle avait celle d'être la courbe tautochrone dans le vide; Newton reconnut, dans son livre *des Principes*, que la même courbe était aussi tautochrone, lorsque le corps, toujours soumis à l'action d'une pesanteur constante, éprouve de plus à chaque

Problème des tautochrones.

instant, de la part de l'air, ou du milieu dans lequel il se meut, une résistance proportionnelle à sa vitesse : Euler et Jean Bernoulli déterminèrent, chacun de leur côté, la courbe

Ac. de Péters. 1729.

tautochrone dans un milieu résistant comme le quarré de la vitesse. Ces trois cas forment

Ac. de Paris, 1730.

trois problèmes différens, pour chacun desquels on employa des méthodes différentes. Lorsque dans les deux premiers, le corps après être descendu, remonte par la seconde branche de la cycloïde, il parcourt l'arc montant dans le même temps qu'il a parcouru l'arc descendant; de sorte que toutes les oscillations, qui sont composées chacune d'une descente et d'une montée, se font dans le même temps. Mais, dans l'hypothèse de la résistance comme le quarré de la vitesse, l'arc descendant tautochrone n'est pas le même que l'arc ascendant tautochrone, et il faut les chercher séparément. Ils se trouvent d'ailleurs exactement de la même manière, et par conséquent il suffit de considérer l'un ou l'autre.

FONTAINE, né en 1705, m. en 1771

Fontaine fit un grand pas dans cette théorie. Il imagina une méthode d'un tour vraiment original, par laquelle seule il résolut les trois cas proposés : il y en ajouta même un

Ac. de Paris, 1734.

quatrième, où la résistance serait comme le

quarré de la vitesse, plus le produit de la vitesse, par un coefficient constant. Et ce qui est très-remarquable, la tautochrone, dans ce quatrième cas, est la même que dans le troisième. L'esprit de cette méthode est de considérer les quantités variables, tantôt relativement à la différence de deux arcs voisins, tantôt relativement à l'élément d'un même arc : l'auteur emploie les différentielles de Leibnitz pour les variations de la première espèce, et les fluxions de Newton pour celles de la seconde. Taylor avait donné de l'ouverture pour cette méthode *Fluxio-différentielle :* Fontaine a eu avec lui une autre conformité, le défaut d'être obscur ; mais tous deux ont été de profonds géomètres.

Euler, qui non content d'enrichir sans cesse la Géométrie de son propre fonds, a quelquefois refait les ouvrages des autres, et toujours en mieux, développa et mit dans le plus grand jour la méthode de Fontaine, en lui donnant d'ailleurs toutes les louanges qu'elle mérite. Il parcourt tous les cas déjà résolus : il en ajoute un autre qui les comprend tous, celui où la résistance est composée de trois termes, du quarré de la vitesse, du produit de la vitesse par un coefficient donné, et d'une quantité constante. La méthode de

Ac. de Péters. 1764.

Fontaine ne va pas plus loin. De plus, comme elle fait trouver la tautochrone indépendamment de la considération du temps, il restait encore à déterminer l'expression du temps que le corps emploie à parcourir un arc quelconque de la courbe : Euler a résolu ce nouveau problème, qui dépendait de l'intégration d'une équation différentielle très-compliquée.

Fontaine croyait tellement avoir épuisé la théorie des tautochrones, que dans le recueil de ses œuvres, publié en 1764, il dit, en parlant de sa solution de 1754, qu'après qu'elle eut paru, *on ne parla plus de ce problème :* heureusement on en a parlé encore. Ce n'était pas assez d'avoir trouvé les tautochrones dans certaines hypothèses de forces accélératrices : il fallait, en renversant le problème, donner les moyens de discerner quelles sont les hypothèses de forces accélératrices qui admettent le tautochronisme : deux grands géomètres ont fait cette découverte, et par-là ont ouvert un nouveau champ de problèmes sur cette matière.

Ac. de Berlin, 1765.

Lorsque les milieux sont rares, ou peu résistans, la recherche des tautochrones est plus facile. Euler a résolu avec beaucoup de simplicité et d'élégance, dans sa *Mécanique.*

plusieurs cas de cette nature, à quelques puissances de la vitesse que la résistance soit proportionnelle.

Les ennemis de la Géométrie, ou même ceux qui ne la connaissent qu'imparfaitement, regardent tous ces difficiles problèmes théoriques comme des jeux d'esprit qui absorbent un temps et des méditations qu'on pourrait mieux employer; mais ils ne font pas attention que rien n'est plus capable d'exciter et de développer toutes les forces de l'intelligence humaine; que l'esprit a ses besoins comme le corps, suivant l'expression de Fontenelle; et qu'enfin telle spéculation qui paraissait stérile au premier abord, finit par trouver son application, ou fait naître quelquefois, lorsqu'on s'y attend le moins, de nouvelles vues par rapport à des objets d'utilité publique. Laissons un libre essor au génie : que le géomètre cherche et contemple les vérités intellectuelles, tandis que le poëte peint les passions du cœur, ou les beautés de la nature.

Utilité générale des problèmes théoriques.

Autant cette faculté d'inventer dans les sciences a d'attraits pour ceux qui les cultivent, autant ils évitent un travail matériel qui n'aboutirait à aucun résultat nouveau et utile. De-là, lorsqu'on est parvenu à vaincre

Pratique des inventeurs dans les sciences.

toutes les difficultés analitiques d'un problème abstrait, on achève rarement le calcul ; on se contente pour l'ordinaire de l'indiquer clairement ; ou, dans les cas qui l'exigent, on le rappelle à certaines formules qui échappent à une analise rigoureuse, comme la quadrature du cercle, l'équation de Riccati, etc. : quand on est arrivé à ce point, on regarde le problème comme résolu. Mais lorsqu'on veut appliquer les formules de l'Analise aux sciences physico-mathématiques, où toutes les quantités doivent être finalement exprimées en nombres, on ne peut pas se dispenser d'effectuer entièrement les calculs analitiques ; et alors on a très-souvent besoin de méthodes qui servent à les abréger, soit qu'ils aboutissent à des résultats algébriques, soit qu'ils contiennent des expressions dont on ne peut déterminer les valeurs que par approximation.

Avantage de l'Algèbre des sinus et des cosinus.

L'Algèbre des sinus et des cosinus, due principalement à Euler, est un de ces moyens d'abréviation auquel toutes les parties des Mathématiques, et surtout l'Astronomie physique, ont des obligations inappréciables. Par la combinaison des arcs, sinus, cosinus, et de leurs différentielles, on obtient des formules qui se soumettent facilement, en plusieurs cas, aux méthodes d'intégration ;

ce qui mène à la solution d'une foule de problèmes que l'on serait forcé d'abandonner
par la longueur ou la difficulté des calculs,
si on voulait employer les arcs, les sinus
et les cosinus, sous leur forme ordinaire, ou
même sous la forme exponentielle.

Au défaut des solutions rigoureuses, on est
forcé de recourir aux méthodes d'approximation, et on leur doit en grande partie le succès
des Mathématiques pratiques. La théorie des
suites infinies est le principal fondement de
toutes ces méthodes. Il y a souvent beaucoup
d'art et de difficulté à former les séries propres
à résoudre, d'une manière prompte et suffisamment approchante de la vérité, les questions
qui y donnent lieu. Les Anglais, tels que Newton, Wallis, Stirling, etc., ont fort cultivé
cette belle branche de l'Analise; mais personne
ne l'a poussée aussi loin que l'a fait Euler; personne n'a autant sommé de suites curieuses, n'a
autant appliqué ce moyen à la solution d'une
multitude de problèmes délicats et importans.
Les recueils des académiciens de Pétersbourg
et de Berlin, et de ses ouvrages particuliers,
sont pleins de ses découvertes en ce genre,
que l'on regarde comme l'un des principaux
monumens de son génie.

*Utilité des mé-
thodes d'ap-
proximation.*

CHAPITRE IX.

Suite. Progrès des méthodes pour intégrer les équations différentielles. Nouveaux pas du problème des isopérimètres. Calcul intégral aux différences partielles.

Conditions
d'intégrabilité
des équations
différentielles.

Il manquait à la théorie des équations différentielles la connaissance de quelque propriété générale qui pût servir à diriger les méthodes d'intégration. Depuis le problème des chaînettes, d'où cette théorie a commencé à prendre corps, on avait intégré un grand nombre d'équations différentielles de tous les ordres ; mais autant de cas particuliers, autant de méthodes particulières : on n'arrivait souvent au but que par une espèce de tâtonnement qui pouvait bien faire admirer le génie et la sagacité de l'analiste, mais qui, après tout, ne donnait aucune ouverture pour des problèmes d'un autre genre. Les géomètres désiraient donc un signe, un caractère par lequel on pût reconnaître si une équation, dans l'état où elle se présente, est immédiatement intégrable, ou si elle a besoin de quelque préparation pour le devenir. On sent en effet combien une telle connaissance doit épargner de fausses tentatives de calcul. L'Allemagne et la France partagent la gloire d'avoir fait cette belle découverte pour les équations différentielles du premier ordre. Euler, Fontaine et Clairaut y parvinrent chacun de leur côté, à peu près dans le même temps, ou du moins sans s'être donné mutuellement aucun secours. Cependant la justice ne permet pas de taire qu'Euler a porté les premiers coups : dans sa *Mécanique* publiée en 1736, il emploie une équation dépendante de cette théorie ; mais il n'en a donné la démonstration que dans les mémoires de l'académie de Pétersbourg, pour l'année 1734, publiés en 1740. Or, les recherches de Fontaine et de Clairaut sont de l'année 1739 ; de sorte qu'ils ne pouvaient pas alors connaître celles d'Euler.

Tom. II, p. 49

Ac. de Paris, 1739 et 174..

Le même Euler ayant trouvé dans la suite les conditions d'intégrabilité pour les équations différentielles des ordres plus élevés, les fit transmettre à Condorcet, mais sans y ajouter les démonstrations. Ce dernier nonseulement les découvrit par une voie trèsdirecte et très-simple, mais il donna une nouvelle extension à cette théorie : premier essai d'un grand talent pour l'Analise, auquel on

An 1765.

Condorcet, né en 1743, m. en 1794.

regrettera éternellement que l'auteur ne se soit pas livré tout entier, tant pour son propre bonheur, que pour l'avancement des sciences. Tout le monde sait que Condorcet s'étant jeté dans les dissensions politiques de la révolution française, fut obligé de se donner la mort pour éviter l'échafaud.

Problème des isopérimètres considéré dans le sens le plus étendu.

Le problème des isopérimètres, tant agité entre les frères Jacques et Jean Bernoulli, reparaissait encore de temps en temps sur la scène, soit par de nouvelles applications, soit par les tentatives que les géomètres faisaient pour en simplifier les solutions générales. Parmi ceux qui s'en sont occupés, il faut principalement distinguer Euler. Je passe sous silence ses premiers essais, imprimés dans les recueils de l'académie de Pétersbourg : je viens tout de suite à son fameux livre : *Methodus inveniendi lineas curvas maximi, minimive proprietate gaudentes*, publié en 1744. L'auteur distingue deux sortes de *maxima* ou de *minima*, les uns absolus, les autres relatifs. Les *maxima* ou les *minima* sont absolus, lorsque la courbe jouit sans restriction d'une certaine propriété de *maximum* ou de *minimum*, entre toutes les courbes correspondantes à une même abscisse : telle est la courbe de la plus vite descente. Les *maxima* ou les *minima* sont relatifs, lorsque la courbe qui doit jouir d'une certaine propriété de *maximum* ou de *minimum*, doit de plus satisfaire à une autre condition, comme, par exemple, d'être égale en contour à toutes les courbes terminées avec elle à deux points donnés : tel est le cercle qui a la propriété d'enfermer le plus grand espace entre toutes les courbes d'égal contour. Les méthodes qu'Euler emploie pour résoudre tous ces problèmes sont très-simples, et ont toute la généralité qu'on peut exiger. Il a trouvé et démontré le premier à ce sujet un théorème de la plus haute importance : c'est que les problèmes de la seconde classe peuvent toujours être rappelés à ceux de la première, en multipliant les deux expressions qui représentent les deux conditions de la courbe, par des coefficiens constans, ajoutant ensemble les deux produits, et supposant que la somme forme un *maximum* ou un *minimum*. L'ouvrage d'Euler contient une foule d'applications curieuses où l'on voit briller partout la plus profonde science du calcul, et la plus grande élégance dans les solutions : sous ce point de vue, il a toute la perfection possible dans l'état actuel de l'Analise ; mais les solutions générales ont été encore simplifiées et soumises à des calculs faciles au moyen de la méthode des *variations*, qu'Euler lui-même a adoptée dans la suite, et qu'il a développée dans plusieurs mémoires particuliers et dans un appendix au troisième volume de son traité de calcul intégral. Enfin, il a rappelé ce genre de calcul au calcul intégral ordinaire.

Il se fit, vers le milieu du siècle passé, une nouvelle découverte analitique, dont l'étendue et les applications n'ont point de bornes. On la doit, au moins en partie, à l'illustre d'Alembert, l'un des hommes qui font le plus d'honneur à la France comme géomètre du premier ordre, et on peut ajouter comme auteur de la belle préface de l'*Encyclopédie*. Je veux parler de cette branche du calcul intégral, qu'on appelle aujourd'hui *le calcul intégral aux différences partielles*. La nature de cet ouvrage ne me permet pas d'en donner ici une idée bien nette à mes lecteurs : je me contenterai de dire que ce genre de calcul a pour objet de trouver une fonction de plusieurs variables, lorsque l'on connaît la relation des coefficiens qui affectent les différentielles des quantités variables dont cette fonction est composée. Supposons, par exemple, une équation différentielle du premier ordre, à trois variables : dans les problèmes du calcul intégral ordinaire, les coefficiens différentiels sont donnés immédiatement par les conditions de la question; et alors il s'agit d'intégrer l'équation, ou exactement quand cela se peut; ou en la multipliant par un facteur; ou en séparant les indéterminées; ou enfin par les méthodes d'approximation : on arrive par l'un quelconque de ces moyens à une équation finie qui renferme une constante arbitraire. Mais si dans l'équation différentielle proposée, les coefficiens différentiels sont primitivement donnés, la méthode qu'il faut employer pour trouver l'équation finie appartient au calcul intégral aux différences partielles. Cette équation renferme une fonction arbitraire de l'une des trois variables, et peut contenir de plus une constante arbitraire comprise dans la fonction. Il y aurait des fonctions arbitraires de deux variables, si l'équation différentielle primitive était du second ordre. En général, les opérations du calcul intégral aux différences partielles amènent les fonctions arbitraires, de la même manière, et en même nombre, que les intégrations ordinaires amènent les constantes arbitraires.

On trouve quelques vestiges de ce nouveau genre de calcul dans un mémoire d'Euler, que j'ai déjà cité sous la date de l'année 1754. *Ac. de Péters. 1734.*

9.

L'ouvrage de d'Alembert, *sur la cause générale des vents*, en contient des notions un peu plus développées. Le même géomètre est le premier qui l'ait employé d'une manière explicite, quoiqu'un peu trop assujétie au calcul intégral ordinaire, dans la solution générale du problème des cordes vibrantes.

Problème des cordes vibrantes, résolu par Taylor, dans un cas limité, généralisé par d'Alembert.

Taylor avait déterminé dans son livre : *Methodus incrementorum*, la courbe que forme une corde vibrante, tendue par un poids donné, en supposant, 1°. que la corde, dans ses plus grandes excursions, s'éloigne peu de la direction rectiligne de l'axe; 2°. que tous ses points arrivent en même temps à l'axe. Il trouva que cette courbe est une trochoïde très-allongée; ensuite il assigna la longueur du pendule simple qui fait ses oscillations dans le même temps que la corde vibrante fait les siennes. C'était alors un problème nouveau et original. Plusieurs autres géomètres l'ont traité suivant les mêmes données. La première supposition, que les excursions de la corde de part et d'autre de l'axe demeurent toujours fort petites, est suffisamment conforme à l'état physique des choses; d'ailleurs, elle est la seule qui donne de la prise au calcul, même dans l'état actuel de l'Analise. Quant à la seconde, que tous les

points de la corde arrivent en même temps
à l'axe, elle est absolument précaire, et il
fallait délivrer le problème de cette limita-
tion. D'Alembert a trouvé une solution qui
en est indépendante. Il a déterminé directe-
ment et *a priori* la courbe que forme à Ac de Berlin, 1747.
chaque instant une corde vibrante, sans faire
d'autre supposition, sinon que dans ses plus
grands écarts elle s'éloigne peu de l'axe. La
nature de cette courbe est d'abord exprimée
par une équation du second ordre, dont un
membre est la différentielle seconde de l'ordonnée, prise en faisant varier seulement le
temps, et supposant sa différentielle constante;
l'autre membre est la différentielle seconde de
l'ordonnée, prise en faisant varier seulement
l'abscisse, et supposant sa différentielle constante. De-là, en satisfaisant successivement à
ces deux conditions, on remonte à une équation finie, de telle nature que l'ordonnée a
pour valeur l'assemblage de deux fonctions
arbitraires, l'une de la somme de l'abscisse et
du temps, l'autre de leur différence. On voit
qu'au moyen de cette équation, deux quelconques des trois variables, l'ordonnée, l'abscisse et le temps, étant données, on connaîtra
la troisième et toutes les circonstances du
mouvement de la corde.

Euler, frappé de la beauté de ce problème, s'en est occupé pendant très-long-temps, et il y est revenu à plusieurs reprises dans les mémoires des académies de Berlin, de Pétersbourg et de Turin. Malgré la conformité qui se trouvait entre les résultats des deux grands géomètres que je viens de citer, ils eurent ensemble une longue dispute sur l'étendue qu'on pouvait donner aux fonctions arbitraires qui entrent dans l'équation de la corde vibrante. D'Alembert voulait que la courbure initiale de la corde fût assujétie à la loi de continuité : Euler la croyait absolument arbitraire, et introduisait dans le calcul des fonctions discontinues. D'autres géomètres ont pensé que cette discontinuité des fonctions pouvait être admise, mais qu'elle devait être soumise à une loi, et qu'il fallait que trois points consécutifs de la courbure initiale appartinssent toujours à une courbe continue. Mais jusqu'ici il ne paraît pas que personne ait donné des preuves entièrement démonstratives de son opinion ; et il ne faut pas s'en étonner. Cette question tient à des idées métaphysiques ; et les problèmes de Méçanique, ou de pure Analise, auquel on a appliqué ce nouveau genre de calcul, n'ont encore fourni aucun moyen de discerner celle de ces opinions

Années 1748, 1753, 1760, etc.

qui donnait des résultats conformes ou contraires à des vérités déjà reconnues et avouées universellement.

Sans prendre aucun parti dans cette dispute, le célèbre Daniel Bernoulli donna les plus grandes louanges aux calculs de d'Alembert et d'Euler; mais en même temps il entreprit de faire voir que la corde vibrante forme toujours, ou une trochoïde simple telle que la théorie de Taylor la donne, ou un assemblage de ces trochoïdes ; et que toutes les courbes déterminées par d'Alembert et Euler ne pouvaient être admises, et n'étaient réellement applicables à la nature, qu'autant qu'elles étaient réductibles à une pareille forme. Cette discussion lui donna lieu d'approfondir la formation physique du son, que l'on ne connaissait alors que très-imparfaitement; il explique par exemple, avec toute la netteté possible, comment une corde mise en vibration, ou en général un corps sonore quelconque, peut rendre à la fois plusieurs sons différens composant un même système. Mais en admirant son adresse à simplifier le sujet, et à prêter l'appui de l'expérience à ses raisonnemens, les géomètres conviennent que sa solution est moins générale et moins parfaite que celles de ses deux rivaux. En effet, ces dernières

Ac. de Berlin. 1755.

(quelque étendue qu'on veuille leur attribuer) sont fondées sur un genre de calcul incontestable, et elles contiennent comme un cas particulier la solution générale de Daniel Bernoulli. J'en dis autant relativement au problème de la propagation du son, qui est de même nature que celui des cordes vibrantes, et auquel Euler et Daniel Bernoulli ont également appliqué chacun leurs méthodes particulières.

Les différens points de vue sous lesquels Euler a envisagé et présenté le calcul intégral aux différences partielles, ont fixé sa véritable nature, et fait connaître les applications dont il est susceptible dans une foule de problèmes physico-mathématiques. Enfin, il en a développé à fond la méthode, et donné l'algorithme, dans un excellent mémoire intitulé : *Investigatio functionum ex data differentialium conditione.* En conséquence, quelques géomètres regardent Euler, sinon comme le seul, au moins comme le principal inventeur du calcul dont il s'agit ; mais il ne faut pas oublier que d'Alembert en a fait le premier une application importante et originale, qui a donné des ouvertures à Euler, comme il en convient lui-même. S'il m'est permis de dire mon avis, je crois que ces deux hommes

Ac. de Péters. 1762.

illustres ont à peu près un droit égal à la gloire d'une si belle découverte.

A mesure qu'on a approfondi ce nouveau calcul, et qu'on en a reconnu l'utilité, on s'est appliqué à le cultiver avec d'autant plus d'ardeur, qu'il offre un champ immense de recherches. Quelques géomètres de notre temps y ont déjà obtenu des succès brillans. Une nouvelle gloire couronnera de nouveaux efforts. Si la carrière devient tous les jours plus étroite, et si, en y avançant, l'empreinte des pas paraît moins étendue ou moins profonde, les vrais juges en ces matières savent proportionner leur estime à la résistance vaincue, ou à l'utilité des découvertes; et cette estime est la plus digne récompense que puisse ambitionner l'homme qui la mérite.

CHAPITRE X.

De quelques ouvrages sur l'Analise.

JE n'ai pas voulu interrompre l'histoire des nouveaux calculs par le recensement des ouvrages particuliers qui ont paru en très-grand nombre dans cette quatrième Période, tant sur l'Analise des quantités finies que sur celle des quantités infiniment petites : je vais maintenant parcourir rapidement les principaux de ces ouvrages relatifs à l'Analise infinitésimale, ou comme traités immédiats, ou du moins comme traités préparatoires. Je me borne toujours aux auteurs morts.

Nous avons déjà remarqué que l'Analise des infiniment petits du marquis de l'Hopital est le premier ouvrage où le calcul différentiel ait été expliqué en détail. On l'a appelé pendant long-temps le bréviaire des jeunes géomètres. Aux notions générales que j'en ai données, j'ajouterai ici qu'indépendamment de la théorie des tangentes, et des *maxima* et des *minima*, qui faisait le principal objet du calcul différentiel, l'auteur a résolu une foule d'autres problèmes alors difficiles et intéressans. Quelques-uns de ces problèmes étaient nouveaux ; les solutions des autres avaient été données sans analise et sans démonstrations. Le marquis de l'Hopital dévoila tous ces mystères, et rendit par-là aux sciences un des plus importans services qu'elles aient jamais reçu. Par exemple, dans les sections VI et VII, il explique, de la manière la plus complète et la plus claire, toute la théorie des caustiques par réflexion et par réfraction, courbes fameuses que Tschirnaus avait indiquées aux géomètres, et dont Jacques Bernoulli s'était contenté d'énoncer les principales propriétés. La section VIII est employée à la recherche des lignes droites ou courbes qui touchent une infinité de lignes données, droites ou courbes : sujet curieux en lui-même, et renfermant des questions applicables à la balistique. Dans la section IX, l'auteur expose la fameuse règle pour trouver la valeur d'une fraction dont le numérateur et le dénominateur s'évanouissent en même temps. La Xeme. et dernière section présente le calcul différentiel sous un nouveau point de vue; d'où le marquis de l'Hopital déduit les méthodes de Descartes et de Hudde pour les tangentes. Cet

objet, traité avec la même exactitude et la
même clarté que les autres, ne peut avoir
aujourd'hui d'autre utilité que d'exercer les
jeunes géomètres.

Le marquis de l'Hopital laissa en mourant
un ouvrage manuscrit sur la théorie générale
et les propriétés particulières des *sections coniques*, dont on donna une édition en 1707.
Quoique cet ouvrage soit traité entièrement
par l'Analise cartésienne, il mérite d'être distingué, soit par la richesse même du fond,
soit parce qu'il a ouvert le champ à quelques
problèmes où l'Analise infinitésimale était nécessaire. Il est compté dans le petit nombre des
livres classiques.

Il fut bientôt suivi d'un autre ouvrage d'une
utilité encore plus grande, du moins en France :
de *l'Analise démontrée* du P. Reyneau, publiée
pour la première fois en 1708. L'auteur s'est
proposé deux objets : l'un de démontrer et
d'éclaircir plusieurs méthodes d'Algèbre pure;
l'autre d'exposer, suivant le même esprit, les
élémens du calcul différentiel et du calcul intégral. Il s'étend peu sur le calcul différentiel,
suffisamment connu par le livre du marquis
de l'Hopital; il s'est attaché principalement à
développer les élémens du calcul intégral,
qui ne faisait, pour ainsi dire, que de naître

Il a été pendant long-temps le seul guide que les commençans eussent parmi nous pour s'instruire dans les nouveaux calculs : on l'appelait l'Euclide de la haute Géométrie. Mais insensiblement, en conservant l'estime due à l'auteur, on a oublié le livre, qui a été effacé par d'autres ouvrages plus savans et plus complets, fruits du progrès des sciences.

La méthode des infiniment petits, que le marquis de l'Hopital et le P. Reyneau avaient adoptée, était sujette à quelques difficultés que ces auteurs avaient éludées, ou n'avaient pas suffisamment éclaircies. Ce n'était qu'à force de la présenter, de l'appliquer à de nouveaux usages, et de faire remarquer dans l'occasion la conformité des résultats qu'elle donnait, avec ceux des anciennes méthodes, qu'on était enfin parvenu à la faire recevoir universellement, comme aussi certaine et aussi exacte que toutes les autres théories géométriques. Cependant elle laissait encore quelques nuages dans l'esprit de ceux qui n'en pénétraient pas assez les vrais principes. Qu'on me permette de citer à ce sujet un petit trait qui me regarde. Lorsque je commençais à étudier le livre du marquis de l'Hopital, j'avais de la peine à concevoir qu'on pût négliger absolument, sans erreur

quelconque, une quantité infiniment petite,
en comparaison d'une quantité finie. Je con-
fiai mon embarras à un fameux géomètre,
qui me répondit : *Admettez les infiniment
petits comme une hypothèse, étudiez la
pratique du calcul, et la foi vous viendra.*
La foi est venue en effet : je me suis convaincu
que la métaphysique de l'Analise infinitésimale est la même que celle de la méthode
d'exhaustion des anciens géomètres.

FONTAINE.

On a souvent renouvelé la même objection
contre la prétendue inexactitude des nouveaux
calculs. En 1734, il parut en Angleterre une
lettre intitulée l'*Analiste*, dans laquelle l'auteur, homme d'un mérite très-distingué à
d'autres égards, représentait la méthode des
fluxions comme pleine de mystères, et comme
fondée sur de faux raisonnemens. On ne pouvait anéantir pour toujours ces étranges imputations, qu'en établissant cette théorie sur des
principes tellement certains, tellement évi-
dens, qu'aucun homme raisonnable et instruit
ne pût refuser de les admettre. Maclaurin
entreprit cette tâche difficile et nécessaire. Il
publia en 1742 son *Traité des fluxions*, où
il démontre les principes de ce calcul, en
toute rigueur, et à la manière des anciens géomètres, qu'on n'a jamais accusés de relâchement

MACLAURIN,
né en 1698,
m. en 1746.

dans le choix et la solidité des preuves. Cette méthode synthétique est un peu prolixe, et quelquefois fatigante à suivre ; mais elle jette dans l'esprit une lumière et une satisfaction qu'on ne saurait acheter trop chèrement. Après avoir bien assuré sa marche, Maclaurin offre à la curiosité du lecteur une foule de très-beaux problèmes de Géométrie, de Mécanique et d'Astronomie, dont quelques - uns sont nouveaux ; tous sont résolus avec une élégance remarquable par le choix des moyens que l'auteur emploie. Ces avantages placent le livre de Maclaurin au nombre des productions de génie qui honorent l'auteur et l'Ecosse sa patrie. On l'a traduit dans notre langue ; et plusieurs mathématiciens français, devenus célèbres dans la suite, l'ont pris pour guide dans leurs études de la nouvelle Géométrie.

En donnant ainsi à cet excellent ouvrage tous les éloges qu'il mérite, en reconnaissant que Maclaurin a contribué plus que personne à nourrir le feu sacré de l'ancienne Géométrie parmi les Anglais, qui se font un point d'honneur particulier de le conserver soigneusement, nous ne pouvons pas dissimuler que même à l'époque où le traité des fluxions parut, la partie analitique en était incomplète à plusieurs égards. Cependant l'Analise, à laquelle il ne faut pas donner une prédilection exclusive, est la véritable clef de tous les grands problèmes de Mécanique et d'Astronomie physique, qu'on tenterait vainement de résoudre par la synthèse. Il était donc à désirer qu'on rassemblât en corps de doctrine usuelle toutes les découvertes dont les géomètres avaient enrichi et continuaient d'enrichir la science analitique.

Cette gloire était réservée à Euler. Outre qu'il a étendu et perfectionné toutes les parties de l'Analise dans les innombrables mémoires qui existent de lui parmi ceux des académies de Pétersbourg et de Berlin, et dans plusieurs autres recueils, il a publié à ce sujet des ouvrages particuliers, spécialement adaptés à l'instruction des lecteurs de tous les ordres. Un des premiers et des plus importans est le livre : *Methodus inveniendi lineas curvas maximâ minimâve proprietate gaudentes*, dont j'ai donné une notion suffisante. A la suite de ce traité, on trouve une savante théorie de la courbure des lames élastiques, et un mémoire où l'auteur détermine, par la méthode *de maximis et minimis*, le mouvement des projectiles dans un milieu non résistant, première application importante de cette méthode à la classe des problèmes de Mécanique susceptibles de solutions par la théorie des causes finales.

L'Introduction à l'Analise des infinis, An 1748. ouvrage plus élémentaire du même auteur, contient en deux livres les connaissances d'Analise pure et de Géométrie, nécessaires pour la parfaite intelligence des calculs différentiel et intégral. Euler explique dans le premier tout ce qui regarde les fonctions algébriques ou transcendantes, leurs développemens en séries, la théorie des Logarithmes, celle de la multiplication des angles, la sommation de plusieurs suites très-curieuses et d'une profonde recherche, la décomposition des équations en facteurs trinomes, etc. Dans le second livre, l'auteur commence par établir les principes généraux de la théorie des courbes géométriques et de leur division en ordres, classes et genres; ensuite il applique en détail ces principes aux sections coniques, dont toutes les propriétés sont ici déduites de leur équation générale. Il finit par une théorie très-élégante des surfaces des corps géométriques; il apprend à trouver les équations de ces surfaces, en les rapportant à trois coordonnées perpendiculaires entr'elles; il les divise en ordres, classes et genres, comme il a fait pour les simples courbes tracées sur un

II.   10

plan, etc. Tous ces objets sont traités avec une clarté et une méthode qui en facilitent l'étude, au point que tout lecteur médiocrement intelligent peut les suivre de lui-même et sans aucun secours étranger.

Enfin, Euler a rassemblé en cinq ou six volumes in-4°. toute la science du calcul différentiel et du calcul intégral. Les richesses de l'art auparavant connues, un plus grand nombre de théories absolument nouvelles, sont ici présentées et développées de la manière la plus lumineuse et la plus instructive, et sous cette forme originale et commode que l'auteur a fait prendre à toutes les parties des hautes Mathématiques. La réunion de ces divers traités compose le plus vaste et le plus beau corps de science analitique que l'esprit humain ait jamais produit. Tous les géomètres qui ont été à portée de lire ces ouvrages, y ont puisé des connaissances, et quelques-uns même se sont fait honneur des méthodes qu'on y trouve. Si le P. Reyneau a pu être appelé un moment, et par exagération, l'Euclide de la haute Géométrie, on peut dire avec vérité qu'Euler est cet Euclide, et même ajouter qu'il est très-supérieur à l'ancien, par le génie et la fécondité.

Je ne dois pas oublier de citer avec distinction

Cramer parmi les bienfaiteurs de la nouvelle Géométrie. Son *Introduction à l'Analise des lignes courbes algébriques*, est le traité le plus complet qui existe sur cette matière. L'auteur ne laisse rien à désirer sur la théorie des branches infinies des courbes, sur leurs points multiples, et en général sur tous les symptômes qui servent à les caractériser. Il était contemporain de Daniel Bernoulli et d'Euler, élève comme eux de Jean Bernoulli. Il a fort approché de tous ces grands hommes. On lui doit un excellent *Commentaire* sur les œuvres de Jacques Bernoulli.

CRAMER,
né en 1704,
m. en 1752.

En 1768, les P. P. minimes Le Seur et Jacquier publièrent un *traité de calcul intégral :* ouvrage un peu prolixe et manquant quelquefois de méthode, mais dans lequel on trouve cependant plusieurs choses nouvelles et intéressantes, comme, par exemple, un développement très-clair du traité *des Quadratures* de Newton.

LE SEUR,
m en 1770.

JACQUIER,
m. en 1788.

L'art d'éliminer les inconnues, ou de réduire les équations d'un problème au plus petit nombre possible, est une partie essentielle de l'Analise. Plusieurs géomètres s'en sont occupés. Cramer l'avait déjà fort étendue et simplifiée. Bezout en a fait l'objet d'un savant traité, où il a porté la matière beaucoup plus loin qu'elle ne l'avait été.

BEZOUT,
né en 1730,
m. en 1783.

COUSIN,
né en 1739,
m. en 1801.

Les sciences ont perdu en dernier lieu Cousin, qui a donné plusieurs ouvrages, et en particulier un traité de calcul intégral. On reproche un peu d'obscurité et de désordre à ce traité; mais on convient d'ailleurs qu'il est très-savant, et qu'il contient plusieurs choses nouvelles, principalement sur l'intégration des équations aux différences partielles.

CHAPITRE XI.

Progrès de la Mécanique.

La Mécanique est fondée sur un petit nombre de principes généraux, et quand ils sont une fois trouvés, toutes les applications qu'on en peut faire appartiennent proprement à la Géométrie ; mais ces applications, surtout dans les problèmes relatifs au mouvement, demandent souvent beaucoup de sagacité, et forment une science particulière que les modernes ont poussée très-loin, avec le secours de l'Analise infinitésimale.

Depuis qu'Archimède avait posé la base de la Statique, il n'était pas difficile de reconnaître les conditions de l'équilibre pour chaque cas particulier, et elles avaient dirigé l'esprit d'invention dans une foule de machines ; mais on ne les avait pas encore rappelées à un principe général et uniforme. Varignon entreprit et exécuta ce plan de réunion, par la théorie des mouvemens composés. Il en donna quelques essais dans son *Projet d'une nouvelle Mécanique ;* ensuite il épuisa, pour ainsi dire, toutes les combinaisons de l'équilibre des machines, *Statique.*

En 1687.

dans sa *Mécanique générale*, publiée seulement après sa mort. Cet ouvrage, que j'ai déjà cité, est très-prolixe et très-fatigant à lire ; mais il est recommandable par la clarté de détail.

Varignon a inséré dans le second volume les premières notions du fameux principe des *vitesses virtuelles*, d'après une lettre qui lui fut écrite par Jean Bernoulli en 1717. On appelle *vitesse virtuelle* d'un corps l'espace infiniment petit que ce corps, sollicité au mouvement, tend à parcourir dans un instant, et le principe dont il s'agit, appliqué à l'équilibre, peut s'énoncer ainsi en général : *Soit un système quelconque de petits corps poussés ou tirés par des puissances quelconques et se faisant équilibre ; qu'on imprime un petit mouvement à ce système, de manière que chaque corps parcoure un espace infiniment petit, qui exprime sa vitesse virtuelle : la somme des produits des puissances multipliées chacune par le petit espace que parcourt le corps auquel elle est appliquée, sera toujours égale à zéro, en soustrayant les mouvemens dans un sens, des mouvemens dans le sens opposé.* Varignon fait l'application de ce principe à l'équilibre de toutes les machines simples.

En 1695, La Hire donna un *traité de Méca-*

La Hire,
né en 164 ,
m. en 1718.

nique, dont l'objet général est, comme celui de Varignon, l'équilibre des machines. Il contient de plus diverses applications des machines aux Arts, dans lesquels l'auteur était fort versé. A la suite de cet ouvrage, est un traité *des épycycloïdes et de leur usage dans les Mécaniques*. La Hire démontre que les dents des roues destinées à communiquer le mouvement par des engrenages, doivent avoir la figure d'épycycloïdes, dont il détermine les propriétés et les dimensions. Cette théorie est très-belle, et devrait lui faire un grand honneur; mais Leibnitz, dans ses lettres à Jean Tom. I, p. 347. Bernoulli, assure qu'elle appartient à Roëmer, qui la lui avait communiquée plus de vingt années avant que le livre de La Hire parût.

Si on pouvait soupçonner Leibnitz de quelque partialité en faveur de Roëmer, on serait bientôt arrêté par le peu de vraisemblance, que La Hire, géomètre d'un savoir assez commun, ait fait une telle découverte : en effet, on ne remarque aucun autre trait de génie dans sa *Mécanique;* on y rencontre au contraire un paralogisme grossier (et peut-être n'est-il pas le seul) au sujet de l'isochronisme de la cycloïde. L'auteur voulant démontrer (Prop. CXX) qu'un corps pesant, qui descend le long d'une cycloïde renversée,

arrive toujours dans le même temps au point
le plus bas, de quelqu'endroit qu'il ait commencé à descendre, emploie un raisonnement
d'où il conclut que le temps de la descente par
la demi-cycloïde renversée est double du
temps de la chute par le diamètre vertical du
cercle générateur : proposition fausse ; car on
sait, par les démonstrations incontestables de
Huguens, et on peut s'en assurer de plusieurs
autres manières, que le premier temps est au
second, comme la demi-circonférence du
cercle est à son diamètre. Le paralogisme de
La Hire vient d'avoir pris pour principe, que
si l'on a une suite de *proportions quelconques*,
la somme de tous les premiers antécédens est
à la somme de tous les premiers conséquens,
comme la somme de tous les seconds antécédens est à la somme de tous les seconds conséquens ; ce qui n'est vrai que dans le seul cas
où toutes les proportions, d'ailleurs *quelconques*, sont composées de rapports *égaux*.

Il a paru un très-grand nombre d'autres
traités élémentaires de Mécanique statique :
mon plan ne me permet pas d'en donner l'Analise ; une simple nomenclature serait inutile.
Je me contenterai de citer la Mécanique de
Camus, comme un ouvrage fort estimable par
la clarté et la rigueur des démonstrations.

CAMUS,
né en 1672,
m. en 1768.

L'auteur expose, entr'autres objets, toute la théorie des roues dentées, avec beaucoup d'exactitude et de méthode. Il n'était pas un géomètre bien profond ; mais il avait l'esprit très-juste, et très-exercé à la méthode synthétique des anciens, dont il faisait avec raison le plus grand cas. Il a résolu par cette voie le problème de mettre en équilibre, entre deux plans inclinés, une baguette chargée d'un poids en un endroit quelconque de sa longueur. Ce problème est très-facile à la vérité par la méthode analitique ; mais il conduit à un calcul un peu long. La solution synthétique de Camus mérite attention par sa simplicité et son élégance : avantage que la synthèse a quelquefois sur l'Analise, et qu'il ne faut pas négliger dans l'occasion.

La description des machines inventées depuis environ un siècle, en se bornant même aux plus ingénieuses, ou aux plus utiles, demanderait un grand ouvrage à part. Si elle était de mon sujet, je n'oublierais pas la machine à feu qu'on doit mettre au premier rang des productions du génie des Mécaniques. Disons seulement que cette machine a pour force mouvante la vapeur de l'eau alternativement dilatée et condensée, et que son mouvement s'opère par des moyens mécaniques à peu près de même nature que ceux des montres ou des horloges. Il paraît que la force de la vapeur de l'eau n'a commencé à être connue que par les expériences du duc de Worcester, en Angleterre, vers l'an 1660. Ensuite Papin, médecin français, ayant approfondi davantage la nature de cet agent par son fameux *digesteur*, construisit, en 1698, la première machine à feu qu'on ait vue : elle était très-imparfaite ; mais elle fit naître celle du capitaine Saveri, qui est fort supérieure, et qui a été suivie elle-même de plusieurs autres encore plus parfaites. Aujourd'hui, il existe des machines à feu dans tous les pays de l'Europe, pour divers services. Je reprends la théorie générale de la Mécanique.

Examen du principe du parallélogramme des forces dans la Statique.

Depuis que l'on avait commencé à appliquer le principe du parallélogramme des forces à la Statique, on ne s'était pas avisé d'en examiner le fondement avec trop de rigueur. Tous les géomètres s'étaient d'abord accordé à reconnaître que si un corps est poussé tout à la fois par deux forces, capables de lui faire parcourir séparément, et dans le même temps, les côtés d'un parallélogramme, il parcourait la diagonale par leur action conjointe. Ensuite on étendit la même loi aux simples forces de *pression :* on conclut que deux forces de cette dernière espèce étant représentées par les côtés d'un parallélogramme, leur résultante était représentée par la diagonale. Mais Daniel Bernoulli ne trouvant pas assez de liaison et d'évidence dans le passage d'un cas à l'autre, démontra la seconde proposition d'une manière immédiate, et indépendante de toute considération du mouvement composé. Plusieurs autres géomètres, et en particulier d'Alembert, l'ont également démontrée, par diverses méthodes plus ou moins composées. Malheureusement toutes ces démonstrations sont trop longues, trop embarrassantes, pour pouvoir trouver commodément place dans les traités élémentaires de Statique; mais du moins elles existent dans les écrits des géomètres, comme les garans multipliés d'une vérité dont on a d'ailleurs la preuve par d'autres moyens plus simples et plus appropriés aux besoins ordinaires des commençans.

Acad. Pétrop. 1726.

J'ai déjà parlé des problèmes de la chaînette, de la voile enflée par le vent, de la courbe élastique, etc., en rendant compte des progrès de l'Analise infinitésimale, auxquels ils ont immédiatement contribué. Ces problèmes, et plusieurs autres de même nature, furent encore résolus par Daniel Bernoulli, Euler, Herman, etc., mais avec de nouvelles extensions, de nouvelles difficultés qui augmentaient

Problèmes relatifs à la Statique.

Acad. Pétrop. 1728, etc.

la gloire du succès et le domaine de l
science.

Mécanique du
mouvement. La théorie générale des mouvemens varié
ouvrit un champ nouveau et immense aux recherches des géomètres en possession de l'Ana
lise infinitésimale. Galilée avait fait connaître
les propriétés du mouvement rectiligne , uniformément accéléré; Huguens avait considéré
le mouvement curviligne; il s'était élevé par
Horol. oscil.
ad finem. degrés à la belle théorie des *forces centrales*
dans le cercle, laquelle s'applique également
au mouvement dans une courbe quelconque,
en regardant toutes les courbes comme des
suites infinies de petits arcs de cercle, conformément à l'idée qu'il en avait donnée lui-même
dans sa théorie générale des développées.

D'un autre côté, les lois de la communication des mouvemens, ébauchées par Descartes,
portées plus loin par Wallis, Huguens et
Wren, avaient fait un nouveau pas très-
considérable, par la solution que Huguens
donna du fameux problème des centres d'oscillation.

Toutes ces connaissances, d'abord isolées
et en quelque sorte indépendantes les unes des
autres, ayant été rappelées à un petit nombre
de formules générales, simples et commodes,
au moyen de l'Analise infinitésimale, la

Mécanique prit un vol qui ne peut être arrêté que par les difficultés attachées encore à l'imperfection de l'instrument. Tâchons de nous en faire quelque idée.

On peut ranger tous les problèmes du mouvement sous deux classes. La première comprend les propriétés générales du mouvement d'un corps isolé, sollicité par des forces quelconques; la seconde, les mouvemens qui résultent de l'action et de la réaction que plusieurs corps exercent les uns sur les autres, d'une manière quelconque.

Dans le mouvement isolé, nous observons que la matière étant indifférente par elle-même pour le repos et le mouvement, un corps mis en mouvement devrait y persévérer uniformément, et que sa vitesse ne peut augmenter ou diminuer que par l'action instantanée d'une force constante ou variable. De-là résultent deux principes: celui de la force d'inertie et celui du mouvement composé, sur lesquels est fondée toute la théorie du mouvement rectiligne ou curviligne, constant ou variable suivant une loi quelconque. En vertu de la force d'inertie, le mouvement à chaque instant est essentiellement rectiligne et uniforme, abstraction faite de toute résistance, de tout obstacle: par la nature du mouvement composé, un corps

Deux classes de mouvemens.

Mouvement d'un corps isolé.

soumis à l'action d'un nombre quelconque de
forces qui tendent toutes à la fois à changer la
quantité et la direction de son mouvement,
prend dans l'espace un chemin tel qu'au dernier instant il arrive au même endroit où il
serait arrivé, s'il avait obéi successivement,
en toute liberté, à chacune des forces proposées.

En appliquant le premier de ces principes
au mouvement rectiligne, uniformément accéléré, on voit, 1°. que dans ce mouvement, la
vitesse croissant par degrés égaux, ou propor-
tionnellement au temps, la force accélératrice
doit être constante, ou donner des coups sans
cesse égaux au mobile; et que par conséquent
la vitesse finale est comme le produit de la
force accélératrice par le temps; 2°. chaque
espace élémentaire parcouru étant comme le
produit de la vitesse correspondante par l'élément du temps, l'espace total parcouru est
comme le produit de la force accélératrice
par le quarré du temps. Or, ces deux mêmes
propriétés ont également lieu pour chaque
élément d'un mouvement variable quelconque;
car rien n'empêche de regarder en général la
force accélératrice, quoique variable d'un
instant à l'autre, comme constante pendant la
durée de chaque instant, ou comme ne recevant

Mouvement
rectiligne, va-
riable.

ses variations qu'au commencement de chacun des élémens du temps. Ainsi, dans tout mouvement rectiligne, variable suivant une loi quelconque, l'incrément de la vitesse est comme le produit de la force accélératrice par l'élément du temps; et la différentielle seconde de l'espace parcouru est comme le produit de la force accélératrice par le quarré de l'élément du temps.

Si maintenant on joint à ce principe celui du mouvement composé, on parviendra à la connaissance de tout mouvement curviligne. En effet, quelles que soient les forces appliquées à un corps qui décrit une courbe quelconque, on peut, à chaque instant, réduire toutes ces forces à deux seulement, l'une tangente, l'autre perpendiculaire à l'élément de la courbe. Alors la première produit un mouvement instantané rectiligne, auquel s'applique le principe de la force d'inertie; la seconde a pour expression le quarré de la vitesse actuelle du corps, divisé par le rayon osculateur, conséquemment à la théorie des forces centrales dans le cercle; ce qui rappelle également au même principe le mouvement dans le sens du rayon osculateur.

Mouvement curviligne.

Tels sont les moyens qu'on a employés pendant long-temps pour déterminer les mouvemens des corps isolés, animés de forces accélératrices quelconques, en quantités et en directions. Newton a suivi cette méthode : il a seulement enveloppé ses solutions d'une synthèse qui, sous les apparences de la simplicité et de l'élégance, cache souvent les plus grandes difficultés.

Phoronomie de Herman.

En 1716, Herman entreprit d'expliquer dans un traité de *Phoronomie*, tout ce qui regarde la Mécanique, tant des corps solides que des corps fluides, c'est-à-dire, la Statique, la science du mouvement des corps solides, l'Hydrostatique et l'Hydraulique. Cette multitude d'objets ne lui a pas permis de les développer avec l'étendue et la clarté nécessaires. D'ailleurs il affecte, comme Newton, d'employer, autant qu'il lui est possible, la méthode synthétique ; ce qui rompt souvent la chaîne et l'ensemble des problèmes. Ajoutez que l'auteur s'est trompé en quelques endroits.

Mécanique d'Euler.

La *Mécanique* d'Euler, publiée en 1736, contient toute la théorie du mouvement rectiligne ou curviligne d'un corps isolé, soumis à l'action de forces accélératrices quelconques, dans le vide, ou dans un milieu résistant. L'auteur a suivi partout la méthode analitique ; ce qui, en rappelant toutes les branches de cette théorie à l'uniformité, en facilite d'autant plus l'intelligence, qu'Euler manie d'ailleurs le calcul avec une sagacité et une élégance dont il n'y avait pas encore d'exemple. Non-seulement il résout une foule de problèmes difficiles, dont quelques-uns étaient alors nouveaux, mais il perfectionne l'Analise même, par des intégrations neuves et délicates, auxquelles son sujet donne lieu. Quant aux principes de Mécanique pour mettre les problèmes en équations, il emploie ceux que j'ai indiqués ci-dessus.

Quoique cette manière de poser la base du calcul fût assez commode, on pouvait parvenir encore plus simplement au même but : c'était de décomposer à chaque instant les forces et les mouvemens en d'autres forces et d'autres mouvemens, parallèles à des lignes fixes, de position donnée dans l'espace. Alors il ne s'agissait plus que d'appliquer à ces forces et à ces mouvemens les équations du principe de la force d'inertie, et on n'avait pas besoin de recourir au théorème de Huguens. Cette idée simple et heureuse, dont Maclaurin a le premier fait usage dans son *traité des Fluxions*, a jeté un nouveau jour sur la Mécanique, et a singulièrement facilité la solution de divers problèmes. Lorsque le corps se meut toujours dans un même plan, on prend seulement deux axes fixes, qu'on suppose perpendiculaires

Simplification des principes du mouvement.

entr'eux, pour la plus grande simplicité; mais
quand il est obligé, par la nature des forces,
de changer continuellement de direction en
tous sens, et de décrire une courbe à double
courbure, il faut employer trois axes fixes,
perpendiculaires entre eux, ou formant les
arrêtes d'un parallélipipède rectangle.

Communica-
tion des mou-
vemens. Les problèmes de la communication des
mouvemens, appelés ordinairement *problèmes de Dynamique*, demandaient de nouveaux principes. Ils consistent, pour en donner des exemples, à déterminer les mouvemens
qui résultent de la percussion mutuelle de plusieurs corps, le centre d'oscillation d'un pendule composé, les mouvemens de plusieurs
corps enfilés par une même baguette, à laquelle on imprime un mouvement de rotation
autour d'un point fixe; etc. Or, il est visible
que dans ces sortes de cas, les mouvemens ne
sont pas les mêmes que si les corps étaient
libres et isolés, mais qu'il doit se faire entre les
corps d'un système une répartition de forces,
telle que les mouvemens perdus par quelques-
uns de ces corps sont gagnés par les autres. Le
mouvement perdu ou reçu s'estime toujours
par le produit de la masse par la vitesse perdue
ou reçue, soit que les communications, ou les
pertes de mouvement, s'opèrent à chaque

instant par degrés finis, comme dans le choc des corps durs, ou qu'à chaque instant les vitesses ne changent que par degrés infiniment petits, comme dans les mouvemens de plusieurs corps enfilés par une baguette mobile, et généralement dans tous les cas où les forces agissent à la manière de la pesanteur.

Lorsque Huguens donna sa solution du problème des centres d'oscillation, quelques mauvais géomètres l'attaquèrent dans les journaux. Jacques Bernoulli la défendit, et entreprit de Act.Lips.1686. la démontrer immédiatement par le principe du levier. Il ne considéra d'abord que deux poids égaux, attachés à une verge inflexible et sans pesanteur, mobile autour d'un axe horizontal : ayant ensuite observé que la vitesse du poids le plus voisin de l'axe de rotation doit être nécessairement moindre, et qu'au contraire celle de l'autre poids doit être plus grande que si chaque poids agissait séparément sur la verge, il conclut que la force perdue et la force gagnée se font équilibre, et que par conséquent le produit d'une masse par la vitesse qu'elle perd, et le produit de l'autre masse par la vitesse qu'elle gagne, doivent être réciproquement proportionnels aux bras de levier. Le fond de ce raisonnement lumineux était exact. Seulement Jacques Bernoulli se méprit d'abord, en ce qu'il considérait les vitesses des deux corps comme étant finies, au lieu qu'il aurait dû considérer les vitesses élémentaires, et les comparer avec les vitesses élémentaires produites à chaque instant par l'action de la pesanteur. Le marquis de l'Hopital remarqua cette méprise, et en la rectifiant, il trouva, sans s'écarter d'ailleurs du principe de Jacques Bernoulli, le centre d'oscillation des deux poids. Voulant ensuite passer à un troisième poids, il *réunit* les deux premiers à leur centre d'oscillation, et il combina ce nouveau poids avec le troisième, comme il avait combiné ensemble les deux premiers ; ainsi de suite. Mais la *réunion* proposée était un peu précaire, et ne pouvait être admise sans démonstration. Le mémoire du marquis de l'Hopital ne produisit donc d'autre avantage que d'engager Jacques Bernoulli à revoir sa première solution, à la perfectionner et à l'étendre à un nombre quelconque de corps. Tout cela fut exécuté successivement. D'abord Jacques Bernoulli commença par réformer sa première solution, et par ébaucher la solution générale : enfin il résolut complétement le problème, quelques fussent le nombre et la position des corps élémentaires du système. Sa méthode consiste à décomposer, pour un instant

Hist. des ouv. des Sav. 1690.

Act. Lips. 1691.

Mém. de l'Ac. de Paris 1703.

quelconque, le mouvement de chaque corps en deux autres mouvemens ; l'un que le corps prend réellement, l'autre qui est détruit, et à former des équations qui expriment les conditions de l'équilibre entre les mouvemens perdus. Par-là le problème est rappelé aux lois ordinaires de la Statique. L'auteur applique son principe à plusieurs exemples ; il démontre rigoureusement, et de la manière la plus évidente, la proposition que Huguens avait employée pour base de sa solution. A la suite de ce mémoire remarquable, il fait voir, par les mêmes principes, que le centre d'oscillation et le centre de percussion sont placés en un même point.

Cette solution du problème des centres d'oscillation paraissait ne laisser rien à désirer ; cependant, en 1714, Jean Bernoulli et Taylor ramenèrent encore ce problème sur la scène, et ils en donnèrent des solutions qui étaient absolument les mêmes, quant au fond ; conformité qui excita entr'eux la plus vive dispute : ils s'accusèrent réciproquement de plagiat. Dans cette nouvelle manière de traiter la question, on suppose qu'à la place des poids élémentaires dont le pendule est composé, on substitue en un même point d'autres poids, tels que leurs mouvemens d'accélération angulaire et leurs

Autres solutions du problème des centres d'oscillation.

Ac. de Paris et transactions philos.

momens par rapport à l'axe de rotation soient les mêmes, et que le nouveau pendule oscille comme le premier. En avouant que cette solution mérite des éloges, tous les géomètres conviennent aujourd'hui qu'elle n'est pas aussi lumineuse, ni aussi simple que celle de Jacques Bernoulli, immédiatement fondée sur les lois de l'équilibre.

Notion et usage du principe de la conservation des forces vives.

Nous avons vu que Leibnitz estimait les forces des corps en mouvement par les produits des masses et des quarrés des vitesses. Jean Bernoulli ayant adopté cette opinion, donna au principe de Huguens, pour le problème des centres d'oscillation, le nom de *principe de la conservation des forces vives*, qui est resté, parce qu'en effet, dans les mouvemens d'un système de corps pesans, la somme des produits des masses par les quarrés des vitesses demeure la même, lorsque les corps descendent conjointement, et lorsqu'ils remontent ensuite séparément avec les vitesses qu'ils ont acquises par la descente. Huguens lui-même en avait fait brièvement la remarque, dans une lettre sur le premier mémoire de Jacques Bernoulli et sur celui du marquis de l'Hopital. Cette loi s'observe également dans le choc des corps parfaitement élastiques, et dans tous les mouvemens des corps qui agissent

Hist. des ouvr. des Savans. 1650.

les uns sur les autres par des forces de pression : elle dérive nécessairement de la nature
de ces mouvemens ; et elle est indépendante
de tout système sur la mesure des forces vives.
Aussi les géomètres du siècle passé l'ont-ils
mise en usage avec succès, dans une foule de
problèmes de Dynamique. Mais comme elle
ne donne qu'une seule équation, d'où il fallait
ensuite éliminer la vitesse ou le temps, on
parvenait à ce dernier but par divers moyens.
Jean Bernorlli y employait le principe des
tensions ; Euler, celui des *pressions* ; Daniel
Bernoulli, *la puissance virtuelle qu'a un
système de corps de se rétablir dans son
premier état* ; et en certains cas, Euler et
Daniel Bernoulli, *la quantité constante de
mouvement circulatoire autour d'un point
fixe*. Lorsqu'enfin on avait établi toutes les
équations différentielles du problème, il ne
restait plus que la difficulté de les intégrer :
nouvel écueil contre lequel les médiocres analistes venaient quelquefois faire naufrage.

En 1743, d'Alembert eut l'heureuse pensée
de généraliser le principe dont Jacques Bernoulli avait fait usage pour résoudre le problème des centres d'oscillation. Il établit que
de quelque manière que les corps d'un système
agissent les uns sur les autres, on peut toujours

Principe, de
Dynamique de
d'Alembert.

décomposer leurs mouvemens, à chaque instant, en deux autres sortes de mouvemens,
dont les uns sont détruits dans l'instant suivant,
les autres sont conservés, et que par les conditions de l'équilibre entre les mouvemens
détruits, on connaît nécessairement les mouvemens conservés. Ce principe général s'applique à tous les problèmes de Dynamique, et
du moins en rappelle toutes les difficultés à
celles des problèmes de simple Statique. Il rend
inutile celui de la conservation des forces vives.
D'Alembert a résolu par cette voie une multitude de très-beaux et très-difficiles problèmes,
dont quelques-uns étaient absolument nouveaux, comme, par exemple, celui de la précession des équinoxes. Son *Traité de Dyna-*
mique doit donc être regardé comme un
ouvrage original. Vainement objecterait-on
que Jacques Bernoulli lui avait tracé la route :
elle était également tracée pour les autres géomètres plus anciens que d'Alembert, et qui,
dans l'espace de quarante ans, ne l'avaient pas
remarquée.

An 1749.

La Dynamique, parvenue ainsi successivement à un haut degré de perfection, s'enrichit
encore, en 1755, d'une découverte importante
et féconde en corollaires. Dans un petit mémoire intitulé : *Specimen theoriæ turbinum,*

Segner observa que si, après avoir imprimé à un corps de grandeur et de figure quelconques, des mouvemens de rotation, ou de *pirouettement*, en tous sens, on l'abandonne ensuite entièrement à lui-même, il aura toujours *trois axes principaux de rotation*; c'est-à-dire, que tous les mouvemens de rotation dont il est affecté peuvent toujours se réduire à trois, qui se font autour de trois axes, perpendiculaires entr'eux, passant par le centre de gravité ou d'inertie du corps, et conservant toujours la même position dans l'espace absolu, tandis que le centre de gravité est en repos, ou se meut uniformément en ligne droite. La position de ces trois axes se détermine par une équation du troisième degré, dont les trois racines réelles se rapportent à chacun d'eux.

Cette théorie, que l'auteur n'avait pas assez développée, a été traitée au long par Jean-Albert Euler, digne fils du grand Euler, dans sa pièce *sur l'arrimage des Navires*, qui partagea le prix de l'académie des sciences de Paris, en 1761 : elle l'a été encore, suivant la même méthode, par Euler le père, dans les mémoires de l'académie de Berlin, pour l'année 1759, et dans son ouvrage intitulé: *Theoria motus corporum rigidorum*, 1765. Enfin,

Jean-Albert EULER, né en 1734, m. en 1800.

d'Alembert a fait voir dans le tome IV de ses *Opuscules Mathématiques*, publié en 1768, que la solution de ce problème se déduisait des formules qu'il avait données dans un *Mémoire pour déterminer le mouvement d'un corps de figure quelconque, animé de forces quelconques*, imprimé dans le tome 1er. de ses opuscules, en 1761.

La connaissance de ces mouvemens de rotation libre, autour de trois axes principaux, mène facilement à la détermination du mouvement autour d'un axe variable quelconque. De-là, si l'on suppose maintenant que le corps soit soumis à l'action de forces accélératrices quelconques, on commencera d'abord par déterminer le mouvement rectiligne ou curviligne du centre de gravité, abstraction faite de tout mouvement de rotation ; ensuite combinant ce mouvement progressif avec le mouvement de rotation d'un point donné du corps, autour d'un axe variable, on connaîtra à chaque instant le mouvement composé de ce point dans l'espace absolu. Euler a résolu de cette manière plusieurs nouveaux problèmes de Dynamique.

CHAPITRE XII.

Progrès de l'Hydrodynamique.

Le principe d'égale pression, appliqué aux lois générales de l'Hydrostatique, suffisait pour expliquer tous les cas particuliers d'équilibre, qui s'y rapportent ; mais la science du mouvement des fluides était toujours bornée, quant à la partie théorique, à la seule proposition de Torricelli, c'est-à-dire, à la connaissance de l'écoulement des fluides par des orifices infiniment petits, ou physiquement très-petits. Hydrostatique.

Newton entreprit, dans son livre *des Principes*, de résoudre le problème, sans s'astreindre à cette supposition particulière. Il considère un vase cylindrique vertical percé à son fond, d'une ouverture de grandeur quelconque, par laquelle l'eau s'échappe, tandis que le vase en reçoit continuellement par en haut autant qu'il en dépense : de telle manière que l'eau affluente peut être censée former une couche d'épaisseur uniforme, subitement étendue et posée sur l'eau du cylindre, qui par-là demeure Hydraulique.
An 1626.

toujours plein à une même hauteur; ensuite il conçoit que l'eau du cylindre est divisée en deux parties, l'une centrale et librement mobile, qu'il appelle la *cataracte*, l'autre adjacente et immobile, retenue à l'extérieur par les parois du vase. Il suppose que la vitesse d'une tranche horizontale quelconque de la cataracte est due à la hauteur correspondante de l'eau du cylindre, en comprenant dans cette hauteur l'épaisseur de la couche de remplacement; et comme d'un autre côté, il faut pour la continuité de la cataracte, que les vitesses de ses différentes sections horizontales soient en raison inverse de leurs surfaces, le calcul montre que la cataracte doit prendre la forme d'un solide produit par la révolution d'une hyperbole du quatrième genre autour de la ligne verticale qui passe par le centre de l'orifice. Par-là, on connaît la quantité d'eau écoulée dans un temps donné.

L'auteur n'ayant pas d'abord remarqué la diminution de la dépense que doit occasionner la contraction de la veine fluide au sortir de l'orifice, avait conclu que la vitesse à cette sortie est simplement due à la moitié de la hauteur de l'eau dans le cylindre; ce qui est contraire aux expériences des jets-d'eau. Dans la seconde édition, il corrigea cette méprise;

mais sa théorie générale n'en demeura pas moins vague, précaire, et même fausse quant au fond : les lois de l'Hydrostatique et l'expérience ont démontré que la formation et la figure de la cataracte Newtonienne sont physiquement impossibles.

Joh. Bern. op. t. IV, p. 484.

Plusieurs auteurs, tels que Varignon, Guglielmini, etc., donnant au théorème de Torricelli plus d'extension qu'il n'en comporte, n'établirent sur la théorie des écoulemens, ou sur le mouvement des eaux courantes dans des canaux, que des propositions hypothétiques, incertaines, et quelquefois contredites ouvertement par l'expérience. Ce défaut, dans le *Traité des fleuves* de Guglielmini, est racheté par d'excellentes remarques physiques sur le cours des eaux. Ajoutons que la difficulté du problème doit faire pardonner toutes ces tentatives inutiles ou infructueuses. Je ne parle pas ici de la difficulté attachée à une solution rigoureuse : une telle solution est impossible ; car, puisqu'on ne sait pas même déterminer en général, par la Géométrie et le calcul, les mouvemens d'un système fini quelconque de corps solides, comment trouverait-on le mouvement d'une masse fluide, composée d'une infinité d'élémens, dont on ne connaît ni la grosseur, ni la figure ?

GUGLIELMINI, né en 1655, m. en 1710.

On ne peut donc espérer de résoudre le problème de l'écoulement des fluides que par approximation; et il faut même, pour cela, 1°. que l'expérience, ou quelque propriété particulière aux fluides, commence à former, s'il est permis de parler ainsi, un pont de communication entre la théorie du mouvement des corps fluides et celle des corps solides; 2°. que les formules hydrauliques soient traitables, et conduisent à des résultats qu'on puisse commodément appliquer à la pratique. Toute autre méthode, plus générale et plus directe en apparence, ne sera qu'une simple spéculation de Géométrie : elle produira des expressions compliquées, dont on ne pourra faire usage dans l'explication des phénomènes de la nature, qu'en les restreignant par des suppositions, quelquefois précaires, toujours limitées, qui leur feront perdre tous les prétendus avantages de la généralité primordiale.

La théorie des écoulemens par des orifices de grandeur quelconque, demeurait toujours dans l'imperfection, lorsque Daniel Bernoulli, après quelques heureux essais, parvint à la soumettre à un calcul général et rigoureux, en admettant quelques hypothèses suffisamment conformes à l'expérience. Tel est l'objet de son *Traité d'Hydrodynamique*; publié en 1738. L'auteur suppose, 1°. que la surface supérieure d'un fluide qui sort par un orifice quelconque, demeure toujours horizontale; 2°. qu'en partageant la masse fluide en une infinité de tranches horizontales, tous les points d'une même tranche s'abaissent suivant la verticale avec une même vitesse réciproquement proportionnelle à l'étendue de la tranche; 3°. que toutes les tranches conservant ainsi leur parallélisme sont toujours contiguës, et ne changent de vitesses que par degrés insensibles, à la manière des corps pesans. Ayant posé ces fondemens du calcul, Daniel Bernoulli fait usage du principe, *qu'il y a toujours égalité entre la descente actuelle du fluide dans le vase, et l'ascension virtuelle;* ce qui est, en d'autres termes, la conservation des forces vives. Par-là, il arrive, d'une manière très-simple et très-élégante, aux équations du problème; il en applique les formules générales à plusieurs cas particuliers, utiles dans la pratique. Lorsque la figure du vase n'est pas soumise à la loi de continuité, ou lorsque, par quelque autre cause, il se fait des changemens brusques et finis dans la vitesse des tranches, il y a une perte de forces vives; et les équations fondées sur la conservation entière de ces forces ont besoin d'être modifiées.

Daniel Bernoulli montre encore ici la sagacité d'un géomètre physicien, attentif et accoutumé à suivre la marche de la nature. Le calcul n'est jamais pour lui qu'un instrument du besoin, et non un vain étalage de formules purement théoriques. Quelques progrès que la science du mouvement des eaux ait faits depuis l'époque où l'Hydrodynamique de Daniel Bernoulli a paru, la postérité équitable comptera toujours cet ouvrage parmi les plus belles et les plus sages productions du génie mathématique.

Malgré le succès éclatant qu'il eut dès sa naissance, Jean Bernoulli (père de l'auteur), et Maclaurin, jugeant que le principe secondaire de la conservation des forces vives, quoique vrai en lui-même, ne devait pas être employé immédiatement à la détermination du mouvement des fluides, résolurent le problème par d'autres méthodes (d'ailleurs fort différentes entr'elles), qu'ils regardèrent comme plus directes et plus étroitement liées aux premières lois de la Mécanique. Leurs principaux résultats se trouvèrent conformes à ceux de Daniel Bernoulli. Mais, en rendant justice à leurs savantes méthodes, on y a remarqué de l'obscurité et quelques suppositions précaires. Je n'entrerai pas dans cette discussion. L'Hydraulique de Jean Bernoulli est imprimée dans le tome IV de ses œuvres, et dans les recueils de l'académie de Pétersbourg, pour les années 1757 et 1758 ; la théorie de Maclaurin fait partie de son traité *des Fluxions*.

D'Alembert, après avoir fait de la Dynamique une science presque nouvelle, au moyen du principe dont Jacques Bernoulli avait produit le germe, appliqua avec le même succès ce principe au mouvement des fluides. Il publia sur ce sujet, en 1744, un ouvrage fort étendu, intitulé : *Traité de l'Équilibre et du Mouvement des fluides.* Dans le problème des écoulemens par des orifices quelconques, il fait d'abord les mêmes suppositions préliminaires que Daniel Bernoulli ; mais voilà tout ce qu'ils ont de commun, quant aux bases du calcul. D'Alembert considère à chaque instant le mouvement d'une tranche quelconque, comme composé du mouvement qu'elle avait dans l'instant précédent, et d'un autre mouvement qu'elle a perdu ; il établit facilement, et de plusieurs manières très-élégantes, les conditions de l'équilibre entre les mouvemens perdus : alors les équations résultantes font connaître les mouvemens conservés, et toutes les circonstances de l'écoulement par l'orifice. L'auteur résout ainsi avec beaucoup de simplicité, non-seulement les problèmes des géomètres

II. 12

qui l'ont précédé, mais encore plusieurs autres, entièrement nouveaux et très - difficiles.

Depuis cet ouvrage, d'Alembert n'a cessé jusqu'à sa mort de perfectionner et d'enrichir l'Hydrodynamique. Il voyait avec peine que la détermination du mouvement d'un fluide dans un vase était astreinte à l'hypothèse, que les tranches conservent leur parallélisme, et que tous les points d'une même tranche se meuvent suivant une seule et même direction. Des tentatives réitérées lui firent enfin trouver des formules pour représenter le mouvement d'un point fluide dans un sens quelconque. Ces formules, dont la résolution ne dépend plus que de l'Analise, sont fondées sur ces deux principes, qui dérivent eux-mêmes immédiatement des premières lois de l'Hydrostatique : savoir, 1°. qu'un canal rectangulaire pris où l'on voudra dans une masse fluide en équilibre, est séparément en équilibre ; 2°. qu'une portion de fluide, en passant d'un endroit à l'autre, conserve le même volume lorsque le fluide est incompressible, ou se dilate suivant une loi donnée, lorsque le fluide est élastique, en sorte que dans l'un et l'autre cas la masse demeure continue. Il publia cette nouvelle solution dans son *Essai sur la résistance des fluides*, imprimé en 1752 ; il l'a depuis développée et perfectionnée dans plusieurs volumes de ses *Opuscules Mathématiques.*

Pendant que l'Hydrodynamique faisait de si brillans progrès en France, Euler était occupé à réduire toute cette science en formules générales et uniformes, qui présentent l'un de ces beaux tableaux analitiques où l'auteur a excellé dans toutes les parties des Mathématiques. Il a donné cette théorie dans un premier mémoire imprimé parmi ceux de l'académie de Berlin ; il l'a ensuite étendue et perfectionnée dans quatre grands mémoires qui font partie du recueil de l'académie de Pétersbourg. L'Hydrostatique, tant de fois maniée et remaniée, est présentée ici d'une manière nouvelle et avec des applications très-intéressantes. Toute la théorie du mouvement des fluides est comprise dans deux équations différentielles du second ordre ; l'auteur applique les principes généraux aux écoulemens par les orifices des vases, à l'ascension de l'eau dans les pompes, à son cours dans les tuyaux de conduite de diamètres constans ou variables, etc. Il a considéré aussi le mouvement des fluides élastiques : celui de l'air le conduit à des formules très-simples sur la propagation du son, et sur la manière dont le son est produit dans les tuyaux d'orgue, ou de flûte. Toutes ces recher-

Ac. de Berlin, an. 1755.

Acad. Pétrop. 1768, 1769, 1770, 1771.

ches offrent des objets du plus grand intérêt pour les géomètres.

Il y a des sciences qui par leur nature, ne paraissent destinées qu'à nourrir la curiosité ou l'inquiétude de l'esprit humain : il en est d'autres qui sortant de cet ordre purement intellectuel, doivent s'appliquer aux besoins de la société : telle est en particulier l'Hydrodynamique ; mais par un malheur inévitable et attaché à la chose même, les calculs de d'Alembert et d'Euler sont si compliqués, qu'on ne peut les regarder que comme des vérités géométriques très-précieuses en elles-mêmes, et non comme des symboles propres à diriger le praticien dans la connaissance du mouvement actuel et physique d'un fluide.

Résistance des fluides.

On rapporte ordinairement à l'Hydrodynamique une théorie particulière qui appartient aussi à la Mécanique des corps solides : elle a pour objet de déterminer la percussion d'un fluide en mouvement contre un corps solide, ou la résistance qu'éprouve un corps solide à diviser un fluide. Les géomètres ont fait les derniers efforts pour établir sur ce sujet des lois générales que l'expérience pût avouer. Une idée très-simple et vraie en partie, à laquelle on s'attacha d'abord, fut de regarder un fluide en mouvement, comme composé d'une infinité de filets parallèles qui donnent chacun leur coup au corps solide, sans en être empêchés par les filets voisins. De-là on trouva, 1°. que dans le choc perpendiculaire d'un fluide contre un plan, ou d'un plan contre un fluide, la percussion ou la résistance est comme le produit du plan par la densité du fluide, et par le quarré de la vitesse avec laquelle se fait la percussion ; 2°. que dans le choc oblique, la percussion qui résulte perpendiculairement au plan, est comme le produit du plan par la densité du fluide, par le quarré du sinus de l'angle d'incidence, et par le quarré de la vitesse. Newton a employé ces règles dans la détermination du solide de la moindre résistance ; elles ont été également suivies par le grand nombre des auteurs d'Hydraulique.

Rien n'est plus facile et plus commode que cette théorie : elle donne des résultats très-simples ; elle satisfait à un grand nombre de cas. L'expérience prouve que les résistances d'un même corps de figure quelconque qui divise un fluide avec différentes vitesses, sont sensiblement proportionnelles aux quarrés de ces vitesses ; que les résistances directes et perpendiculaires des surfaces planes, sous mêmes vitesses, sont à peu près comme ces surfaces ; mais dans les chocs obliques, la

théorie dont il s'agit n'est pas si conforme à
l'expérience ; elle s'en éloigne même entièrement lorsque les chocs deviennent très - obliques, c'est - à - dire, par exemple, lorsque les
angles d'obliquités sont au - dessous de quarante - cinq degrés. On voit par-là qu'elle ne
peut pas être employée avec exactitude pour
trouver le solide de la moindre résistance, ni
en général pour déterminer aucune courbe
propre à remplir un objet proposé ; ce qui
l'exclut d'un grand nombre d'usages dans la
marine : car dans ces sortes de problèmes, la
loi de la courbure étant un élément inconnu,
on ne peut pas la faire dépendre d'une théorie
qui devient fausse par-delà certaines limites.

Ce défaut considérable a excité plusieurs
géomètres à chercher de nouvelles théories,
ou à rectifier celle dont on vient de parler, par
certaines suppositions qui ne s'écartent pas
beaucoup de la vérité. Mais toutes ces tentatives n'ont eu qu'un succès médiocre et borné
à certains cas ; aucune n'embrasse la généralité
du problème.

Ceux qui désiraient qu'on réduisît enfin
l'Hydrodynamique à des règles d'une application certaine dans la pratique, et qui sen-
taient l'impossibilité d'y parvenir par la seule
voie de la théorie, invitaient les géomètres à

soumettre du moins les deux branches principales de cette science, le problème des écoulemens et celui de la résistance des fluides, à une suite nombreuse d'expériences, faites en grand (sans aller néanmoins au-delà des limites compatibles avec l'exactitude); à discuter soigneusement ces expériences; et à les comparer avec la théorie, afin de reconnaître précisément en quoi elle péche, et d'y apporter remède. L'exécution de ce projet a des difficultés; mais elle a des avantages qui devaient encourager à la tenter. Des faits multipliés, analisés avec attention, et rappelés, autant qu'il est possible, à des lois générales, peuvent rectifier les résultats de la théorie, ou composer eux-mêmes, par leur réunion bien combinée, une espèce de théorie, dépourvue à la vérité de la rigueur géométrique, mais simple, facile et appropriée aux besoins les plus ordinaires de la pratique. Ce travail long et pénible a été entrepris : on me dispensera d'en rendre compte.

La science navale, sous laquelle je comprends toutes les connaissances relatives à la construction des vaisseaux, à leur forme, et à leurs mouvemens de sillage, ou d'évolution à la mer, offre un immense champ de problèmes utiles, dépendans de la Mécanique des

Science navale.

corps solides et fluides. Aussi les marins géomètres n'ont-ils pas manqué de porter le flam-
beau de la théorie dans la pratique. Dès l'année

Mouvement
du vaisseau.

1689, le chevalier de Renau, lieutenant-gé-
néral des armées navales de la France, entreprit de soumettre le mouvement du navire au
calcul, dans un ouvrage intitulé : *Théorie de
la manœuvre du vaisseau.* Une de ses principales propositions était que si un navire est
poussé en même temps par les actions de deux
voiles perpendiculaires entr'elles, et qu'on
représente ces forces par les côtés contigus
d'un parallélogramme rectangle construit sur
leurs directions, le navire éprouvera de la
part de l'eau une résistance représentée par la
diagonale. Huguens observa que la proposition
serait vraie, si les résistances de l'eau étaient
comme les simples vîtesses ; mais qu'elle est
fausse, dans l'hypothèse conforme à la nature,
que les résistances sont comme les quarrés des
vîtesses. En effet, suivant cette hypothèse, il
faut d'abord construire un parallélogramme,
pour représenter les deux vîtesses que les deux
voiles tendent à imprimer au navire : ensuite
il faut construire un second parallélogramme,
qu'on peut appeler le *parallélogramme des
résistances*, tel que ses côtés, ayant d'ailleurs
même direction que ceux du premier, soient

proportionnels à leurs quarrés : alors la diagonale de ce second parallélogramme exprimera la résistance composée ; et la vitesse du navire, dirigée suivant cette même diagonale, sera proportionnelle à sa racine quarrée. Renau ne se rendit point aux démonstrations de Huguens : il persista dans son opinion erronée, jusqu'à ce qu'enfin Jean Bernoulli, dans son *Essai sur la manœuvre des vaisseaux*, publié en 1714, mit la vérité dans tout son jour, et démêla les paralogismes dans lesquels l'auteur français s'enveloppait. Jean Bernoulli releva encore une autre erreur non moins capitale de Renau, sur l'angle de la dérive dans les routes obliques. Quoique Jean Bernoulli n'ait pas résolu avec assez de généralité la plupart des problèmes que son sujet comportait, il a rendu néanmoins un très - grand service à l'art nautique, en posant exactement les principes alors reçus, sur lesquels les questions de cette nature devaient être fondées.

On s'était jeté d'abord dans les plus difficiles problèmes de la manœuvre des vaisseaux, sans avoir trop examiné les conditions essentielles à l'équilibre de ces sortes de corps : conditions d'où dépendent néanmoins la sûreté de la navigation, et en même temps tous les avantages qui peuvent la rendre prompte et facile. Les

Stabilité du vaisseau.

géomètres revinrent donc sur leurs pas, et reprirent en quelque sorte la science navale par les fondemens. On savait depuis long-temps qu'afin qu'un corps solide, flottant sur un fluide, demeure en équilibre, il faut 1°. que son poids absolu, et celui du fluide qu'il déplace, soient égaux entr'eux; 2°. que le centre de gravité de ce corps, et celui de sa partie submergée, considérée comme homogène, soient placés sur une même ligne verticale. Mais cela ne suffit pas pour former un équilibre solide et permanent. Daniel Bernoulli fit voir de plus qu'eu égard aux diverses situations respectives que les deux centres de gravité peuvent avoir sur la ligne verticale, il existe divers états d'équilibre, plus ou moins *fermes*. Lorsque le centre de gravité du système de toutes les matières qui composent la charge d'un vaisseau, est placé au-dessous du centre de gravité de la carène ou de la partie submergée, l'équilibre est toujours ferme, ou tend à se rétablir s'il a été dérangé par quelque cause extérieure, telle que l'agitation des lames, l'inégalité dans les impulsions du vent, etc.: le vaisseau revient à sa première situation avec d'autant plus d'énergie, que son centre de gravité est placé plus bas. Mais lorsque les deux centres de gravité se confondent, ou lorsque celui du navire

Acad. Pétrop. 1735.

est plus élevé que celui de la carène, l'équilibre est *versable*, et de plus en plus versatile, à mesure que cette élévation augmente. Daniel Bernoulli donne des formules pour évaluer le degré de stabilité du vaisseau dans tous les cas. Il paraît qu'Euler avait trouvé de son côté, et dans le même temps, des résultats semblables : il les développe et les démontre dans son ouvrage : *Scientia Navalis*, 1749. Bouguer explique au long la même théorie, d'une manière nouvelle et très-simple, dans son *Traité du Navire*, publié en 1746. Il fait connaître, sous le nom de *métacentre*, la limite au-dessous de laquelle doit être placé le centre de gravité de toute la charge du vaisseau ; il examine la meilleure position des mâts, l'étendue qu'il faut donner aux voiles, et les divers mouvemens de roulis et de tangage qui peuvent arriver, à raison des changemens du *point velique*, c'est-à-dire, du point auquel on peut concevoir que se réunit tout l'effort du vent contre les voiles. Les connaissances pratiques qu'il joignait à une profonde théorie, l'ont mis en état de répandre sur ce sujet des lumières fort utiles aux marins.

BOUGUER, né en 1698, m en 1758.

Bouguer a traité encore plus spécialement *de la manœuvre des vaisseaux*, ou des mouvemens du navire, dans un autre ouvrage qu'il

fit paraître en 1757. Mais il y a , par malheur ,
dans ces recherches , un vice radical , qui en
diminue considérablement l'utilité dans la pratique : elles sont fondées pour la plupart sur
la théorie ordinaire de la résistance des fluides ,
dont on ne peut faire usage qu'avec les restrictions que j'ai indiquées.

L'académie des sciences de Paris , attentive
à saisir tous les moyens de perfectionner la Navigation, a proposé pour sujets de ses prix plusieurs questions relatives à cet objet important,
comme , par exemple , la meilleure manière de
mâter les vaisseaux , tant par rapport à la situation , qu'au nombre et à la hauteur des mâts ;
la forme et la fabrication les plus parfaites des
ancres; la correction et le perfectionnement du
cabestan ; les conditions de l'arrimage le plus
avantageux , soit pour diminuer les mouvemens de roulis et de tangage , soit pour augmenter la vitesse du sillage , soit pour rendre
le navire plus ou moins sensible à l'action du
gouvernail ; etc. Les pièces qui ont remporté
ces prix ont procuré des avantages que les marins savans et expérimentés s'empressent de
reconnaître.

CHAPITRE XIII.

Progrès de l'Astronomie.

On serait étonné des progrès que l'Astronomie a faits depuis cent ans, si l'on ne songeait aux secours qu'elle a tirés de la Physique, de la Mécanique et de la Géométrie, soit pour perfectionner les anciens instrumens, ou pour en inventer de nouveaux, soit pour mettre plus d'exactitude dans les observations, soit enfin pour apprécier et faire disparaître toutes les causes d'altérations réelles, ou apparentes, dont ces observations peuvent être affectées. Tout a concouru à donner, pour ainsi dire, une nouvelle vie à cette science, et à lier plus étroitement toutes ses parties par la connaissance plus intime de leurs rapports mutuels. On a découvert plusieurs nouveaux phénomènes célestes; on a perfectionné la théorie des planètes principales ou secondaires, et on a dressé des tables de leurs mouvemens, très-supérieures à celles qui existaient déjà; on a observé avec soin un grand nombre de comètes; etc. De leur côté, les géomètres se sont efforcés d'assigner avec précision les causes physiques des mouvemens célestes; et leurs calculs ont été infiniment utiles à l'Astronomie pratique elle-même, par l'avantage qu'ils ont de lier ensemble les observations d'un même phénomène, et d'assujétir à la loi de continuité les faits isolés que ces observations font connaître.

On sent qu'il n'est pas possible d'exposer ici en détail tant de travaux: cela demanderait une histoire particulière. En me renfermant toujours dans mon plan, je dois me borner à rapporter les découvertes qui caractérisent spécialement l'Astronomie dans cette quatrième Période.

Je diviserai ce Chapitre en deux sections: la première comprendra l'Astronomie pratique, c'est-à-dire, la connaissance des mouvemens célestes, fondée immédiatement sur les observations, ou sur les conséquences des observations; la seconde, l'Astronomie physique, ou l'explication des mouvemens célestes, en appliquant la Géométrie aux lois qui règlent ces mouvemens.

SECTION PREMIÈRE.

Astronomie pratique.

Les astronomes modernes, munis d'excellens instrumens, ont non-seulement perfectionné toutes les anciennes théories des mouvemens célestes : ils en ont encore établi plusieurs autres, dela plus haute importance, à peine entrevues, ou même absolument nouvelles. Je distingue dans ce nombre la libration de la lune, les mouvemens d'aberration des étoiles fixes, la nutation de l'axe de la terre, les catalogues d'étoiles fixes, la figure de la terre, et les lois générales du mouvement des comètes.

Aussitôt que l'on commença à considérer la lune, on s'aperçut qu'elle présentait toujours la même face à la terre, c'est-à-dire, des taches toujours les mêmes, et toujours disposées entre elles de la même manière. Les anciens astronomes ne donnèrent aucune suite à cette observation générale. Un examen attentif des taches de la lune fit connaître à Galilée que cette planète avait, autour de son centre, un

Libration de la lune.

balancement par lequel certaines taches disparaissent pour un temps vers les bords, puis
reparaissent, disparaissent encore, pour reparaître de nouveau ; ainsi de suite. Ce balancement est ce qu'on appelle *la libration de la
lune*. Galilée l'expliquait en général, par un
mouvement de rotation autour d'un axe, qu'il
attribuait à la lune, en même temps qu'elle
tourne autour de la terre ; mais il ne détermina point la position exacte de cet axe, ni
les quantités précises des mouvemens de libration, qu'elle devait produire, tant en latitude
qu'en longitude.

Comme les planètes principales, qui tournent sur leurs axes, nous présentent différentes
taches, ou les mêmes taches en différentes positions, et que ces apparences sont même les
caractères auxquels on a reconnu leurs mouvemens de rotation, Descartes ne voyant rien
de semblable dans la lune, soutint qu'elle n'a
point de mouvement de rotation. Pour expliquer l'apparence constante des mêmes taches,
il suppose que le globe lunaire est composé de
deux hémisphères d'inégales pesanteurs, sé-
parés par le cercle perpendiculaire à la ligne
menée de la terre au centre de la lune; et il
conclut que de ces deux hémisphères, soumis
l'un et l'autre à l'action de la force centrifuge

qui provient du mouvement de révolution de la lune autour de la terre, le plus pesant, ou le plus massif, ayant la plus grande force centrifuge, doit se tenir constamment le plus éloigné de nous. Quant au mouvement de libration, il est produit, selon le même auteur, par un petit balancement du cercle qui forme la base des deux hémisphères. Je n'ai pas besoin de faire remarquer combien toute cette explication est hypothétique: la prétendue inégalité de pesanteur ou de masse des deux hémisphères est hors de toute vraisemblance; et d'ailleurs elle ne rend qu'une raison vague et insuffisante des phénomènes de la libration.

Le fameux Dominique Cassini et son digne fils Jacques Cassini, sont les premiers qui aient donné de ces mouvemens de la lune une explication complète, exacte, conforme aux observations et adoptée en conséquence par tous les astronomes. Elle est exposée par Jacques Cassini, dans les Mémoires de l'académie des sciences de Paris, pour l'année 1721, et dans ses *Élémens d'Astronomie*, 1740. Selon cet auteur, la libration de la lune est produite par la combinaison de deux mouvemens, dont l'un est la révolution de cette planète autour de la terre, l'autre est un mouvement de rotation de la lune autour d'un axe, en

Jacques CASSINI, né en 1677, m. en 1756.

assujétissant ce dernier mouvement aux conditions suivantes:

1°. L'axe de rotation de la lune est incliné
de 87 degrés et demi sur le plan de l'écliptique,
et de 82 degrés et demi sur le plan de l'orbite
lunaire; de sorte que le plan de l'équateur du
globe de la lune fait un angle de 2 degrés et
demi avec le plan de l'écliptique, et un angle
de 7 degrés et demi avec le plan de l'orbite
lunaire.

2°. Les pôles du globe de la lune sont placés
sur la circonférence du grand cercle qui se
forme en coupant à chaque instant ce globe
par un plan parallèle au grand cercle céleste,
qui passe par les pôles de l'écliptique et ceux
de l'orbite lunaire. On peut appeler ce cercle
le *colure de la lune*, par la même raison qu'on
appelle *colure des solstices* le grand cercle
qui passe par les pôles de l'écliptique et par
ceux du cercle équinoxial.

3°. Le globe de la lune tourne autour de son
axe, suivant l'ordre des lignes, ou d'Occident
en Orient, dans l'espace de 27 jours 5 heures,
par une période égale à celle du retour de la
lune au nœud de son orbite avec l'écliptique. Ce mouvement est analogue à la
révolution que la terre fait autour de son
axe, suivant l'ordre des lignes, retournant

au même coluro dans l'espace de 25 heures 56 minutes.

Il résulte en général de ces suppositions, que si l'on prolonge, par la pensée, l'axe du globe de la lune jusque dans le ciel, les extrémités de cet axe nous paraîtront décrire autour des pôles de l'écliptique, dont elles sont distantes de 2 degrés et demi, deux cercles polaires, d'Orient en Occident, en 18 ans 7 mois, dans le même temps et de même sens que les nœuds de la lune. On voit que ce mouvement est semblable à celui par lequel les pôles de la terre font leurs révolutions autour des pôles de l'écliptique, d'Orient en Occident, suivant deux cercles qui en sont éloignés de 23 degrés et demi, dans une période d'environ 25000 années ; ce qui produit le mouvement apparent des étoiles d'Occident en Orient dans le même temps, et par suite la précession des équinoxes. L'explication détaillée des phénomènes de la libration de la lune n'est pas du ressort de cet ouvrage ; il la faut chercher dans les traités d'Astronomie.

Une découverte plus grande par sa difficulté particulière et par son influence sur toutes les parties de l'Astronomie, est celle des causes qui produisent le mouvement d'aberration apparente des étoiles fixes. On la doit à Bradley, l'Hipparque de l'Angleterre.

Aberrations apparentes des étoiles.

Bradley, né en 1692, m. en 1762.

13.

Parmi les raisons qu'on allégua dans le temps contre le système de Copernic, on disait, comme nous l'avons déjà rapporté, que si la terre tourne en effet autour du soleil, elle doit faire paraître dans les étoiles une parallaxe (qu'on appelait la *parallaxe du grand orbe*), lorsqu'elle passe d'un point de son orbite au point diamétralement opposé. L'objection était solide. Copernic et Galilée n'y purent répondre que par des conjectures qui n'emportaient pas un parfait assentiment. Les astronomes suivans, persuadés de l'existence de la parallaxe du grand orbe, employèrent tous les moyens d'en reconnaître la quantité. Quelques-uns crurent l'avoir fixée, et se hasardèrent à dire qu'elle était de 4 à 5 secondes ; les autres, en plus grand nombre, appuyés sur les observations les plus précises, la trouvèrent absolument insensible, et enfin cette dernière opinion prévalut ; mais elle ne renversa point le système de Copernic : on conclut seulement que la distance de la terre aux étoiles était si prodigieusement grande, qu'il fallait la regarder comme infinie par rapport au diamètre de l'orbite terrestre. Cependant il restait toujours à expliquer certains mouvemens sensibles que l'on observait dans les étoiles, et contraires, pour la plupart, à ceux qu'auraient dû donner la parallaxe du grand orbe et la précession des équinoxes. On désignait ces mouvemens irréguliers sous la dénomination générale *d'aberrations apparentes des étoiles fixes*. Ne sachant à quoi les attribuer, les astronomes prenaient toutes les précautions pour éviter les erreurs qu'ils auraient pu introduire dans la détermination du mouvement des planètes par rapport aux étoiles.

Molyneux, astronome Irlandais, entreprit, en 1725, de déterminer ces mouvemens d'aberration ; il les observa à Kew, dans le voisinage de Londres, avec un excellent secteur de Graham ; mais il ne put parvenir à les soumettre à des lois générales.

Bradley fut plus heureux. Excellent observateur, savant géomètre, il suivit dans le même lieu la même recherche, avec une constance qui le conduisit enfin à la parfaite connaissance de tous ces phénomènes singuliers. Il reconnut que certaines étoiles paraissaient avoir, dans l'espace d'un an, une espèce de balancement en longitude, sans changer en aucune manière de latitude ; que d'autres variaient seulement en latitude ; et qu'enfin d'autres (et c'était le plus grand nombre) paraissaient décrire dans le ciel, pendant l'espace d'une année, une petite ellipse plus ou moins allongée. Cette période *d'une année*, à laquelle répondaient tous ces mouvemens, quoique d'ailleurs si différens, était un indice certain qu'ils avaient quelques rapports avec le mouvement de la terre dans son orbite autour du soleil; mais cela n'était encore qu'un aperçu général, insuffisant pour rendre une raison précise et complète des phénomènes. Bradley fit un nouveau pas qui décida la question; il conçut la belle pensée, que l'aberration apparente des étoiles fixes est produite par la combinaison du mouvement progressif de la lumière avec le mouvement annuel de la terre; il y arriva en se faisant à lui-même ce raisonnement.

La théorie de Roëmer m'apprend que la vitesse de la lumière n'est pas instantanée, et qu'elle a un rapport fini, environ celui de 10000 à 1, à la vitesse de la terre dans son orbite autour du soleil; donc un rayon de lumière, parti d'une étoile, et apportant l'impression de cette étoile à mon œil, n'arrive qu'après que la terre a changé sensiblement de place depuis l'instant où il est parti : ainsi quand mon œil reçoit le coup, il doit pr*porter l'étoile à un endroit différent de celui où il l'aurait rapportée, si j'étais toujours resté à la même place. Un observateur terrestre ne voit donc pas les étoiles à leurs véritables places dans le ciel, et il doit leur attribuer différens mouvemens qui dépendent des différentes positions qu'elles ont par rapport à lui.

Muni de cette clef, Bradley expliqua tous les mouvemens d'aberrations apparentes des étoiles fixes, d'une manière exacte, précise, conforme à ses propres observations et à celles de tous les autres astronomes. Dès lors toutes les incertitudes furent dissipées. Aux preuves qu'on avait déjà du système de Copernic, il en ajouta ainsi une nouvelle, que l'on peut appeler une démonstration mathématique.

Non content d'avoir jeté les fondemens de cette théorie par les observations, il la réduisit en formules trigonométriques, dont il publia les résultats, sans démonstrations, dans les *Transactions philosophiques* de la société royale de Londres.

An 1717.

La nouveauté et l'intérêt du sujet attirèrent l'attention des astronomes et des géomètres. Clairaut donna les démonstrations que Bradley avait supprimées ; et il y joignit plusieurs autres théorèmes d'un usage facile et commode : service important qui n'a pas peu contribué à accélérer les progrès de cette nouvelle branche de l'Astronomie.

Mém. de l'Ac. 1737.

Environ dix ans après, le même géomètre

appliqua la théorie de l'aberration au mouvement des planètes et des comètes. On sent en effet qu'elle y doit avoir également lieu. Le temps que la lumière met à venir d'une planète ou d'une comète à la terre, produit nécessairement quelque changement apparent dans la position de la planète ou de la comète. Le problème est donc ici de même nature que pour les étoiles, avec cette différence néanmoins que les étoiles étant fixes, au lieu que les planètes et les comètes ont des mouvemens dont il faut tenir compte, les formules d'aberration sont un peu plus compliquées pour les planètes et les comètes, que pour les étoiles. A quoi on doit surtout ajouter la difficulté de calcul, qui provient de l'excentricité des orbites planétaires ou cométaires.

Nutation de l'axe de la terre.

L'Astronomie moderne doit encore à Bradley une autre découverte non moins remarquable, celle de la nutation de l'axe de la terre, à laquelle la Géométrie lui fraya le chemin, en indiquant les observations qu'il fallait faire pour y arriver.

Instruit en général que les inégalités des attractions de la lune ou du soleil sur les différentes parties du sphéroïde terrestre, devaient faire prendre divers mouvemens à son axe, par rapport au plan de l'écliptique, Bradley

s'attacha à reconnaître et à démêler ces mouvemens, par une longue suite d'observations
pénibles et délicates, faites dans les positions
du soleil et de la lune, les plus propres à manifester les effets qu'il cherchait. Il trouva,
1°. que l'axe de la terre a un mouvement co-
nique, par lequel ses extrémités décrivent autour des pôles de l'écliptique, et contre l'ordre
des signes, un cercle entier en 25000 ans, ou
un arc d'environ 50 secondes en un an : ce qui
produit la précession des équinoxes; 2°. que
ce même axe a, par rapport au plan de l'écliptique, un mouvement de libration, ou de balancement alternatif, par lequel il s'incline
d'environ 18 secondes pendant une révolution
des nœuds de la lune, laquelle se fait, contre
l'ordre des signes, dans l'espace d'environ 19
ans; après quoi il revient à sa première position, pour s'incliner de nouveau; ainsi de suite.
Ces observations, conformes au système de
l'attraction Newtonienne, en sont une nouvelle démonstration, comme je le remarquerai
plus expressément dans la suite. Depuis ces
découvertes, la nutation de l'axe de la terre
entre dans le calcul astronomique aussi essentiellement que la précession des équinoxes,
dont on connaissait déjà à peu près la quantité
avant cet astronome.

An 1747.

Comme les étoiles sont les signaux auxquels on rapporte les mouvemens des planètes,
les astronomes de tous les temps se sont appliqués avec le plus grand soin à multiplier
ces signaux et à fixer leurs positions respectives. Tel est le double objet des catalogues
d'étoiles. On a vu qu'Hipparque avait fait le
dénombrement exact des étoiles connues de
son temps. Dans la suite, Ptolomée et les astronomes arabes perfectionnèrent ce travail. J'ai
parlé, sous la période précédente, du catalogue de Flamstéed pour les étoiles visibles
dans nos climats, et de celui qui fut dressé
pour les étoiles australes, sur les observations
de Halley à l'île Sainte-Hélène. Lacaille, l'un

des meilleurs et des plus infatigables astronomes qui aient jamais existé, après avoir
calculé les positions d'un grand nombre d'é-
toiles en France, entreprit, en 1751, le voyage
du cap de Bonne-Espérance, dans le dessein
d'étendre et de perfectionner le catalogue des
étoiles australes. Je n'entrerai pas dans le détail
des moyens et des précautions qu'il employa
pour exécuter ce grand ouvrage, si utile à
l'Astronomie, et aujourd'hui l'un de ses principaux fondemens : j'ajouterai seulement qu'il
rapporta en Europe un catalogue exact et
bien vérifié de plus de 9800 étoiles comprises

entre le pôle austral et le tropique du Capricorne.

Pendant le cours de ces observations principales, Lacaille en faisait d'autres, par occasion, sur divers points très-intéressans de l'Astronomie, tels que les réfractions, la hauteur du pôle, la longueur du pendule à secondes, la longitude du cap de Bonne-Espérance, sur laquelle les sentimens des plus habiles géographes étaient partagés et différaient de plus de trois degrés ; il s'attacha en particulier à observer les hauteurs méridiennes de Mars, de Vénus et de la lune ; ce qui le mit en état de déterminer avec précision les parallaxes de ces planètes, en comparant ses observations avec celles que l'on faisait dans le même temps en France, en Angleterre, en Suède et en Prusse. Enfin, il mesura un degré de la terre, dont j'aurai occasion de parler plus au long dans l'article suivant.

La question de la figure de la terre est un objet de la plus haute importance pour l'Astronomie et la Navigation. Aussi a-t-on fait dans tous les temps des tentatives pour la résoudre ; mais ce n'est que depuis la mesure de Picard, qu'on a commencé à obtenir des résultats sur l'exactitude desquels on put raisonnablement compter.

Figure de la terre.

Cet astronome trouva que la longueur d'un degré du méridien terrestre était de 57060 toises, par une latitude boréale de 49 degrés 23 minutes. Quoique cette détermination fût jugée incomparablement plus exacte que toutes celles qui l'avaient précédée, elle laissait encore néanmoins quelque chose à désirer, tant par le défaut de précision de certains élémens, que parce qu'elle ne suffisait pas pour donner une notion complète de la figure et des dimensions du globe terrestre. L'auteur avait employé treize triangles, sur une étendue d'environ trente-deux lieues, pour calculer la longueur du degré terrestre. Or, ne pourrait-il pas s'être glissé quelques erreurs sensibles dans les résolutions trigonométriques de tant de triangles ? D'un autre côté, les meilleurs instrumens alors connus ne pouvaient donner qu'à quatre secondes près la valeur de l'ère céleste correspondant à l'arc terrestre ; et ces quatre secondes, rapportées sur la terre, valent près de soixante-six toises. Enfin, un seul degré ne pouvait pas faire connaître si la terre est sphérique, ou si elle s'écarte de cette figure.

Ces considérations ayant été présentées au Gouvernement français, toujours porté à favoriser le progrès des sciences, il ordonna que non-seulement la mesure de Picard serait vérifiée, mais encore qu'à partir de ce point, la méridienne serait prolongée à travers la France jusqu'à Dunkerque, vers le Nord, et jusqu'à Colioure, vers le Midi ; ce qui comprenait une étendue d'environ 8 degrés. La Hire fut chargé de la partie du Nord ; Dominique Cassini de celle du Midi, dans laquelle il fut ensuite aidé par son fils, Jacques Cassini : il résulta de toutes ces opérations que la longueur moyenne du degré terrestre, en France, était de 57061 toises, plus grande d'environ une toise que celle de Picard.

An 1683.

An 1701.

Les auteurs de ces nouvelles mesures, persuadés, par l'expérience du raccourcissement du pendule à Cayenne, et par les théories de Huguens et de Newton, que la terre était un sphéroïde applati vers les pôles, mais égarés par une fausse application de la Géométrie, qui leur fit croire que dans un tel sphéroïde, les degrés terrestres doivent diminuer de longueur, en allant du Midi au Nord, ne se tinrent peut-être pas assez en garde contre les sources d'illusion que ce préjugé pouvait occasionner. Soit par cette cause, ou par le défaut de justesse de leurs instrumens, ou par quelques négligences presque inévitables dans une longue suite d'observations, ils trouvèrent que les degrés terrestres diminuaient en effet

de longueur du Midi au Nord ; et ils se hâtè-
rent de publier ce résultat avec d'autant plu.
de confiance, qu'ils croyaient par-là confirmer l'applatissement de la terre, que l'on
regardait comme très-probable.

La question paraissait complétement résolue : on demeura pendant plusieurs années dans
la sécurité, que les observations s'accordaient
avec la théorie, du moins quant à la conséquence générale ; mais enfin les géomètres
vinrent troubler cette tranquillité : ils démon-
trèrent que cet accord prétendu des observations avec la théorie était fondé sur un paralogisme de Géométrie, et que dans un sphéroïde
applati vers les pôles, les degrés de latitude
devaient augmenter du Midi au Nord, et diminuer au contraire dans un sphéroïde allongé.
En effet, on voit, sans le secours d'aucune
figure de Géométrie, que dans le sphéroïde
applati, le méridien terrestre étant plus courbe
auprès de l'équateur qu'autour du pôle, la
longueur de l'arc terrestre d'un degré, correspondant à un arc céleste d'un degré, doit aller
en augmentant à mesure que la courbure du
méridien terrestre diminue, ou à mesure qu'on
avance vers le pôle. Le contraire doit avoir
lieu pour le sphéroïde allongé. La vérité de ce
raisonnement, si simple et si concluant, ne

pouvait manquer de frapper bientôt tous les esprits. Alors les auteurs des nouvelles mesures furent fort embarrassés. D'un côté, ne pouvant rejeter les démonstrations qu'on leur opposait, de l'autre ne voulant pas abandonner des observations qu'ils regardaient comme très-certaines, ils furent enfin réduits à dire que la terre était un sphéroïde allongé vers les pôles. De nouvelles mesures, prises également en France, aux années 1755 et 1756, semblèrent fortifier l'opinion que les longueurs des degrés terrestres diminuaient du Midi au Nord. La terre fut donc, pendant l'espace d'environ quarante ans, un sphéroïde allongé, du moins en France, en dépit de Huguens et de Newton.

Cependant les géomètres n'étaient pas convaincus. Ils renouvelaient de temps en temps leurs protestations contre un système qu'ils ne pouvaient concilier avec les lois de l'Hydrostatique : ils soutenaient qu'en supposant même que les observations faites en France eussent toute l'exactitude possible, les différences entre les degrés étaient trop petites, pour être parfaitement saisies, et qu'on ne pouvait obtenir des différences bien marquées et suffisantes, que par la comparaison de degrés mesurés en des endroits très-éloignés les uns des autres, dans le sens du méridien. Des réclamations si bien motivées furent écoutées du Gouvernement français. Le comte de Maurepas, alors ministre de l'académie des sciences, ordonna qu'une troupe de mathématiciens irait mesurer le degré du méridien au Pérou, dans le voisinage de l'équateur, tandis qu'une autre troupe irait faire une semblable opération en Laponie, sous le cercle polaire.

Godin, Bouguer et la Condamine partirent pour le premier voyage en 1755 ; l'année suivante, Maupertuis, Clairaut, Camus, le Mounier, auxquels se joignit Celsius, célèbre professeur d'Astronomie à Upsal, se rendirent en Laponie. Les premiers éprouvèrent toutes sortes de contradictions et de retardemens dans leurs opérations, et ne purent revenir en France qu'environ sept ans après leur départ ; les autres eurent toutes choses prospères ; leur ouvrage fut commencé et achevé en très-peu de temps ; ils rentrèrent dans leur pays au bout de quinze à seize mois d'absence.

Il semble qu'on aurait dû attendre le retour des académiciens du Pérou, pour rendre un compte d'opérations toutes entreprises dans la même vue : c'était l'avis des savans modérés et justes. Maupertuis, chef de la troupe du Nord, homme ardent à faire du bruit, rejeta une proposition si contraire à son but. Il n'eut rien de plus pressé que d'annoncer partout, à l'académie, au public, dans le grand monde où il était fort répandu, le résultat d'une opération dont il s'appropriait en quelque sorte toute la gloire, et à laquelle cependant il n'avait eu qu'une part médiocre comme collaborateur. Ce résultat était que la longueur du degré du méridien, sous le cercle polaire, vaut, à très-peu près, 57438 toises. En la comparant avec celle du degré de France, qui vaut 57061 toises, on voit que les longueurs des degrés augmentent incontestablement du Midi au Nord, et que par conséquent la terre est un sphéroïde applati vers les deux pôles: on trouve de plus que l'axe de révolution de ce sphéroïde et le diamètre de son équateur, sont à peu près entre eux, comme les nombres 177 et 178.

Un parti nombreux adopta ces conclusions avec enthousiasme. Maupertuis fut exalté, comme s'il eût apporté aux hommes une vérité nouvelle et extraordinaire. On ne l'appelait plus, en de certains endroits, que *l'applatisseur* de la terre. Lui-même se fit peindre en Lapon, s'appuyant sur le globe terrestre, comme pour lui faire prendre la forme sphéroïdale; et Voltaire, alors son ami, mit au bas de l'estampe quatre mauvais vers, qu'on

II.   14

admira et qu'on a plus justement oubliés dans la suite *.

Les partisans de l'allongement de la terre voyaient avec chagrin le progrès d'un système qui renversait en un moment tout leur édifice, élevé si lentement et à tant de frais. Toujours persuadés par les observations faites en France, que la longueur des degrés terrestres allait en diminuant de l'équateur au pôle, ils jetèrent des doutes sur l'exactitude de la mesure du Nord : ils prétendirent qu'elle avait été faite avec légèreté, et que même la rigueur du climat avait pu empêcher qu'on y apportât tout le scrupule, toute la précision nécessaires. Cette inculpation fut repoussée avec chaleur. Les écrits polémiques se multiplièrent de part et d'autre ; et bientôt on y remarqua l'amour-propre plus que l'amour de la vérité. Un ardent défenseur de l'allongement, croyant avoir réfuté victorieusement l'opinion contraire, ne voulut pas néanmoins livrer son manuscrit à l'imprimeur, avant de l'avoir communiqué à

---

* Les voici :

Ce globe mal connu, qu'il a su mesurer,
Devient un monument où sa gloire se fonde :
Son sort est de fixer la figure du monde,
De lui plaire et de l'éclairer.

Fontenelle, dont l'autorité était d'un très-grand poids. Fontenelle lut l'ouvrage, et en le rendant à l'auteur, il lui conseilla de le publier. Celui-ci, un peu indécis, un peu incertain de l'opinion du juge, dit après un moment de silence : *Vous me donnez, Monsieur, un conseil que vous n'avez pas suivi pour vous-même ; on a beaucoup écrit contre vous, et jamais vous n'avez répondu..... Oh!* répliqua finement le sage secrétaire de l'académie des Sciences, *je n'étais pas si sûr que vous d'avoir raison.*

Dans cette lutte, le système de l'applatissement de la terre prenait de jour en jour le dessus, par le double avantage qu'il réunissait, d'être fondé sur des observations et sur la théorie des forces centrales. Les Cassini, auteurs du système de l'allongement, furent eux-mêmes ébranlés : ils finirent par reconnaître la nécessité de vérifier les degrés de France, avec des instrumens plus parfaits que ceux dont ils s'étaient servis. En 1739 et 1740, Cassini de Thury, fils de Jacques Cassini, et l'abbé de Lacaille, firent cette vérification, employant tous les meilleurs instrumens et toutes les précautions possibles pour en assurer la parfaite justesse. Ils reconnurent que la plus grande partie des degrés allait en augmentant

CASSINI de Thury, né en 1714, m. en 1784.

14.

du Midi au Nord, et qu'un très-petit nombre seulement paraissait diminuer. La conséquence qui suivait de-là était en faveur de l'applatissement de la terre. Il ne s'agissait plus que de la manifester dans une forme authentique. Cassini de Thury, du consentement de son père, eut le noble courage d'annoncer dans une assemblée publique de l'académie des sciences, qu'il s'était glissé quelques erreurs dans les premières mesures des degrés de France, et de conclure que les nouvelles concouraient avec celles du Nord, à prouver que la terre était un sphéroïde applati vers les pôles. Il publia tout ce travail dans un livre intitulé : *Méridienne de l'Observatoire Royal, vérifiée, etc.* Alors la terre prit, du commun accord des astronomes, et à la grande satisfaction des géomètres, la figure applatie qu'on lui avait disputée si long-temps.

Maupertuis, qu'on voulait toujours faire regarder comme l'auteur de cette révolution, aurait joui d'un triomphe pur, si, par une suite de son caractère inquiet et jaloux, il n'avait eu sans cesse devant les yeux la crainte de voir arriver au premier jour les académiciens du Pérou, avec lesquels il faudrait de nouveau discuter toute la question. Les hommes instruits et désintéressés, sans révoquer en doute l'applatissement de la terre, attendaient ce retour, pour prendre une plus parfaite connaissance de la forme et des dimensions du globe terrestre. On savait que Godin et Bouguer étaient des astronomes du premier ordre, et que de plus Bouguer était un très - grand géomètre ; que la Condamine, sans égaler ses deux collègues en savoir, avait surmonté par son zèle et son activité, une foule d'obstacles qui s'opposaient au succès des opérations. On avait donc tout lieu de penser que leurs travaux répandraient un nouveau jour sur cette matière. Les amis de Maupertuis s'efforçaient, par tous les moyens, de détruire ou d'affaiblir de si justes espérances : ils ne cessaient de répéter que le problème était résolu ; que les mesures du Pérou n'apprendraient rien de nouveau, ou ne feraient tout au plus que confirmer une vérité déjà connue. On employait même, pour les combattre d'avance, l'arme du ridicule. Né caustique et mordant, Maupertuis disait dans les sociétés d'un monde frivole, pour qui une plaisanterie, bonne ou mauvaise, tient lieu de raison : *Lorsque les Péruviens arriveront, ils seront bien plus embarrassés de leur figure que de la figure de la terre.* Tout cela fut inutile : malgré les intrigues et les sarcasmes, les mesures du Pérou reçurent l'accueil qu'elles méritaient. Bouguer, dans son livre *de la Figure de la terre*, exposa les précautions essentielles que ses collègues et lui avaient prises, tant pour la vérification et la parfaite justesse des instrumens, que pour faire le meilleur choix et le meilleur usage des observations; il discuta plusieurs points d'Astronomie qui n'avaient pas encore été éclaircis; il fit la remarque importante que la figure elliptique ne convenait pas exactement à tous les points des méridiens de la terre; il essaya d'autres hypothèses plus conformes à la vérité dans un grand nombre de cas, etc. Tant de belles recherches imprimèrent aux opérations du Pérou un caractère d'évidence et de certitude qui les fit regarder comme les plus parfaites qui eussent encore été exécutées en ce genre. Le temps n'a fait que confirmer ce jugement avantageux. On ne pense pas si favorablement, à beaucoup près, de la mesure du Nord.

Au reste, la conclusion fut toujours que la terre est applatie vers les pôles. La longueur du premier degré du méridien à l'équateur est de 56753 toises; d'où il résulte, en la comparant à celle du degré de France, que les axes de la terre sont entre eux comme les deux nombres 178 et 179, à très-peu de chose près.

On dirait que notre malheureuse planète est destinée à tourmenter les hommes sous tous les rapports : à peine avait-elle reconquis sa figure applatie, qu'on vint lui disputer la régularité de sa constitution, qu'on n'avait jamais révoquée en doute ; car si les observations du Pérou avaient donné, en certains cas, l'exclusion à la forme elliptique pour les méridiens, on regardait du moins toujours la terre comme un solide de révolution. De nouvelles observations mirent en problème une opinion si naturelle, et qui paraissait une suite nécessaire de la rotation uniforme de la terre autour de son axe.

Lacaille, dans son voyage au cap de Bonne- Espérance, ayant mesuré la longueur d'un degré terrestre, par une latitude australe de 33 degrés 18 minutes, trouva qu'elle était de 57037 toises : longueur qui étant plus grande que celle du degré à l'équateur, et moindre que celle du degré au cercle polaire, indique bien un applatissement dans la terre ; mais elle est moindre qu'on ne devait la conclure, en la comparant avec celle du degré en France ; ce qui semble indiquer un applatissement irrégulier. Les Jésuites Boscovich et Lemaire ont établi cette irrégularité d'une manière qui serait encore plus décisive, si elle était absolument incontestable.

Par des mesures faites en Italie, de plusieurs degrés du méridien, à des latitudes égales à celle des degrés mesurés en France, ils ont trouvé des longueurs très-sensiblement différentes des longueurs de France. Il y a plus : en supposant les méridiens de la terre égaux et semblables, ils n'ont pu concilier leurs propres mesures entr'elles, ni avec les opérations du Nord et du Pérou. D'où ils ont conclu qu'il faut abandonner l'hypothèse de la similitude des méridiens. Alors tombent plusieurs théories astronomiques : la terre n'étant plus un solide de révolution, la direction du fil à plomb n'indiquera plus celle de la perpendiculaire à la surface de la terre, ni celle du plan du méridien ; l'observation de la distance des étoiles au zénith ne donnera plus la vraie mesure des degrés dans le ciel, ni par conséquent celle des degrés terrestres correspondans, etc. Ces fâcheuses conséquences n'arrêtent point les auteurs de ce nouveau système. Pourquoi, disent-ils, la terre aurait-elle essentiellement une figure régulière ? Si elle avait été dans son origine une masse fluide et homogène, l'attraction réciproque de ses parties, combinée avec le mouvement de rotation autour de son axe, lui aurait fait prendre la figure d'un sphéroïde elliptique applati ; ou si elle avait été d'abord composée de fluides de différentes densités, ces fluides cherchant à se mettre en équilibre, se seraient finalement arrangés dans un ordre régulier, et les méridiens auraient encore été semblables. Mais pourquoi vouloir que la terre ait été originairement fluide, d'une manière ou d'autre ; et quand elle l'aurait été, pourquoi aurait-elle conservé sa forme primitive ? Dans l'état actuel des choses, une partie de sa surface est solide, et composée de matières de différentes densités, distribuées pêle-mêle, et sans aucun ordre dont on puisse assigner la cause. Les bouleversemens que cette surface a éprouvés, les changemens de terres en mers, l'affaissement du globe en certains endroits, son exhaussement en d'autres : toutes ces révolutions n'ont-elles pas dû altérer considérablement la forme primitive de la terre, quelle qu'on veuille la supposer ? N'est-il pas très-vraisemblable qu'elles n'ont pas seulement affecté la surface de la terre, et qu'elles se sont propagées jusque dans l'intérieur du globe ? Enfin, si les observations l'exigent impérieusement, il faudra bien reconnaître que les méridiens de la terre ne sont égaux ni semblables.

A ces raisonnemens on en oppose d'autres qui les détruisent, sinon d'une manière absolument démonstrative, au moins très-suffisante pour convertir en simples doutes des assertions trop affirmatives. Je commence par les considérations physiques.

Il est d'abord certain que le globe de la terre est à peu près sphérique, ou que du moins on peut le regarder comme un sphéroïde ellip-tique très-applati. On cite en preuves, les hauteurs du pôle, qu'on trouve égales, à des latitudes égales sous différens méridiens; les règles du pilotage, fondées sur cette sup-position, lesquelles sont d'autant plus sûres, qu'elles sont observées avec le plus de soin; la rotation constante et uniforme de la terre au-tour de son axe; la régularité de l'ombre de la terre dans les éclipses de lune; etc. On ajoute que la surface de la terre, dans sa plus grande étendue, est fluide, et par conséquent homo-gène; que de plus, la matière solide qui forme le reste de cette surface est presque partout peu différente en pesanteur de l'eau commune; et qu'ainsi la figure de la terre doit être à peu près la même qu'elle aurait été dans l'hypothèse d'une entière fluidité primitive. Les inégalités que l'on remarque à la surface du globe, les profondeurs des mers, les élévations des plus hautes montagnes, sont très-peu considérables en comparaison du rayon de la terre; la plus grande différence étant moindre que ne serait un dixième de ligne sur un globe de deux pieds de diamètre. Les plus grosses montagnes n'ont que de très-petites masses relativement à toute la masse du globe : en effet, on a remarqué au Pérou que des montagnes élevées de plus d'une lieue n'écartent le pendule de sa direction que d'environ sept secondes. Or, une montagne hémisphérique, d'une lieue de hauteur ou de flèche, devrait écarter le pendule d'environ une minute 18 secondes ; d'où il suit que les montagnes ont très-peu de matière par rapport au reste du globe ; conséquence appuyée sur d'autres observations qui nous ont découvert d'immenses cavités dans ces montagnes. Ces inégalités qui nous paraissent si considérables, et qui le sont en effet si peu, ont été produites par les bouleversemens que la terre a soufferts, et dont on doit conjecturer que l'effet ne s'est pas étendu fort au-delà de la superficie et des premières couches.

Il n'y a donc aucune raison, puisée dans la Physique, qui prouve la dissimilitude des méridiens de la terre. Voyons si les observations nous apprendront quelque chose de plus.

L'irrégularité qui résulte de la mesure de Lacaille n'est pas fort grande, et on peut l'expliquer, sans lui faire trop de violence, dans la supposition des méridiens semblables. On attache plus de poids à la mesure d'Italie. Mais pour apprécier les conséquences qu'on en veut tirer, il faut observer que la différence entre le degré mesuré en France et le degré mesuré en Italie, à pareille latitude, est seulement de 70 toises, c'est-à-dire, d'environ 35 toises pour chacun des deux degrés. Or, cette différence est-elle assez grande pour ne pouvoir pas être attribuée aux erreurs des observations, quelque exactes qu'on les suppose? Deux secondes d'erreur dans la seule mesure de l'arc céleste donnent 32 toises d'erreur sur la longueur du degré terrestre; et comment peut-on répondre que les opérations astronomiques et géodésiques n'aient pas donné une telle erreur? Il paraît donc qu'à l'époque où l'on raisonnait d'après les élémens que je viens d'indiquer, rien n'obligeait à regarder les méridiens de la terre comme ne suivant aucune loi constante et régulière. Pour décider complétement la question, il faudrait mesurer, par des latitudes très-différentes, plusieurs degrés d'un même méridien, et par des longitudes très-différentes, plusieurs degrés de méridiens correspondans à des latitudes égales. Les Gouvernemens, et principalement la France, ont fait mesurer un grand nombre de degrés des

méridiens, par des latitudes très-inégales.
On connaît les excellentes opérations exécutées en dernier lieu suivant cette vue. Toutes
ces mesures ont parfaitement rempli l'objet
qu'on s'était proposé. Il serait maintenant à
désirer que l'on comparât un très-grand
nombre d'arcs terrestres, à des latitudes et à
des longitudes très-différentes. C'est à quoi
l'on peut parvenir sans peine et à peu de
frais, par des calculs fondés sur la longueur
du pendule qui bat les secondes en chaque
endroit. Ces déterminations ont l'avantage de
pouvoir être répétées, dans tous les temps,
par des astronomes de tous les pays; au lieu
que les mesures immédiates des degrés terrestres, demandent un appareil et des frais
immenses, auxquels les Gouvernemens, seuls
capables de les faire exécuter, n'ont pas toujours les moyens ou la volonté de consacrer
les sommes nécessaires. Ajoutons qu'il est
quelquefois très-dangereux de faire recom-
mencer ces grandes opérations, qu'on n'est
pas à portée de vérifier au besoin; car si de
deux opérations, la seconde s'accorde avec la
première, les gens soupçonneux ou malins
peuvent dire qu'on a fait cadrer les résultats;
et si elles diffèrent, on donne lieu à des discussions de préférence, dans lesquelles il peut

être difficile de reconnaître la vérité. Enfin, tous les pays ne sont pas propres à ces opérations : tous le sont pour les observations du pendule.

Astronomie
des comètes.

On sait, et tout le monde convient aujourd'hui que les comètes sont des corps solides et opaques comme les planètes, et que tous ces astres décrivent des ellipses dont le soleil occupe l'un des foyers. Il y a néanmoins cette différence, que les planètes se meuvent d'Occident en Orient, dans une bande sphérique d'environ 16 degrés de largeur, et qu'elles décrivent des orbites peu différentes du cercle, du moins pour la plupart ; au lieu que les comètes traversent les espaces célestes dans toutes sortes de directions, et décrivent quelquefois des ellipses si allongées, qu'on peut les prendre pour des paraboles. Mais on sent que ces diversités de directions et d'orbites sont étrangères aux corps mêmes, et ne peuvent pas établir des distinctions réelles entre les planètes et les comètes : elles servent seulement à former deux sortes de dénominations générales qui simplifient et abrègent le discours.

Incertitude
de quelques as-
tronomes du
siècle dernier,
sur la nature
des comètes.

L'ancienne opinion que les comètes ne sont que des amas de matière sujets à se dissiper, avait jeté des racines si profondes, que dans le siècle dernier, il s'est encore trouvé des astronomes de réputation qui ont tenté de la

soutenir ou de la renouveler. Par exemple,
La Hire ne peut se résoudre à placer les comètes au même rang que les planètes. Voici
comment il s'exprime à ce sujet : « Si les co- Ac. de Paris, 1702, pag. 118.
» mètes étoient des planètes qui se fissent voir
» seulement de la terre lorsqu'elles en sont
» fort proches, il n'y a pas de doute qu'elles
» devroient paroître s'augmenter peu à peu,
» de la même manière qu'on les voit ordinai-
» rement s'évanouir et disparoître, tant par
» rapport à leur mouvement, lequel devient
» plus lent sur la fin de leur apparition, que
» par la diminution de leur lumière qui
» s'éteint aussi à peu près dans la même pro-
» portion : mais nous commençons presque
» toujours à voir les comètes quand elles sont
» dans leur plus grande clarté, et quand elles
» parcourent un plus grand chemin apparent ;
» et c'est ce qui pourroit faire croire que ce ne
» sont que des feux qui s'allumant subite-
» ment, se dissipent peu à peu en diminuant
» de vitesse, etc. »

Cette conjecture ne peut être attribuée qu'à
la connaissance encore trop imparfaite qu'on
avait du mouvement des comètes, au temps
dont je parle. Les astronomes, spécialement
occupés du mouvement des planètes, n'étaient
pas assez attentifs à faire la revue de toutes les

parties du ciel, et laissaient échapper plusieurs comètes sans les observer : ils en observaient d'autres long-temps après qu'elles étaient visibles ; on voulait que la lumière des comètes fût semblable à celle des planètes : supposition gratuite ; on ne faisait pas attention que de même que la terre a une atmosphère épaisse, et fort différente de celles de la lune et des autres planètes, les comètes ont aussi des atmosphères plus ou moins étendues, plus ou moins denses, qui font varier de plusieurs manières leurs apparitions. Toutes ces causes d'illusion ont été enfin dissipées successivement par une plus grande assiduité à visiter l'étendue des espaces célestes, et par les recherches particulières qu'on a faites, avec le secours des plus excellens instrumens, du cours des comètes et de toutes les circonstances qui l'accompagnent.

Je ne puis qu'indiquer ici les objets et les progrès de la Cométographie. Ceux qui voudront approfondir cette partie intéressante de l'Astronomie, trouveront amplement de quoi se satisfaire dans la lecture de l'excellent ouvrage que Pingré, l'un de nos plus célèbres astronomes, publia sur ce sujet en 1783. Il n'a rien oublié : Histoire, Physique, observations, probabilités, conjectures, tout est

PINGRÉ, né en 1711, m. en 1756.

rapporté et analisé avec l'exactitude la plus scrupuleuse.

Il est impossible de déterminer le nombre des comètes qui ont paru depuis que l'on a commencé à observer le ciel ; mais on a lieu de penser qu'il est très-grand. Pingré a remarqué, à compter de la naissance de Jésus-Christ jusqu'à l'année 1783, environ 380 comètes dont l'apparition lui paraît assez probable. Il en est plusieurs autres qu'on ne peut citer que par conjecture. Si l'on joint à ces comètes connues ou soupçonnées, toutes celles qu'on a laissé passer sans les apercevoir, soit à cause de leur petitesse apparente, soit à cause de leur proximité au soleil, soit à cause de l'éclat de la lune, soit parce que le mauvais temps n'a pas permis de les observer, soit enfin parce qu'elles auront été invisibles sur l'horizon de l'Europe, on reconnaîtra que le nombre des comètes doit être immense. Sur quoi néanmoins il faut remarquer que parmi les comètes qui ont été vues, il peut s'en être trouvé plusieurs qui fussent les mêmes revenues périodiquement.

Les anciens ne nous ont transmis aucun moyen de suivre le mouvement des comètes : les modernes ont fait plusieurs tentatives pour résoudre ce problème épineux. Depuis que l'on

Dénombrement des comètes.

Calcul astronomique des comètes.

a reconnu que les comètes décrivent, de même que les planètes, des ellipses autour du soleil, on a cherché à déterminer les dimensions de ces ellipses, d'après un certain nombre d'observations exactes. Leur grande excentricité a permis de les regarder, au moins dans une partie de leur étendue, comme des paraboles; ce qui simplifie le problème, l'équation de la parabole étant moins compliquée que celle de l'ellipse. Quelquefois même on peut regarder une portion d'orbe cométaire, comme une simple ligne droite. Ces suppositions facilitent la recherche du mouvement approché de la comète; mais ensuite elles ont elles-mêmes souvent besoin d'être rectifiées par des calculs fondés sur la véritable courbe que la comète décrit.

Prédictions du retour des comètes.

Malgré tous les soins avec lesquels les astronomes modernes ont observé le mouvement des comètes, on n'en peut citer encore qu'une seule dont on connaisse le retour périodique : c'est celle qui porte le nom de Halley, parce que ce grand astronome a le premier fixé son mouvement.

Dans un petit traité de *Cométographie*, qu'il publia en 1705, il porta à la dernière évidence la parité du mouvement des comètes avec celui des planètes. Ayant calculé avec un

soin extrême, par une méthode de Newton,
et d'après les meilleures observations, une
table générale du mouvement des comètes
dans une orbe parabolique, et ayant ensuite
appliqué cette table aux mouvemens de plusieurs comètes, il reconnut qu'une comète,
qui avait paru aux années 1531, 1607, et qu'il
observa lui - même avec la plus grande attention, en 1682, s'était montrée avec des circonstances si semblables dans son mouvement,
soit pour la forme, ou pour la grandeur, ou
pour la position de son orbite, qu'il ne douta
point que ce ne fût le même astre. A la vérité,
il y avait des différences assez considérables
dans les temps des révolutions; mais cette difficulté n'arrêta point Halley. Déjà instruit par
la théorie de la gravitation réciproque des planètes, que ces corps troublaient les mouvemens les uns des autres; que, par exemple, le
mouvement de Saturne était altéré par les
autres planètes, et surtout par Jupiter, de
sorte qu'on ne pouvait le déterminer qu'à
quelques jours près, il pensa que le mouvement de la comète pouvait de même avoir été
altéré par l'attraction des planètes dont elle
s'était approchée, et en particulier par l'attraction de Jupiter. Par des calculs qu'il ne
donnait cependant que pour des à peu près,

15.

susceptibles d'une latitude de quelques mois, il annonça que la comète reparaîtrait vers la fin de l'année 1758, ou le commencement de l'année 1759 : prédiction que l'événement a vérifiée. On vit la comète en Saxe, au mois de décembre 1758; elle passa au périhélie le 15 mars 1759. Cette comète décrit donc une ellipse, comme les planètes, autour du soleil : la seule différence est que son orbite est fort excentrique, au lieu que les orbites des planètes approchent beaucoup du cercle, si on excepte toutefois celle de Mercure, dont l'excentricité est assez grande.

Le même astronome avait soupçonné que la comète de 1661 avait déjà paru en 1532; que sa période était de 128 à 129 ans, et qu'elle pourrait reparaître vers l'année 1789 ou 1790; mais il n'a pas été aussi heureux cette fois que la première : on n'a pas revu la comète.

Il a pensé encore que la grande comète de 1680 était la même qui avait paru à la mort de Jules-César : il a fixé (mais avec modestie et circonspection) la durée de sa période à 575 ans environ; la postérité décidera s'il a rencontré juste.

Pingré croit que la comète de 1556 pourrait bien être la même que celle de 1264;

qu'elle fait sa révolution en 292 ans environ, et qu'on la reverra en 1848. Il y a encore quelques autres comètes dont on a hasardé d'annoncer le retour ; mais toutes ces prédictions sont très-vagues et très-incertaines. Si les anciens nous avaient laissé des observations un peu exactes sur les comètes, nous connaîtrions mieux les mouvemens de ces astres : les modernes les observent avec soin, et préparent par-là les matériaux d'un édifice qui ne peut être élevé que par la postérité.

On croit qu'il tombe de temps en temps des comètes dans le soleil, et même on fait servir ce moyen à réparer la perte de substance que fait le soleil par la quantité prodigieuse de rayons lumineux qu'il envoie de tous côtés dans les espaces célestes. Il n'y a en cela rien d'impossible. Une comète ayant été lancée suivant une certaine direction, et en même temps étant attirée continuellement par le soleil, décrirait autour de lui une ellipse rigoureuse dont il occuperait l'un des foyers, si ces deux astres existaient seuls dans l'univers ; mais dans l'état réel des choses, la comète, outre sa tendance principale vers le soleil, éprouve encore l'attraction de plusieurs autres corps célestes, étoiles ou planètes ; et il peut arriver que toutes ces forces se combinent

Comètes tombant dans le soleil.

ensemble de telle manière que la force résultante précipite la comète dans le soleil, ou lui
fasse silloner sa surface. Cette combinaison
juste doit être fort rare ; mais enfin elle est dans
l'ordre des possibilités ; et sans doute dans le
nombre immense de comètes, il s'en est rencontré qui ont éprouvé ce sort. Suivant quelques
calculs, la comète de 1680 passa si près du soleil, qu'au moment de son périhélie, elle n'était
distante de la surface de cet astre que d'une quantité égale environ au tiers du demi-diamètre so-
laire. Peut - être finira-t-elle par tomber dans
le soleil. Mais cet événement (s'il arrive) est
très - éloigné, et nous n'en devons prendre
aucune alarme. En général, une comète quelconque tombant dans le soleil ne peut pas le
déranger de sa place, au point de faire craindre
la destruction de notre système planétaire.

Les comètes
sont-elles habi-
tées ?

L'opinion, fort vraisemblable, que la lune,
Vénus, Mars, etc., qui sont des corps solides
et opaques, comme la terre, ont des habitans
comme elle, a fait penser qu'il en pourrait
bien être de même des comètes. Mais il est
difficile d'admettre ce dernier système. Les
comètes doivent être sujettes à des vicissitudes
de chaud, de froid, de clarté et de ténèbres,
qui ne paraissent guère compatibles avec une
constitution quelconque d'animaux. Newton

ayant calculé le degré de chaleur que la comète de 1680 a dû éprouver à son périhélie,
a estimé que cette chaleur était deux mille fois
plus grande que celle d'un fer rouge: d'un autre
côté, la comète a dû recevoir à proportion une
augmentation immense de lumière de la part
du soleil. Or, en supposant que la durée de sa
révolution périodique soit de 575 ans, on
trouve que le diamètre du soleil serait vu de
la comète sous un angle de 73 degrés, au périhélie, et sous un angle de 14 secondes seulement à l'aphélie; d'où il résulte que du périhélie à l'aphélie on passerait d'une chaleur
prodigieuse à un extrême froid, et d'une clarté
excessive à de profondes ténèbres. Comment
des animaux pourraient-ils supporter toutes
ces alternatives, à moins qu'ils ne fussent d'une
nature extraordinaire, dont les animaux terrestres ne nous fournissent aucune idée?

SECTION DEUXIÈME.

Astronomie Physique.

Toute l'Astronomie physique porte aujour-
d'hui sur la loi générale de l'attraction mutuelle
que toutes les parties de la matière exercent les
unes sur les autres. On donne ordinairement le
nom de *système* à cette loi : dénomination
très - impropre (puisque la gravitation universelle est maintenant une vérité démontrée),
mais qu'il est permis d'employer pour abréger,
ou pour éviter les circonlocutions.

Je commencerai par indiquer brièvement la
manière dont on expliquait autrefois les mouvemens célestes ; ensuite je ferai connaître les
moyens qui ont conduit Newton à la découverte du grand ressort de l'attraction ; et j'ex-
poserai les principales applications qu'on en a
faites.

Physique des
anciens.

Les anciens ont rarement interrogé l'expérience dans les matières de physique, où elle
est néanmoins d'une nécessité indispensable ;
car les ressorts par lesquels la nature agit,

nous étant presque toujours inconnus, il ne nous reste que la ressource d'en étudier et d'en rapprocher les effets. Dominés par l'esprit de système, dans le plus mauvais sens, et plus empressés d'étaler leurs conjectures et leurs opinions, qu'animés de la solide gloire de s'instruire d'abord eux-mêmes par l'observation suivie et raisonnée des phénomènes, ils introduisirent dans leurs explications physiques de ces phénomènes les formes substantielles, les qualités occultes, etc. : grands mots vides de sens, inventés pour donner carrière à tous les écarts de l'imagination.

Descartes sentit qu'une telle manière de philosopher n'était qu'une source perpétuelle de faux raisonnemens et de fausses conséquences. Il voulut tout expliquer par la matière et le mouvement, sans admettre dans les corps d'autres propriétés que celles dont ils sont essentiellement doués. Dans cette vue, il posa pour principe que tous les corps sont composés des mêmes élémens ; que leur constitution, intérieure ou extérieure, dépend uniquement de quelques formes simples dans leurs parties intégrantes, et que ces formes primordiales, une fois reconnues, il ne s'agissait plus que d'étendre et de suivre leurs combinaisons dans les divers accidens de repos et

Physique de Descartes.

de mouvemens, auxquels les corps sont sujets.
Ce début était raisonnable, et annonçait des
vues qui dirigées par l'expérience, auraient
pu conduire à des vérités très-utiles. Mais
bientôt embarrassé par le nombre et la variété
des phénomènes à expliquer, ébloui par quelques expériences imparfaites, et croyant pouvoir en deviner d'autres par la seule force de
son génie, Descartes admit dans les parties
constituantes de la matière, des configurations
et des grandeurs arbitraires, des mouvemens
et des situations dont il n'existait d'autre cause
que le besoin du système; il feignit des fluides
invisibles, d'une extrême ténuité, agités de
mouvemens secrets, pénétrant les pores des
corps sans éprouver aucune résistance, et toujours obéissans, si je puis m'exprimer ainsi,
aux différens ordres qu'il leur intimait suivant
les circonstances. Enfin, de suppositions en
suppositions, il en vint à imaginer ces fameux
tourbillons, ou ces vastes courans de matière
éthérée auxquels il faisait importer les planètes,
comme une rivière importe un bateau. Ses disciples ne furent pas plus modérés, ni plus heureux que lui: forcés d'abandonner son système
en plusieurs points essentiels, ils y substi-
tuaient, à chaque occasion, de nouvelles hypothèses, tout aussi précaires, tout aussi

fragiles que celles de leur maître. Malgré tant d'efforts et de soutiens, tout ce vaste édifice s'est écroulé presque entièrement.

Newton, écartant sagement les prestiges de l'imagination, étudia la nature dans la nature même, dont il parvint enfin à deviner le secret, à force de méditations et de recherches. Une profonde Géométrie, et la théorie des forces centrales découverte par Huguens, firent trouver au savant Anglais la loi de la force qui retient la lune dans son orbite autour de la terre, ou qui fait graviter continuellement la première de ces planètes vers la seconde. Ensuite il étendit cette loi à tous les corps de notre système planétaire. Voici à peu près la gradation de ses idées sur ce vaste sujet.

Physique de Newton.

Nous voyons qu'un boulet de canon, lancé par l'explosion de la poudre, va tomber d'autant plus loin, que l'impulsion de la poudre est plus forte : de plus la théorie de Huguens nous apprend que si le boulet, animé d'une pesanteur toujours constante et toujours dirigée au centre de la terre, était lancé horizontalement avec une vitesse égale à celle qu'il acquerrait s'il tombait librement en ligne droite d'une hauteur égale au demi-rayon du globe terrestre, il tournerait sans fin circulairement autour de la terre (abstraction faite de toute résistance), passant à chaque révolution par le point d'où il serait parti. Le même raisonnement a également lieu, proportion gardée, si le boulet, au lieu de partir d'un point placé sur la surface de la terre, part d'un point élevé au-dessus de cette surface, d'une lieue, de deux lieues, etc. Nous pouvons donc le transporter jusqu'à la lune, ou supposer qu'il est la lune même, laquelle tourne en effet circulairement autour de la terre ; et alors, par la vitesse avec laquelle la lune tourne, nous trouverons le rapport de la force qui la retient dans son orbite, ou qui la détourne continuellement de la direction rectiligne, à la gravité qui fait tomber ici-bas les corps à la surface de la terre. Or, suivant les observations astronomiques et géodésiques, le rayon du globe terrestre vaut 57000 toises * ; la moyenne distance de la lune à la terre, ou le rayon moyen de l'orbite lunaire, vaut 60 fois le rayon du globe terrestre ; la lune fait sa révolution autour de la terre en 27 jours 7 heures 45 minutes.

---

* Je néglige dans les calculs dont il s'agit de petites quantités qui ne feraient que les allonger inutilement ; car il n'est ici question que de faire connaître l'esprit de la méthode.

D'après ces données, on trouve, 1°. la circonférence entière de l'orbite lunaire, et la longueur de l'arc que la lune parcourt en un temps donné, par exemple en une minute; 2°. la force centripète de la lune, ou la quantité dont cet astre est rappelé vers la terre, en une minute, cette quantité étant sensiblement une troisième proportionnelle au diamètre de l'orbite lunaire et à l'arc qu'elle décrit en une minute. Le résultat de tous ces calculs est que la quantité dont la lune dévie de la tangente, ou s'approche de la terre, en une minute, est d'environ 15 pieds. Et comme, d'un autre côté, on sait par l'expérience que les corps graves, tombant à la surface de la terre, parcourent 15 pieds en une seconde, ou 3600 pieds en une minute, on voit que de la terre à la lune la pesanteur n'est pas constante, et qu'elle a diminué dans le rapport de 3600 à 1, c'est-à-dire, dans le rapport du quarré de 60 au quarré de 1, ou du quarré de la distance de la lune à la terre, au quarré du rayon de la terre. Tel est le premier exemple de cette fameuse loi de la gravitation des astres en raison inverse des quarrés des distances.

Avant de passer plus loin, je ne puis m'empêcher de faire remarquer ici une nouvelle preuve bien frappante de la lenteur avec laquelle les connaissances humaines se succèdent. Dès l'année 1673, quinze années avant que le livre de Newton parût, Huguens avait donné en treize propositions les propriétés de la force centrifuge ou centripète dans le cercle : s'il eût appliqué cette théorie au mouvement de rotation de la terre autour de son axe, et au mouvement de la lune autour de la terre, il aurait découvert la loi de la gravitation de la lune vers la terre. En effet, suivant les propositions II et III, combinées ensemble, la force centrifuge de la lune est à la force centrifuge à la surface de la terre, comme le quarré de l'espace que la lune parcourt en une minute, divisé par 60, est au quarré de l'espace qu'un point de la surface de la terre parcourt aussi en une minute, divisé par 1 ; et suivant la proposition V, combinée avec la théorie ordinaire de la chute des graves, la force centrifuge d'un point à la surface de la terre, est à la gravité à la surface de la terre, comme 1 est à 289. Or, en multipliant terme à terme ces deux proportions, et effectuant les calculs indiqués, on trouve que la force centrifuge de la lune est à la gravité à la surface de la terre, comme 1 est à 3600 ; ce qui est le résultat de Newton. Mais Huguens n'a pas fait cette application, et la gloire d'avoir découvert et confirmé, par le calcul, la loi de la gravitation des astres, appartient au géomètre anglais.

Lorsque Newton eut reconnu la loi de la gravitation de la lune vers la terre, il ne lui fut pas difficile de déterminer également la tendance des planètes principales vers le soleil et celles des satellites vers leurs planètes principales. Ici les lois de Képler fournirent les élémens du calcul.

Les planètes principales décrivent des ellipses autour du soleil qui occupe l'un des foyers, et de même les satellites décrivent des ellipses autour de leurs planètes principales. Or, par la première loi de Képler, les temps employés à parcourir les parties d'une même orbite, sont entr'eux comme les aires comprises entre le grand axe de l'ellipse, un rayon vecteur quelconque, et l'arc parcouru ; d'où l'on conclut que la planète principale est poussée vers le soleil, ou le satellite vers sa planète principale, par une force réciproquement proportionnelle au quarré de la distance du corps tournant au centre de tendance. On avait donc ainsi le moyen de comparer les gravitations d'une même planète en deux points quelconques de son orbite. Mais cela n'était pas suffisant : il fallait de plus savoir comparer les gravitations de deux planètes différentes ; car il pouvait se faire que d'une planète à l'autre la gravitation ne suivît pas le rapport du quarré inverse des distances : ce qui eût enlevé au principe sa généralité et ses avantages les plus essentiels. La seconde loi de Képler complète cette théorie, et rappelle toutes les gravitations à une même unité : elle prouve que toutes les planètes principales sont poussées vers le soleil par une même force, qui varie en raison inverse des quarrés des distances. Ainsi, par exemple, la tendance de Mars vers le soleil est à la tendance de Jupiter vers le soleil, comme le quarré de la distance de Jupiter au soleil est au quarré de la distance de Mars au soleil. Il en est de même pour les satellites à l'égard de leurs planètes principales.

La gravitation est réciproque entre tous les corps de l'univers. De même que les planètes principales pèsent vers le soleil, et les satellites vers leurs planètes principales, le soleil pèse à son tour vers les planètes principales, et les planètes principales vers leurs satellites. Une pierre qui tombe à la surface de la terre est attirée par le globe de la terre; elle attire à son tour ce globe. L'attraction que chaque corps exerce est proportionnelle à sa masse; car il n'y a pas de raison pour que la vertu attractive existe dans une molécule du corps plutôt que dans une autre ; elle est commune à toutes, et l'attraction totale est proportionnelle à la masse. Si donc deux corps sont mis en présence, ils parcourront l'un vers l'autre des espaces réciproquement proportionnels à leurs masses. On voit par-là, dans notre exemple, qu'à cause de l'énorme disproportion des masses, la tendance du globe terrestre vers la pierre doit paraître nulle en comparaison de celle de la pierre vers le globe terrestre. Quant à la diminution que la pesanteur éprouve à mesure que la distance augmente, elle ne peut devenir sensible que lorsque la distance devient très-grande. De-là, deux corps qui tombent de hauteurs différentes, mais toujours médiocres, à la surface de la terre, éprouvent des pesanteurs qui paraissent égales, et les deux hauteurs parcourues sont proportionnelles aux quarrés des temps, comme Galilée l'a trouvé le premier ; mais cette loi n'a plus lieu, lorsque les deux hauteurs diffèrent considérablement, comme, par exemple, si l'une étant de 100 pieds, l'autre était égale au rayon de l'orbite lunaire ; car de la terre à la lune, la pesanteur diminue dans le rapport de 3600 à 1.

De l'attraction réciproque que deux planètes, telles que la terre et la lune, exercent l'une sur l'autre, il résulte que la terre doit

II.   16

s'approcher de la lune, en même temps que la lune s'approche de la terre ; de sorte que le mouvement de la lune se fait autour d'un point mobile ; mais ce mouvement ne suit pas pour cela d'autres lois que si la terre était fixe ; car si l'on cherche en général les courbes décrites par deux corps, qui par leurs attractions mutuelles parcourent l'un vers l'autre des chemins réciproquement proportionnels à leurs masses, et qui sont lancés dans l'espace suivant des directions quelconques, et avec des vîtesses quelconques, on trouvera que ces corps décrivent quatre courbes semblables entre elles : savoir, chacun une autour de l'autre corps considéré comme immobile, et chacun une autour de leur centre de gravité commun, lequel peut d'ailleurs être en repos ou se mouvoir uniformément en ligne droite.

S'il n'y avait dans le ciel que deux corps tournant l'un autour de l'autre, en vertu d'un mouvement d'impulsion primitive, et de l'attraction Newtonienne, toujours agissante, ils se mouvraient d'une manière rigoureusement conforme aux lois de Képler ; mais aussitôt qu'il y a plus de deux corps, (et c'est le cas de la nature) le mouvement elliptique des deux premiers est altéré à chaque instant par les attractions des autres. Je parlerai de ces inégalités : je vais auparavant considérer quelques applications particulières qu'on a faites du principe de l'attraction à des problèmes d'un autre genre.

Parmi ces problèmes se présente d'abord la question de la figure de la terre, en tant qu'elle dépend des lois de l'Hydrostatique. Huguens avait expliqué, comme nous l'avons déjà dit, l'expérience de Richer à Cayenne, par la combinaison de la force centrifuge avec une pesanteur primitive constante, toujours dirigée au centre de la terre : Newton substitua à cette pesanteur la résultante de toutes les attractions particulières que les molécules du globe terrestre exercent les unes sur les autres. Il n'y a plus de choix à faire aujourd'hui entre ces deux lois de pesanteur. Le principe de Newton est avoué par la nature : voyons l'usage qu'il en a fait, et l'extension considérable qu'on a donnée à sa théorie.

Newton suppose tacitement, et sans le démontrer, que la terre, originairement fluide et homogène, forme en vertu de l'attraction réciproque de ses parties, et de la force centrifuge, un sphéroïde elliptique applati ; il calcule les poids de la colonne centrale équatorienne et de la colonne centrale polaire. Du poids de la première colonne, il retranche la somme des forces centrifuges de toutes les molécules qui la composent, et il égale le reste au poids de la colonne polaire; d'où il trouve pour le rapport du diamètre de l'équateur à l'axe de révolution celui des nombres 230 et 229, à peu de chose près.

Indépendamment de la différence des hypothèses que Huguens et Newton avaient adoptées sur la nature de la pesanteur primitive, ils déterminèrent la figure de la terre par des méthodes différentes. Huguens partait de cette condition, que la résultante de la pesanteur primitive et de la force centrifuge doit être partout perpendiculaire à la surface du fluide; Newton de cette autre, que les colonnes dirigées suivant les axes du sphéroïde doivent se contrebalancer mutuellement. Ces deux conditions paraissent également nécessaires à la fois, l'une pour établir l'équilibre à la surface du fluide, l'autre dans l'intérieur de la masse. De-là Bouguer et Maupertuis prirent occasion de chercher, par l'une et l'autre méthode, la nature du méridien dans différentes hypothèses de pesanteur dirigées vers un ou plusieurs centres; et ils rejetèrent tous les cas où les deux méthodes ne s'accordaient pas à donner la même courbe pour le méridien, ce qui arrivait très-souvent. Mais tous ces problèmes, d'ailleurs

Ac. de Paris, 1734.

peu difficiles , n'étaient dans le fond que des
jeux de Géométrie. La nature de la pesanteur
est fixée ; et tout autre principe que celui d'une
attraction réciproquement proportionnelle aux
quarrés des distances est étranger ici à la véritable question.

· La proposition fondamentale de Newton ,
que la terre est un sphéroïde elliptique applati , avait besoin d'être démontrée : elle le
fut par Stirling , dans le cas où le fluide étant
entièrement homogène , l'applatissement est Trans. philos.
supposé très - petit ; Clairaut la démontra aussi Au 1736 et 1737
dans cette même supposition d'un applatisse-
ment très - petit , non - seulement lorsque le
fluide est entièrement homogène , mais encore
lorsqu'il est composé de couches de différentes
densités. Observons néanmoins qu'il se trompa
dans le second cas , en regardant les couches
comme semblables ; cela ne peut avoir lieu
lorsque les couches sont fluides , comme il le
reconnut lui-même dans sa *Théorie de la
figure de la terre* , publiée en 1743.

Maclaurin est le premier qui ait démontré
ce beau théorème : que de quelque manière Prix de l'a-
qu'une masse fluide homogène, dont les parti- cadémie des
cules s'attirent en raison inverse des quarrés des sciences de Pa-
distances , en même temps qu'elle tourne au- ris , 1740.
tour d'un axe, ait pris la forme d'un sphéroïde

elliptique applati ou allongé, d'une quantité quelconque, elle demeurera en équilibre ou conservera sa figure. Il ne se contente pas d'établir l'équilibre pour les colonnes centrales, soit dans le sens des axes du sphéroïde, soit dans toutes les autres directions : il fait voir de plus qu'un point quelconque, pris dans l'intérieur du sphéroïde, est en équilibre, ou également pressé en toutes sortes de sens ; ce qui forme en quelque sorte une preuve surabondante. Il étend cette proposition au cas où les particules de la terre, indépendamment de leurs attractions réciproques et de leurs forces centrifuges, sont de plus attirées par le soleil et par la lune. Il donne un grand nombre d'autres théorèmes très-remarquables sur les attractions des sphéroïdes ellipsoïdaux qui ont pour équateur des cercles ou des ellipses ; et il applique toute cette théorie à la figure des planètes et aux phénomènes des marées. La méthode qu'il emploie pour démontrer ses principales propositions est purement synthétique, et passe, au jugement des géomètres, pour un chef-d'œuvre d'invention et de sagacité, égal à tout ce qu'Archimède et Apollonius nous ont laissé de plus admirable. Voyez le *Traité des Fluxions* de cet auteur, tom. II, chap. XIV.

En restreignant cette théorie au cas particulier où la terre, originairement fluide et
homogène, forme un sphéroïde elliptique applati, en vertu de l'attraction et de la force
centrifuge, on trouve que les deux axes de ce
sphéroïde sont entr'eux dans le rapport de 230
à 229, comme Newton l'avait conclu de ses
suppositions, qui par-là sont vérifiées.

Clairaut, qui avait tant de motifs d'approfondir la même question, puisqu'il avait parti-
cipé à l'opération du Nord, et qu'il avait déjà
démontré en partie les suppositions de Newton, Clairaut, dis-je, composa à ce sujet l'ouvrage que j'ai déjà cité, et dans lequel il traite
la matière au long, suivant les lois de l'Hydrostatique. Comme les problèmes de Bouguer et
de Maupertuis avaient attiré l'attention des
géomètres, Clairaut crut devoir les considérer
à son tour. Il démontre qu'il existe une infinité
d'hypothèses de pesanteur, où le fluide ne serait pas en équilibre, quoique les colonnes
centrales se contrebalançassent mutuellement,
et que la direction de la pesanteur fût perpendiculaire à la surface du fluide; il donne une
méthode générale pour reconnaître les hypothèses de pesanteur, qui admettent l'équilibre,
et pour déterminer la figure que le fluide doit
prendre; il fait voir que lorsque la pesanteur

est le résultat des attractions de toutes les parties, et de la force centrifuge, il suffit que
l'un des principes, celui de Huguens ou celui
de Newton, soit observé, pour que l'autre le
soit aussi, et que la planète soit en équilibre.
Venant ensuite au véritable état de la question, fondée sur l'attraction Newtonienne,
Clairaut détermine d'abord la figure de la terre
dans l'hypothèse de l'homogénéité de ses parties; et à cet égard il abandonne sa propre méthode pour suivre celle de Maclaurin, à laquelle il donne la préférence. De-là, sans plus
rien emprunter de personne, il passe à d'autres
recherches très-profondes. Il explique la manière de reconnaître les variations de la pesanteur, depuis l'équateur jusqu'au pôle, dans un
sphéroïde composé de couches dont les densités et les ellipticités suivent une loi quelconque du centre à la surface; il détermine la
figure que la terre aurait, si, en la supposant
entièrement fluide, elle était d'ailleurs un amas
d'une infinité de fluides de différentes densités;
il compare sa théorie avec les observations;
et dans cette comparaison, il examine les erreurs qu'il faudrait attribuer aux observations,
afin que les dimensions du sphéroïde terrestre
fussent telles à peu près que la théorie le demande. Tant de vues nouvelles et utiles ont

placé cet ouvrage de Clairaut au nombre des productions de génie, qui honorent les sciences.

Cependant il restait encore dans cette matière épineuse et féconde plusieurs points importans à éclaircir, tant sur la loi des densités du sphéroïde terrestre, que sur les conditions de l'équilibre, auxquelles cette loi est assujétie, suivant les différens cas. D'Alembert a publié un très-grand nombre d'excellens mémoires sur ce sujet, dans son *Essai sur la résistance des fluides*, dans ses *Recherches sur le système du monde*, et dans ses *Opuscules mathématiques*. Je regrette qu'ils ne soient pas ici susceptibles d'extrait. Je me contenterai de remarquer que l'auteur a donné une méthode, long-temps désirée des géomètres, pour déterminer l'attraction du sphéroïde terrestre, dans une infinité d'autres hypothèses que celle de la figure elliptique : il imagine que le rayon du sphéroïde terrestre est représenté par une expression qui renferme une quantité constante, plus la suite de toutes les puissances des sinus de latitude, et il trouve l'attraction d'un pareil sphéroïde sur un corpuscule placé à sa surface ; ce qui renferme, comme un cas particulier, la supposition ordinaire où de toutes ces puissances il n'entre que le quarré du sinus de la latitude. Cet important problème et ses

An 1752, 1756 et 1768.

conséquences forment un nouveau traité de la figure de la terre. L'auteur y suppose que les méridiens de la terre sont égaux et semblables. Mais, par un nouvel effort, il est parvenu aussi à déterminer l'attraction d'un sphéroïde, qui n'est pas un solide de révolution ; ce qui serait utile, si en effet le globe terrestre avait une figure irrégulière.

Mouvemens de rotation des planètes : applatissemens qui en résultent

Depuis l'invention du télescope, on a reconnu successivement, par l'observation des taches des planètes, que ces astres ont, comme la terre, des mouvemens de rotation autour de leurs axes ; d'où l'on doit conclure que toutes les planètes sont applaties, et qu'elles le sont plus ou moins suivant que leur rotation est plus ou moins rapide. La terre tourne uniformément autour de son axe en 24 heures ; mais à cause de l'inégalité de son mouvement elliptique annuel, et de la position oblique de son équateur par rapport à l'écliptique, les jours ou les intervalles de temps que le soleil emploie, par son mouvement apparent, à revenir au même méridien, sont inégaux, tantôt plus longs, tantôt plus courts ; leur durée moyenne est de 23 heures 56 minutes. Le soleil fait une révolution autour de son axe en 25 jours et demi ; Vénus en 23 heures 20 minutes ; Mars en 24 heures 40 minutes ; Jupiter en 9 heures

56 minutes ; Saturne en 10 heures 16 minutes. Quant à Mercure, sa petitesse et sa grande proximité au soleil empêchent qu'on ne puisse reconnaître s'il a un mouvement de rotation ; mais sans doute il ressemble en cela aux autres planètes.

Les étoiles, qui sont des soleils semblables au nôtre, et autour desquelles tournent vraisemblablement des planètes et des comètes, ainsi que dans notre monde, ont aussi, selon toutes les apparences, des mouvemens de rotation. De plus, l'axe de rotation d'une étoile peut changer de position dans le ciel, soit par l'attraction et la disposition des planètes dont elle est environnée, soit par l'attraction de quelques grosses comètes des systèmes voisins. Ces hypothèses très-admissibles servent à expliquer facilement pourquoi on voit quelquefois certaines étoiles paraître ou disparaître, et pourquoi quelques-unes changent de grandeur et de clarté. Lorsqu'une étoile nous présente le plan de son équateur, nous la voyons sous la forme circulaire, et dans sa plus grande clarté, comme si elle était parfaitement sphérique. Mais si une étoile est fort applatie, et que le plan de son équateur vienne à s'incliner par rapport à nous, elle diminue de grandeur et de clarté ; elle pourra même

Il est vraisemblable que les étoiles ont aussi des mouvemens de rotation.

Maupertuis, Figure des astres.

disparaître entièrement à nos yeux, lorsque venant à nous présenter son tranchant, nous ne recevrons plus assez de lumière pour l'apercevoir. Par un mouvement contraire du plan de l'équateur, nous pourrons voir de nouvelles étoiles qui disparaîtront ensuite en retournant à leur premier état : telle fut la grande étoile qu'on vit, en 1572, dans la constellation de Cassiopée

Les deux mouvemens des planètes expliqués par une même cause.

Le mouvement de rotation des planètes autour de leurs axes ne suit pas les mêmes lois que leur mouvement de translation autour du soleil. Celui-ci est d'autant plus lent, que la planète circulante est plus éloignée du soleil ; tandis que, par exemple, Jupiter, plus éloigné que Vénus, la Terre et Mars, tourne plus rapidement autour de son axe que ces trois dernières planètes. Cependant ces deux sortes de mouvemens peuvent être produits par une seule et même cause : il suffit pour cela que les planètes aient été primitivement lancées dans l'espace par des forces dont les directions n'aient pas passé par leurs centres de gravité ou de masse. Car dans cette hypothèse une planète reçoit deux mouvemens, l'un de translation, l'autre de rotation ; la vitesse du premier est indépendante de la direction de la force par rapport au centre de gravité, et sera toujours la même, pour la même quantité de force ; mais la planète tournera d'autant plus vite autour de son axe, que la direction de la force passera plus loin du centre de gravité. C'est ainsi qu'un boulet de canon, au sortir du tube, a un mouvement de rotation, lorsque la force résultante de l'impulsion de la poudre, du frottement, et de quelques chocs contre les parois du tube, ne passe pas par son centre de gravité, ce qui doit arriver dans le plus grand nombre de cas.

Cette explication du double mouvement des planètes est due à Jean Bernoulli. Je ne puis quitter ce grand géomètre sans lui rendre un nouvel hommage. Je n'ai pas dissimulé quelques faiblesses par lesquelles il paya le tribut à l'humanité ; mais la postérité ne voit plus en lui que l'homme de génie, et le digne rival de son frère Jacques Bernoulli. On attend sans doute ici que je les compare entre eux : je ferai donc en peu de mots cette espèce de parallèle, d'après l'opinion reçue universellement, ce me semble, parmi les géomètres.

John. Bern., op. tom. IV, pag. 281.

L'étendue, la force et la profondeur caractérisent le génie de Jacques Bernoulli : on trouve dans Jean Bernoulli plus de flexibilité et de cet esprit qui se porte indifféremment vers tous les objets. Le premier a donné

Parallèle des deux frères Jacques et Jean Bernoulli.

plusieurs ouvrages vraiment originaux, et qui n'appartiennent qu'à lui seul : tels sont la théorie des spirales, le problème de la courbe élastique, celui des isopérimètres, qui occupe une si grande place dans l'histoire de la Géométrie, le principe d'où l'on a tiré dans la suite la solution des problèmes de Dynamique, le traité *de Arte conjectandi*, etc. : le second saisissait dans toutes les parties des Mathématiques, des questions détournées et curieuses ; il avait un art tout particulier de proposer et de résoudre de nouveaux problèmes ; quelque sujet que l'on présentât à ses recherches, il y entrait très-promptement, et il n'en a jamais traité aucun sans le montrer sous le jour le plus lumineux et sans y faire quelque découverte importante. Enfin, Jacques Bernoulli s'est formé tout seul, et il est mort à cinquante ans ; Jean Bernoulli a été initié aux Mathématiques par son frère, et il a vécu quatre – vingts ans : en quoi il a eu un avantage immense. Car si toutes les facultés de l'esprit humain s'affaiblissent par l'âge, cette perte est compensée dans les sciences exactes, fruits de l'étude et du raisonnement, par la masse des connaissances acquises, et un long usage des méthodes géométriques, qui fait discerner la plus propre à la solution d'un problème ; ce qui épargne souvent beaucoup de tentatives inutiles, et ménage les forces de l'esprit. Tout balancé, je compare Jacques Bernoulli à Newton, et Jean Bernoulli à Leibnitz.

Je reviens à l'explication des grands phénomènes de la nature par le principe de l'attraction. De ce nombre est le mouvement alternatif de flux et de reflux de la mer.

Tout le monde sait que dans les mers vastes et profondes, les eaux montent et descendent, tour à tour, pendant l'espace d'environ six heures; de sorte qu'en vingt-quatre heures il y a deux marées, chacune étant composée d'un flux et d'un reflux. La force du flux fait rebrousser chemin aux rivières qui se jettent dans la mer : pendant le reflux, les eaux reprennent leur cours ordinaire. Il n'y a que l'Océan où les mouvemens de flux et de reflux soient bien sensibles : ils ne se font remarquer que très-peu, ou même point du tout, dans les lacs, les golfes, les rivières, et en général dans tous les amas d'eau peu considérables par rapport à l'Océan. Quelquefois cependant, dans les mers Méditerranées, les eaux forcées de passer dans des endroits resserrés, manifestent des mouvemens de flux et de reflux : par exemple, il y a de tels mouvemens sensibles à la pointe du golfe de Venise; ils sont très-

Phénomènes des marées.

petits, ou comme nuls dans la plus grande
partie de la côte de la Méditerranée.

Les Cartésiens prétendaient que les eaux de
la mer s'élèvent en vertu d'une pression que
la lune, parvenue au méridien, exerce sur la
portion d'atmosphère placée entre elle et la
mer, et qu'ensuite elles retombent par leur
pesanteur, quand la lune s'abaisse. Mais pour
qu'une telle pression eût lieu, il faudrait que
"atmosphère, placée sous la lune, trouvât des
points d'appui qui l'empêchassent de s'étendre
en tous sens : autrement la lune ne fait que
prendre la place d'un volume d'air égal au
sien, et laisse les eaux de la mer dans le même
état où elles étaient.

Il n'y a point de doute aujourd'hui que la
gravitation étant réciproque entre tous les
corps de l'univers, les mouvemens de flux et
de reflux de la mer sont produits par les attractions de la lune et du soleil, combinées
avec le mouvement journalier de rotation de
la terre autour de son axe. Lorsque la lune est
au méridien, elle attire les eaux de la mer,
qui sont de petits corps détachés du reste du
globe ; elle attire aussi toute la masse de la
terre, qu'il faut regarder comme réunie entièrement à son centre. Or, comme les eaux sont
plus proches de la lune que le centre de la

terre, elles sont *plus* attirées que le centre, et par conséquent elles doivent, pour ainsi dire, abandonner la terre et s'élever ; ce qui produit le flux : au contraire, au point diamétralement opposé, ou aux antipodes du lieu actuel, les eaux, comme plus éloignées, sont *moins* attirées que le centre de la terre, et par conséquent elles doivent paraître *fuir* ce centre, ou s'élever ; ce qui produit encore le flux. Ainsi, dans l'un et l'autre lieu, le mouvement du flux est produit par la différence entre les attractions de la lune sur les eaux et sur le centre de la terre, et il doit arriver en même temps aux deux extrémités du diamètre terrestre dirigé vers la lune. Quant au reflux, il arrive lorsque la lune ayant passé le méridien, sa force d'attraction diminue, et laisse à la pesanteur propre des eaux la force de les abaisser. Tout ce que je viens de dire relativement à la lune, s'applique aussi au soleil ; et en soumettant au calcul les actions que ces deux astres exercent sur les eaux de la mer, soit qu'elles s'ajoutent, ou qu'elles se détruisent en partie, on obtient des résultats conformes aux phénomènes ; ce qui est une nouvelle preuve de la gravitation universelle. Cette matière intéressante est traitée avec tous les détails nécessaires, dans les trois excellentes pièces de Daniel Bernoulli,

II. 17

de Maclaurin et d'Euler, qui partagèrent le prix que l'académie des sciences de Paris avait attaché à la solution *complète* de ce problème, que Newton avait seulement ébauchée.

Il en est de l'atmosphère comme de la mer : les attractions de la lune et du soleil y excitent des vents, ou des mouvemens semblables à ceux de flux ou de reflux dans les mers. La recherche *de la cause générale des vents* fut l'objet d'un prix que l'académie de Berlin proposa pour l'année 1746. D'Alembert, qui remporta ce prix, trouva la cause qu'on demandait, dans les attractions de la lune et du soleil, et il en modifia les effets relativement à la hauteur et à la direction des montagnes qui couvrent la terre. Sa pièce est remarquable par la solution de plusieurs nouveaux problèmes très-difficiles, et surtout parce qu'on y trouve une connaissance déjà un peu étendue du calcul intégral aux différences partielles.

Le mouvement elliptique de deux planètes d'un même système est continuellement altéré, comme nous l'avons déjà dit, par les attractions des autres corps célestes : nouveau champ de problèmes dans lequel les géomètres ont fait une immense récolte. Je vais rapporter en substance le résultat de leurs travaux, en commençant par la lune, qui, étant notre

satellite, doit naturellement attirer nos premiers regards.

L'attraction de la terre sur la lune est la Théorie de la lune.
plus forte que ce satellite éprouve, et c'est
pour cela qu'il tourne autour de la terre :
vient ensuite l'attraction du soleil, qui trouble
le mouvement elliptique de la lune, et à laquelle on ne peut pas se dispenser d'avoir
égard, quand on veut obtenir des résultats
précis. Les autres corps célestes produisent
bien aussi quelques altérations dans ce mouvement, mais elles sont fort petites, et on les
néglige. De même, dans la recherche des
mouvemens de Jupiter et de Saturne, on ne
considère que les inégalités causées par les
attractions mutuelles de ces deux planètes. Les
géomètres se sont donc proposé le problème
général suivant, connu sous le nom de *Problème des trois corps :* DÉTERMINER *les courbes
que décrivent trois corps, lancés dans l'espace suivant des directions quelconques,
avec des vitesses quelconques, et exerçant
les uns sur les autres des attractions qui
sont comme les quotiens de leurs masses
divisées par les quarrés des distances* Ce
problème n'est pas susceptible d'une solution
rigoureuse dans l'état actuel d'imperfection
de l'Analise ; mais on peut en donner des

17.

solutions approchées, plus ou moins parfaites, selon la sagacité des géomètres et le choix des observations sur lesquelles le calcul doit être fondé.

A mesure qu'on a avancé dans ces théories, on a reconnu que dans plusieurs occasions il fallait considérer les attractions de plus de trois corps ; mais les méthodes d'approximation pour le problème des trois corps s'appliquent également à l'autre : aussi les géomètres ont-ils employé tous les élémens essentiels à chaque question , sans redouter la longueur des calculs.

Théorie de Newton. Newton avait déterminé , par la théorie de la gravitation , plusieurs grandes inégalités de la lune : savoir , 1°. la variation , dont la quantité est d'environ 35 minutes dans les octans de la lune , c'est-à-dire , lorsque la lune est à environ 45 degrés du soleil ou de la terre ; 2°. le mouvement annuel et rétrograde des nœuds de l'orbite lunaire, dont la quantité est d'environ 19 degrés par an ; 3°. la principale équation ou inégalité du mouvement des nœuds , laquelle monte à un degré 30 minutes ; 4°. enfin, la variation de l'inclinaison de l'orbite lunaire au plan de l'écliptique , variation qui est d'environ 8 à 9 minutes , tantôt dans un sens , tantôt dans un autre. Tous ces calculs sont fondés sur l'hypothèse que l'orbite de la lune est à peu près une ellipse, dont Newton néglige même l'excentricité; mais cette supposition s'éloigne sensiblement de la vérité, et ne donne que des à peu près dont il n'est pas permis aujourd'hui de se contenter. Il y a plusieurs autres inégalités de la lune, parmi lesquelles il s'en trouve quelques-unes que Newton dit avoir calculées par la même théorie, sans indiquer d'ailleurs le chemin qu'il a suivi : telles sont celle qui dépend de l'équation au centre du soleil, et celle qui dépend de la distance du soleil au nœud de la lune; mais on a lieu de craindre qu'il n'ait pas mis plus de précision dans ces calculs que dans ceux des inégalités précédentes. Enfin, il s'est borné à déduire simplement des observations le mouvement de l'apogée, l'équation considérable de ce mouvement, la variation de l'excentricité, et quelques autres inégalités.

On voit, par ce précis, que la théorie de la lune de Newton, quoiqu'un grand effort de génie, était insuffisante, et qu'elle avait besoin, non-seulement d'être perfectionnée presque dans toutes ses parties, mais encore d'être complétée à plusieurs autres égards.

En 1747, Euler, Clairaut et d'Alembert commencèrent à s'occuper de cet important

Travaux des géomètres modernes sur les

problème, chacun séparément, et sans se rien communiquer les uns aux autres. Les progrès que l'Analise avait faits depuis soixante ans, et une plus grande exactitude dans les observations astronomiques, mirent ces trois géomètres non-seulement en état de déterminer, avec plus de précision que Newton n'avait pu faire, les inégalités qu'il avait considérées, mais encore d'en reconnaître ou d'en constater plusieurs autres dont il n'avait pas fait mention, ou qu'il avait simplement déduites des observations.

Cependant le mouvement de l'apogée de la lune parut d'abord faire une exception à l'avantage que le système de la gravitation avait de rendre facilement raison des inégalités de cette planète. On sait que ce point de la plus grande distance de la lune à la terre, n'est pas fixe dans le ciel, mais qu'il répond successivement à différens degrés du zodiaque, et que sa révolution, suivant l'ordre des signes, s'achève dans l'espace d'environ 9 ans, au bout desquels il revient à peu près au même endroit d'où il était parti. Clairaut, Euler et d'Alembert trouvèrent, chacun par leurs calculs particuliers, que la formule pour ce mouvement n'en donnait qu'environ la moitié. Cette différence entre la théorie et l'observation fit beaucoup de bruit

On crut, et les Cartésiens en triomphaient déjà, que le système de l'attraction, renversé en un point essentiel, croulerait de toutes parts à un nouvel examen. Clairaut, partisan de ce système, mais plus amateur encore de la vérité, annonça dans une assemblée publique de l'académie des sciences, que la loi du quarré inverse des distances lui paraissait insuffisante pour rendre une entière raison des inégalités de la lune; et il proposait l'addition d'un nouveau terme pour expliquer en particulier l'autre moitié du mouvement de l'apogée. Mais un examen plus attentif de ses premiers calculs lui fit apercevoir qu'il n'avait pas poussé assez loin l'approximation de la série qui représentait le mouvement de l'apogée. Ayant mis dans cette opération la précision nécessaire, il trouva l'autre moitié de ce mouvement, sans rien ajouter à la loi de l'attraction Newtonienne. Euler et d'Alembert firent de leur côté la même remarque. Alors l'attraction fut rétablie avec honneur dans les espaces célestes; d'où les Cartésiens avaient espéré de la voir bannie.

Les théories de ces trois grands géomètres sur la lune, ont été imprimées, ou dans les recueils des académies, ou séparément, aux années 1752, 1753, 1754.

15 nov. 1747.

1749.

Dans le temps qu'Euler était occupé du problème de la lune, il composait sa belle pièce *sur la théorie des mouvemens de Saturne et de Jupiter*, qui remporta le prix de l'académie des sciences de Paris pour l'année 1748. Ce problème est de même nature que celui des mouvemens de la lune : Saturne et Jupiter troublent réciproquement les mouvemens elliptiques que ces deux planètes devraient avoir séparément autour du soleil. Les recherches d'Euler sur ce sujet sont remarquables par une profonde Analise, et par plusieurs séries d'une espèce absolument nouvelle. Néanmoins, comme la difficulté et l'immense étendue des calculs qu'une pareille question exigeait, ne lui avaient pas permis de porter tout d'un coup cette théorie à sa perfection, l'académie des sciences proposa de nouveau le même sujet pour le prix de 1750, et le remit encore pour 1752, avec un prix double. Euler envoya une seconde pièce qui remporta ce prix : elle est fondée sur une méthode nouvelle à plusieurs égards. Dans la première, l'auteur avait été conduit à des approximations sur la suffisance desquelles on pouvait former quelques doutes, attendu que le nombre des inégalités étant comme infini, celles qu'il avait déterminées, dépendaient, suivant sa méthode, d'autres inégalités qu'il avait négligées ; ce qui rendait leurs valeurs incomplètes et même un peu incertaines. La pièce de 1752 est plus parfaite à cet égard : elle sépare et démêle mieux les inégalités qu'il faut découvrir successivement ; et par-là elle conduit à des formules analitiques plus simples et plus facilement applicables aux observations. L'auteur s'est dispensé de traiter de nouveau les inégalités qui affectent la ligne des nœuds et l'inclinaison mutuelle des orbites des deux planètes, cette partie du sujet ayant été parfaitement développée dans la pièce de 1748.

L'académie des sciences de Paris ayant proposé pour le prix de 1754, et ensuite pour le prix double de 1756, *la théorie des inégalités que les planètes peuvent causer au mouvement de la terre*, la pièce qu'Euler envoya au concours fut couronnée. L'auteur commence par donner des formules générales pour déterminer les altérations que se causent mutuellement les planètes principales dans leurs mouvemens autour du soleil. Pour ne pas compliquer inutilement la question, en y introduisant les termes qui peuvent être négligés, il ne considère à la fois que deux planètes, et il détermine les altérations que le mouvement elliptique de l'une autour du soleil, doit éprouver

par l'attraction de l'autre : altérations qui étant
très - petites ne produiraient que des infiniment
petits du second ordre , si on les combinait
avec celles qui peuvent provenir des autres
planètes. Ensuite il applique cette théorie générale au sujet proposé : il analise successivement et par ordre les altérations que Saturne,
Jupiter , Mars et Vénus occasionnent dans le
mouvement de la terre ; il trouve que leur effet
général est de faire avancer le point de l'aphélie de la terre , suivant l'ordre des signes , de
faire varier l'obliquité de l'écliptique , la latitude et la longitude du soleil , etc. Quant à
l'action de la lune sur l'orbite de la terre, Euler
ne l'a point considérée , soit parce qu'il ne l'a
pas regardée comme faisant partie du problème proposé par l'académie, soit parce que
d'Alembert avait déjà traité cette question dans
le second volume de *ses Recherches sur le*
système du monde , publiées en 1754.

Clairaut, dans un mémoire lu en 1757 à
l'académie des sciences de Paris , et imprimé
par anticipation dans le volume de 1754 , fit
l'application de sa méthode pour le problème
des trois corps au mouvement de la terre : aux
perturbations considérées par Euler, il joignit
l'action de la lune ; ce qui tendait à compléter
cette théorie.

Le célèbre astronome Mayer, qui était en même temps un savant géomètre, construisit en partie sur la théorie d'Euler, en partie sur les observations, de nouvelles tables de la lune, plus exactes que toutes celles qui avaient déjà paru. Clairaut en construisit de son côté de très-bonnes sur sa propre théorie. On ne saurait trop souvent renouveler ou corriger ces sortes de tables, qui demandent une foule d'attentions scrupuleuses, et un choix des plus excellentes observations d'où dépendent les données du problème.

Malgré les efforts des géomètres, la théorie de la lune demeurait toujours imparfaite à certains égards. Clairaut et Mayer avaient déterminé, par les seules observations adroitement combinées, plusieurs équations qu'il aurait fallu détruire du système de la gravitation. La principale cause de ces difficultés venait de ce que l'on attribuait à la lune une orbite mobile sur le plan de l'écliptique, et faisant d'un instant à l'autre un angle variable avec ce même plan; de sorte que pour connaître le vrai lieu de la lune, ou sa longitude et sa latitude, il fallait d'abord déterminer l'intersection de l'orbite lunaire avec l'écliptique, ou la ligne des nœuds, et ensuite l'inclinaison des deux orbites; ce qui menait à un très-grand nombre

MAYER, né en 1720, m. en 1762.

An. 1754, 1759.

En 1764.

Nouveau mouvement dans la théorie de la lune.

d'équations dont quelques-unes étaient incertaines, ou précaires.

En 1769, Euler envisageant la question sous un point de vue nouveau, parvint à une solution plus simple, plus claire et plus exacte que toutes celles que l'on connaissait. Il détermine le vrai lieu de la lune, en le rapportant à trois coordonnées normales, dont deux sont situées dans le plan de l'écliptique, et la troisième lui est perpendiculaire : les valeurs de ces coordonnées se trouvent à chaque instant par des équations fondées sur huit sortes de quantités, la moitié constantes, l'autre moitié variables ; les quatre quantités constantes sont l'excentricité moyenne de l'orbite lunaire, l'inclinaison moyenne de cette orbite sur le plan de l'écliptique, l'excentricité moyenne de l'orbite terrestre, et enfin le rapport entre la distance moyenne de la terre au soleil, et la distance moyenne de la lune à la terre ; les quatre quantités variables sont quatre angles proportionnels au temps : savoir, l'élongation moyenne de la lune au soleil, l'anomalie moyenne de la lune, l'argument moyen de la latitude de la lune, et l'anomalie moyenne du soleil. Telles sont les bases sur lesquelles toutes les équations des inégalités de la lune sont établies. Par-là ces inégalités se trouvent distribuées en différentes classes, et les opérations de calcul s'exécutent séparément, de sorte qu'on n'a point à craindre que les erreurs commises dans une partie affectent les autres. Enfin Euler a construit, sur cette théorie, de nouvelles tables lunaires, dont le nombre des équations est moindre, et l'usage plus commode, que par les anciennes méthodes. Cet immense travail est l'objet d'un ouvrage particulier, imprimé à Pétersbourg, en 1772, sous ce titre : *Theoria motuum lunæ, nova methodo pertractata.* Comme l'auteur était dès lors presque entièrement aveugle, trois de ses plus illustres disciples, Jean-Albert Euler son fils, Louis Krafft, et Jean Lexel, ont exécuté ou vérifié les calculs. L'académie des sciences de Paris, qui avait proposé pour sujets de ses prix, aux années 1770 et 1772, de perfectionner la théorie de la lune, décerna en totalité ou en partie ces prix aux deux pièces qu'Euler lui envoya, et dans lesquelles sa nouvelle théorie est encore simplifiée.

La lune n'est pas le seul satellite dont on ait considéré le mouvement : on a aussi appliqué avec succès le principe de la gravitation aux inégalités des satellites de Jupiter. Théorie des inégalités des satellites de Jupiter.

Depuis que l'on a reconnu que les comètes sont des corps entièrement semblables aux Théorie des inégalités des comètes.

planètes, et soumis aux mêmes lois de mouvement autour du soleil, on ne pouvait manquer d'étendre aux comètes les recherches sur les inégalités des planètes, d'autant plus que la comète de Halley offrait une application immédiate de ces nouveaux calculs. Cet astronome avait trouvé qu'en vertu de l'attraction de Jupiter, la comète dont il s'agit emploierait un peu plus d'un an dans sa période commencée en 1682, qu'elle n'avait employé dans celle de 1607 à 1682; mais il n'avait pu, avec le secours de la Géométrie de son temps, mettre la précision nécessaire dans ce calcul. De plus, il avait négligé l'attraction de Saturne, qui est cependant très-comparable à celle de Jupiter, puisque la masse de Saturne est environ le tiers de la masse de Jupiter. L'attraction de la terre influe aussi d'une manière sensible sur le mouvement de la comète. Tout invitait donc les géomètres qui avaient traité avec tant de succès les perturbations des planètes, à examiner, suivant les mêmes principes, celles qu'éprouvent les comètes.

Clairaut fut le premier qui appliqua sa solution du problème des trois corps au mouvement des comètes, et en particulier à celui de la comète de Halley. Il fit entrer dans ses calculs les attractions de Jupiter et de Saturne. Le

nouveau problème avait ses difficultés propres.
Dans le mouvement des planètes, les orbites
sont peu excentriques, et peu inclinées les unes
par rapport aux autres : dans celui des comètes,
les rayons vecteurs varient considérablement,
et l'orbite de la comète peut faire un très-grand
angle avec l'orbite de la planète perturbatrice ;
ces différences changent nécessairement la nature de quelques-uns des moyens qu'il faut
employer dans les deux cas pour parvenir à des
formules convergentes. Clairaut surmonta,
du moins en grande partie, les difficultés attachées au mouvement des comètes.
Ayant achevé presque entièrement ses calculs,
il annonça dans une assemblée publique de
l'académie des sciences, du 14 novembre 1758,
que la comète de 1682 paraîtrait au commencement de 1759, et qu'elle passerait à son périhélie vers le 15 avril. Cette annonce excita
l'attention et la curiosité publique. Aussitôt
que l'on vit la comète, dans les premiers jours
de janvier, la nouvelle répandue adroitement
dans les principales sociétés de Paris, où Clairaut avait beaucoup d'amis, porta son nom au
plus haut degré de célébrité ; la multitude le
regarda comme le seul auteur de la prédiction
du retour de la comète ; la voix des savans qui
réclamaient les droits de Halley fut étouffée.

Quelques disciples de Clairaut, un peu trop zélés pour la gloire de leur maître, allèrent jusqu'à dire que sa solution du problème des trois corps avait sur toutes les autres un avantage particulier qui la rendait seule facilement applicable au mouvement des comètes.

Cette dernière assertion que Clairaut avait la faiblesse d'appuyer sourdement, était une injustice révoltante envers Euler et d'Alembert. Le géomètre étranger ne la releva point, uniquement occupé de la question même, sur laquelle il composa une excellente pièce couronnée, concurremment avec un nouveau mémoire de Clairaut, par l'académie de Pétersbourg, en 1762. D'Alembert, vivant au milieu du tourbillon de Paris, ne put montrer la même indifférence; il fit voir que non-seulement la solution analitique de Clairaut n'avait pas l'avantage exclusif qu'on prétendait lui attribuer, mais qu'elle était même incomplète, ou du moins d'un usage très-incommode et peu exact dans certaines parties de l'orbite de la comète. Il poussa encore plus loin sa critique; et remontant jusqu'aux principes de cette solution, il y fit remarquer des défauts essentiels, même pour le mouvement des planètes. Quant au problème des comètes, il le traita par une méthode très-simple, très-complète et à l'abri de toute objection. Mais trop livré à son goût pour les recherches spéculatives, et redoutant le pénible travail des applications numériques, il s'était laissé ravir dans cette occasion, comme il a fait en plusieurs autres circonstances, la gloire de montrer une grande utilité pratique de la Géométrie. Clairaut, bien moins fécond en découvertes analitiques, mais plus adroit à saisir les moyens d'exciter les applaudissemens publics dont il était fort avide, dirigeait ordinairement ses travaux vers des objets dont un grand nombre de personnes pouvaient apprécier, sinon la théorie, au moins les résultats. Il travaillait ses ouvrages avec le plus grand soin, et presque toujours il leur donnait toute la perfection dont ils étaient susceptibles. Aussi a-t-il joui, de son vivant même, de la plus haute réputation. Son caractère doux, sa politesse, et l'extrême attention qu'il avait de ne blesser l'amour-propre de personne, le faisaient rechercher de tous côtés dans le monde. Par malheur pour les sciences, il se livra trop à cet empressement : engagé à des soupers, à des veilles, et à un genre de vie qu'il voulait et ne pouvait concilier avec ses travaux ordinaires, sa santé s'altéra, et il mourut, jeune encore, quoiqu'il fût d'ailleurs d'une bonne constitution physique. D'Alembert, fort de sa propre supériorité, dédaignait les louanges de tradition, et non senties. Excellent homme, ami tendre et compatisssant, bienfaiteur généreux, il eut toutes les vertus essentielles. Les défauts qu'on a lui reprochés avaient leur source dans un fond de gaîté et de plaisanterie, auquel il s'abandonnait quelquefois, sans garder les mesures de la modération et de la prudence. Il éconduisait par un accueil glacial les flatteurs ou les importuns qui venaient l'obséder: *j'aime mieux*, disait-il, *être incivil qu'ennuyé*. Ne demandant jamais rien aux hommes en place, il s'était réservé le privilége, qu'il possédait au plus haut degré, de leur donner finement des ridicules, quand ils le méritaient. Avec de tels principes et une telle conduite, il se fit un monde d'ennemis. Quelques gens de lettres, bas et jaloux, ne lui pardonnaient point de vouloir partager leurs travaux et leurs lauriers: ils auraient respecté en lui le grand géomètre seul; il cherchaient à rabaisser le littérateur devenu leur rival; et parce qu'il n'était peut-être pas au premier rang dans cet ordre des facultés humaines, l'envie tentait de faire croire qu'il n'y était pas non plus dans l'autre : raisonnement sophistique et insignifiant; on aurait dû au contraire plutôt conclure que ce passage des épines de la haute Géométrie aux fleurs de la littérature, marquait la flexibilité d'un génie du premier ordre, dont le talent principal se portait aux sciences exactes.

Pendant qu'on était occupé du problème des trois corps, d'Alembert en résolut seul un autre, pour lequel il lui fallut créer une mécanique nouvelle à certains égards : il était question d'assigner la cause physique qui produit la précession des équinoxes et la nutation de l'axe de la terre, dans le système Newtonien.

Problème de la précession des équinoxes et de la nutation de l'axe de la terre.

Les observations avaient appris que l'axe de la terre a un mouvement circulaire autour des pôles de l'écliptique, contre l'ordre des signes, et que de plus il éprouve, par rapport au plan de l'écliptique, un balancement qui s'accomplit pendant une révolution des nœuds de la lune, pour retourner ensuite à sa première position, et continuer de même alternativement : d'un autre côté, on savait que le globe de la terre n'est pas sphérique, et qu'il forme un sphéroïde applati. Or, si l'on inscrit au sphéroïde terrestre une sphère qui ait pour diamètre l'axe de révolution ou de figure de ce sphéroïde, on verra qu'à cause de l'inclinaison réciproque de l'écliptique et de l'équateur terrestre, la lune ou le soleil n'exerce pas des attractions égales sur deux points correspondans de la croûte sphéroïdale, excès du sphéroïde terrestre sur

18.

la sphère inscrite ; d'où il suit que la force résultante de toutes les attractions de ces deux
astres ne passe pas (si ce n'est accidentelle-
ment) par le centre de gravité ou de masse du
sphéroïde terrestre, et que par conséquent elle
fera prendre à l'axe de la terre un certain mouvement par rapport au plan de l'écliptique. Ce
mouvement est composé à chaque instant du
mouvement moyen rétrograde des points équi-
noxiaux, et du balancement de l'axe terrestre
par rapport au plan de l'écliptique. Il s'agissait
donc de le soumettre à un calcul rigoureux,
du moins autant que l'imperfection de l'Analise pouvait le permettre.

Newton employant comme axiòmes quelques propositions dont les unes n'étaient pas
assez évidentes par elles-mêmes, les autres
s'écartaient un peu de la vérité, fit néanmoins
une combinaison si adroite et si heureuse des
forces auxquelles il supposait que l'axe de la
terre devait obéir, qu'il parvint à trouver que
la quantité moyenne de la précession des équinoxes est d'environ 50 secondes par an, comme
les observations la donnent ; mais en 1749,
temps auquel d'Alembert attaqua ce problème
par des méthodes démontrées et non hypothétiques, on pouvait d'autant moins se contenter de la solution de Newton, qu'indépen-

damment des défauts que je viens de remarquer, l'auteur n'avait pas connu, ou du moins soumis au calcul, la nutation de l'axe de la terre. D'Alembert rendit donc un service de la plus haute importance à l'Astronomie physique et au système Newtonien, en déterminant suivant les lois d'une mécanique rigoureuse et profonde toutes les forces qui altèrent le parallélisme de l'axe de la terre, et qui impriment à cet axe les deux sortes de mouvemens dont nous avons parlé, c'est-à-dire, l'un de circulation rétrograde autour des pôles de l'écliptique, l'autre de balancement par rapport au plan de l'écliptique. Les résultats de ses formules s'accordent avec les observations de Bradley, et fournissent une nouvelle preuve bien frappante du système de la gravitation universelle. Ajoutons que la manière dont d'Alembert trouve le mouvement de l'axe terrestre, a été le germe de la théorie générale pour déterminer le mouvement d'un corps de figure quelconque, sollicité par des forces quelconques, que l'on a portée dans la suite au dernier degré de perfection du côté de la Mécanique, et où il ne reste plus que la difficulté d'intégrer les équations auxquelles on est conduit.

Cette première solution du problème de la

précession des équinoxes était susceptible d'une perfection que l'auteur a cherché à lui donner successivement, soit par des intégrations plus rigoureuses des équations différentielles du problème, soit par les corrections de quelques coefficiens numériques d'après de nouvelles observations. Il avait supposé que les méridiens de la terre sont des ellipses égales et semblables : dans la suite, il examina aussi la question dans l'hypothèse où les méridiens seraient dissemblables ; ce qui produisit quelques légères différences dans les résultats.

Ac. de Paris, 1754.

CHAPITRE XIV.

Progrès de l'Optique.

ON connaissait depuis long-temps les principales propriétés de la lumière, sa réflexibilité, sa réfrangibilité, sa chaleur quand elle est réunie au foyer d'un verre ardent, etc., sans connaître sa contexture intime, ou la nature des parties intégrantes dont ce fluide est composé. Newton est le premier qui ait pénétré et révélé ce grand secret : il a, pour ainsi dire, anatomisé la lumière et les couleurs. Toujours attentif à écarter l'esprit de système, toujours guidé par l'expérience, il approfondit l'Optique pendant trente ans ; et après avoir donné par intervalles quelques essais de ses méditations dans les *Transactions philosophiques* de la société royale de Londres, il rassembla enfin ses idées anciennes et nouvelles en un *Traité d'Optique*, qui parut en 1706 : ouvrage original, comparable au livre des *Principes*.

La lumière n'est point, comme on le croyait auparavant, une substance pure et homogène : Idée générale de l'Optique de Newton.

elle est composée de sept espèces primordiales d'atômes lumineux, différens en couleurs, en réfrangibilité et en réflexibilité. Ces sept rayons primitifs sont le rouge, l'orangé, le jaune, le vert, le bleu, l'indigo ou pourpre, et le violet. Newton les sépara par l'expérience suivante, aujourd'hui connue de tout le monde. En introduisant, par un très-petit trou, les rayons du soleil dans une chambre obscure, et en leur présentant obliquement l'une des faces d'un prisme triangulaire de verre, dont l'axe est perpendiculaire à celui du faisceau de rayons, on observe que ce faisceau se brise, ou change de route en entrant dans le verre, traverse le prisme en ligne droite, repasse dans l'air en se brisant encore, et va former sur un carton blanc, éloigné de 15 ou 18 pieds, une image oblongue, où l'on distingue clairement sept bandes colorées, suivant cet ordre de bas en haut : rouge, orangé, jaune, vert, bleu, indigo, violet. Le faisceau entier est donc composé de sept rayons, qui ont des réfrangibilités différentes. Le rayon rouge est le moins réfrangible de tous, comme s'écartant le moins de la perpendiculaire à la face d'émergence du prisme ; la réfrangibilité augmente progressivement pour les autres rayons, jusqu'au rayon violet qui est l'autre extrême. Si l'on place un nombre quelconque de prismes à la suite du premier, et que le faisceau traverse tous ces prismes, il y aura de nouvelles réfractions; l'image peinte sur le carton se renversera ou se redressera; mais les sept bandes colorées subsisteront toujours inaltérablement les mêmes, et conserveront toujours entre elles le même ordre de situation.

Les objets qui ne sont pas lumineux par eux-mêmes, ou qui n'ont qu'une clarté réfléchie, nous paraissent rouges, orangés, jaunes, etc., selon qu'ils nous renvoient (au moins pour la très-grande partie) des rayons rouges, orangés, jaunes, etc. : la couleur blanche est formée par le concours de tous les rayons; le noir absorbe les rayons qu'il reçoit, et ne s'aperçoit que par le reflet des rayons qui viennent des objets circonvoisins. Dans tous les cas, il se fait une perte de rayons, lesquels demeurent dans les interstices de l'objet, ou sont dispersés de côté et d'autre. Les rayons absorbés peuvent produire une chaleur sensible: ainsi, par exemple, aux rayons du soleil un chapeau noir est plus chaud qu'un chapeau blanc.

Un rayon de lumière qui passe d'un milieu dans un autre se brise, et s'approche ou s'éloigne de la ligne droite menée au point d'entrée perpendiculairement à la surface de séparation, selon que le premier milieu est moins ou plus dense que le second ; et l'effet est d'autant plus sensible , que les densités des deux milieux sont plus différentes ; mais le rapport du sinus de l'angle d'incidence au sinus de l'angle de réfraction demeure toujours le même pour toutes sortes d'obliquités : il change seulement de valeur , quand les deux milieux comparatifs viennent à changer. Par exemple , si le rayon passe de l'air dans l'eau, les deux sinus sont comme les nombres 4 et 3, ou comme 12 et 9 ; et s'il passe de l'air dans le verre, ils sont comme les nombres 3 et 2, ou comme 12 et 8.

Les sept rayons primitifs ayant différentes réfrangibilités , quand on parle en général de la réfraction d'un faisceau de lumière, qui comprend tous les rayons, il s'agit de la réfraction moyenne : c'est à peu près celle du vert. Quelquefois on n'a besoin que de cette réfraction moyenne ; quelquefois il faut avoir égard aux différences de réfrangibilité de tous les rayons, comme on le verra , lorsque nous parlerons des *lunettes achromatiques.*

Si un rayon de lumière , après avoir passé d'un milieu dans un autre plus dense , comme , par exemple, de l'air dans l'eau , revenait sur ses pas , il reviendrait exactement par le même chemin. Ainsi, s'étant approché de la perpendiculaire, dans le premier cas, il s'en éloignerait dans le second. De-là et du rapport constant qui existe toujours entre le sinus d'incidence et le sinus de réfraction, il peut arriver que la réfraction se change en réflexion : et réciproquement. Par exemple, un rayon de lumière qui entre de l'air dans l'eau, en rasant presque l'eau, ou en faisant un angle d'incidence presque droit, se brise sous un angle d'environ 48 degrés 50 minutes ; donc si le rayon revenait de l'eau dans l'air, il se réfracterait sous un angle de près de 90 degrés, ou ne ferait que raser la surface de l'eau ; et si l'angle de retour était de plus de 48 degrés 50 minutes, le rayon dans l'eau se réfléchirait.

La réfrangibilité et la réflexibilité des rayons tiennent à la même cause. Ceux qui sont le moins réfrangibles sont aussi le moins réflexibles. Par exemple, le rayon rouge a besoin d'un plus grand angle d'incidence que les autres, pour que la réfraction se change en réflexion.

Newton explique en détail tous ces phénomènes de la lumière. Son traité d'*Optique* a fait époque dans cette science, comme son livre *des Principes*, dans l'Astronomie physique. Quelques-unes de ses expériences furent d'abord contestées, parce qu'on les répétait mal : il lui est seulement échappé, dans cette

multitude de faits, d'observations et de raisonnemens, de légères méprises qui ne portent
aucune atteinte au fond de l'ouvrage.

Des géomètres célèbres, marchant sur les
traces de Newton, se sont appliqués à développer et à soumettre au calcul les lois de la
réfraction et de la réflexion de la lumière, suivant les principes de l'attraction. Le Mémoire
que Clairaut a donné sur ce sujet mérite principalement d'être remarqué.

Ac. de Paris, 1739.

Réfractions as-tronomiques.

La réfraction de la lumière affecte d'une manière sensible les observations astronomiques,
et on ne peut pas se dispenser de les dépouiller
de cette source d'illusion qui tend à faire paraître les astres ailleurs qu'ils ne sont réellement dans le ciel. En effet, le globe terrestre
est couvert, sur plusieurs lieues de hauteur,
par une masse ou enveloppe sphérique d'air,
dont les couches diminuent de densité, à mesure qu'on s'élève au-dessus de sa surface. Si
un astre est placé au zénith d'un observateur,
le rayon lumineux qui en apporte l'image, et
qui entre perpendiculairement à la couche supérieure et extrême de l'atmosphère, ne change
pas de direction; il ne fait que s'affaiblir, et
l'astre est vu dans son vrai lieu dans la voûte
céleste. Mais dans tous les autres cas, le rayon
entrant obliquement dans l'atmosphère, se

brise et change de route d'une couche à l'autre,
puisque les densités des couches sont différentes; il décrit donc une courbe, dont le
dernier élément, celui qui aboutit à l'œil de
l'observateur, fait paraître l'astre plus haut
qu'il n'est réellement. Par l'effet de cette réfraction, le soleil commence ou cesse de faire sentir sa lumière, lorsqu'il est à 18 degrés au-
dessous de l'horizon, avant son lever, ou après
son coucher; ce qui forme les deux crépuscules
du matin et du soir. La durée du plus petit
crépuscule pour un lieu dont la latitude est
donnée, se détermine par la méthode *de
maximis et minimis*, comme je l'ai déjà
remarqué.

On voit que la réfraction agit ici en sens
contraire de la parallaxe : celle-ci tend à
abaisser l'astre, celle-là tend à l'élever. Si
donc on connaissait exactement la quantité de
la réfraction pour toutes les distances angulaires où un astre peut se trouver à l'égard du
zénith, on déterminerait par un seul et même
calcul l'effet résultant de la parallaxe et de la
réfraction, en prenant la différence de l'une à
l'autre. Mais les réfractions sont fort incons-
tantes; elles varient à raison des changemens
qui arrivent dans l'état de l'atmosphère : diminuant, lorsque l'air est pur, comme sur les

hautes montagnes, ou lorsqu'il est raréfié par la chaleur, comme dans le voisinage de l'équateur : augmentant quand l'air est chargé de vapeurs grossières. Les anciens connaissaient en gros les effets des réfractions ; mais nous ne voyons pas qu'ils les aient fait entrer dans le calcul astronomique. Tycho – Brahé les a le premier soumises à des lois générales, qui, quoique assez imparfaites, ont du moins attiré l'attention des astronomes sur cet objet important. Bouguer, dans une pièce qui remporta le prix de l'académie des sciences de Paris, en 1729, a déterminé la courbe que décrit un corpuscule de lumière en traversant obliquement l'atmosphère, et il a construit en conséquence une table des réfractions astronomiques pour tous les degrés d'élévation d'un astre au-dessus de l'horizon ; mais cette table, un peu hypothétique dans la théorie, n'a pas toute l'exactitude qu'on pouvait désirer. Quelque temps avant sa mort, Bradley mit entre les mains des astronomes une formule fort simple et fort commode pour le calcul des réfractions.

Comparaison des forces de la lumière.

Tous les auteurs d'Optique, Newton lui-même et ses premiers successeurs, n'avaient considéré que les lois générales du mouvement de la lumière, sa propagation en ligne droite

dans un même milieu, sa réflexion à la rencontre d'un obstacle, sa réfraction quand elle
change de milieu, etc. : il restait à mesurer sa
force ou sa vivacité ; on voulait savoir, par
exemple, de combien la lumière du soleil au
méridien du solstice d'été est plus forte que sa
lumière au méridien du solstice d'hiver ; de
combien la lumière du soleil surpasse celle de
la lune, pour une même hauteur au-dessus
de l'horizon, etc. Huguens avait jeté quelques
idées sur cette nouvelle branche de l'Optique ;
il avait indiqué une méthode pour estimer la
quantité de lumière que Jupiter et Saturne re-
çoivent du soleil, et pour comparer la lumière
du soleil avec celle des étoiles. Mais outre que
cette méthode était appuyée sur quelques hypothèses vagues et un peu incertaines, la
question demandait à être éclaircie par une
suite d'expériences exactes et nombreuses,
desquelles on pût tirer facilement les moyens
de mesurer les lumières dans tous les cas.

Cosmoth.
Lib. II.

Bouguer entreprit et poussa très-loin ce
travail délicat ; et par-là il s'est approprié un
sujet curieux en lui-même, et d'une fréquente
application dans les matières de Physique. Il
publia ses premières recherches dans un petit
ouvrage intitulé : *Essai d'Optique sur la
gradation de la lumière*, fort augmenté dans

An 1729.

An 1760.

la suite, et imprimé après la mort de l'auteur, sous le titre de *Traité d'Optique sur la gradation de la lumière*. Ce traité contient une foule d'expériences et d'observations, de discussions physiques et mathématiques, et d'applications intéressantes aux divers problèmes que la matière comporte; on y apprend à comparer les lumières envoyées par différens corps, tels que le soleil, la lune, les planètes, les étoiles, etc.; à connaître la quantité de lumière que réfléchissent les surfaces polies ou brutes, et celle qui se perd par l'absorption ou la dispersion des rayons; à évaluer les différens degrés de transparence des corps; etc. Je ne puis qu'indiquer en gros tous ces objets, sur lesquels il faut consulter l'ouvrage même.

Instrumens d'Optique.

L'utilité de l'Optique se fait principalement remarquer dans la construction des instrumens destinés à aider la vue. Avant les expériences de Newton, les savans croyaient que l'imperfection des lunettes dioptriques venait de la forme sphérique qu'on était dans l'usage de donner aux objectifs : car les rayons tombant sur une surface sphérique un peu étendue, ne vont pas, après l'avoir traversée, se réunir en un même point; chaque rayon linéaire a son foyer particulier, et plus l'assemblage de tous ces foyers est grand, moins la vision est distincte. C'est ce qu'on appelle *l'aberration de sphéricité*. Pour se procurer une image vive et claire, on était obligé de donner peu d'ouverture aux objectifs, en conservant la forme sphérique. Descartes et d'autres géomètres proposèrent d'abandonner cette forme, et d'y substituer des courbures tirées des sections coniques, dont la propriété était de rassembler tous les rayons en un même point. Mais outre que de pareils objectifs étaient comme impossibles à exécuter avec une précision suffisante, ils n'auraient pu remédier qu'à une partie du mal : ils laissaient subsister *l'aberration de réfrangibilité*, c'est-à-dire, la dispersion des rayons qui provient de leurs inégales réfractions. On fut donc obligé de revenir à la forme sphérique; et en allongeant beaucoup les lunettes, on pouvait donner une certaine étendue aux objectifs, sans produire une grande aberration de sphéricité; mais cet allongement diminuait le champ de la vision. Newton avait soupçonné qu'il était possible de faire disparaître entièrement l'aberration de sphéricité, en composant les objectifs avec deux verres dont l'espace intermédiaire serait rempli d'eau; mais on ne voit pas qu'il ait mis cette idée en exécution, ni qu'il ait cherché à employer le même moyen pour corriger l'aberration de réfrangibilité. Il y a plus : le respect dû à la vérité ne nous permet pas de taire que l'inexactitude de l'une de ses principales propositions mit obstacle pendant long-temps à la perfection de cette branche de la Dioptrique, comme on le verra bientôt.

Les géomètres et les constructeurs opticiens désespérant de pouvoir faire perdre aux verres dioptriques les couleurs de l'iris, qui troublent la vision, ne voyaient d'autres moyens de remplacer les longues lunettes, embarrassantes à manœuvrer, et sujettes à se courber, que les télescopes catadioptriques, capables d'ailleurs d'effets encore plus grands. On sait qu'il y a deux espèces principales de ces télescopes, celui de Grégori et celui de Newton : tous les moyens qu'on a employés depuis, pour en perfectionner la construction et l'usage, n'en changent pas la nature. Le télescope Grégorien fait voir directement les objets, par la combinaison de deux miroirs concaves, opposés l'un à l'autre, et d'un oculaire dioptrique ; le grand miroir, celui du fond, est percé à son centre d'une ouverture, à laquelle l'oculaire est adapté ; la couronne restante reçoit immédiatement la lumièfe, et la renvoie au second miroir qui la réfléchit à son tour vers l'oculaire. Ce mécanisme, d'ailleurs très-ingénieux, est sujet à

Télescope
Grégorien.

quelques graves inconvéniens. 1°. La partie
centrale du grand miroir, celle dont la courbure est la plus facile à former exactement, ne
reçoit point de lumière : toute la réflexion se
fait par l'espace annulaire, où les défauts inévitables de construction sont les plus sensibles;
2°. il est très-difficile de placer bien exactement les axes des deux miroirs sur une même
ligne droite; 3°. cet instrument est fort dis-
pendieux et fort sujet à se déranger. Le télescope Newtonien est beaucoup plus simple : la
lumière va d'abord frapper tout le fond con-
cave et bien poli du tube; elle est réfléchie
vers un miroir plan qui la renvoie à l'œil de
l'observateur, au moyen d'une lentille inter-
posée et adaptée à une ouverture latérale faite
au tube. Par cette disposition, les objets ne
sont pas vus directement; et pour accélérer les
opérations, on emploie une lunette latérale
qui sert à diriger l'instrument vers l'endroit du
ciel qu'on veut observer. Quelques changemens, quelques perfections qu'on puisse apporter à la construction des télescopes, les
grandes dimensions qu'il leur faut donner,
leurs poids, la difficulté de les manœuvrer, et
les prix exorbitans qu'ils coûtent, ne permettent pas d'en faire usage dans l'Astronomie
courante : on doit les réserver pour les

Télescope
Newtonien.

19.

observations qui demandent une grande quantité de lumière, comme, par exemple, pour découvrir de nouvelles planètes, de nouvelles étoiles, etc. Les astronomes ont donc désiré qu'on perfectionnât les lunettes dioptriques, et qu'on trouvât enfin quelque moyen de substituer aux longues lunettes d'autres plus courtes, et néanmoins capables des mêmes effets à peu près.

Euler conçoit la première idée des lunettes achromatiques. Ac. de Berlin, 1747.)

Fortement occupé de toutes ces idées, Euler proposa de corriger l'aberration de réfrangibilité, en composant les objectifs avec deux lentilles de verre, qui renfermeraient de l'eau entre elles ; et il détermina par le calcul les courbures qu'il leur fallait donner, pour que les inégalités de réfraction du verre et de l'eau se compensassent mutuellement. Il ne doutait point du succès de ce projet : il citait pour exemple, et en preuve, l'œil humain, où les rayons lumineux traversent quatre humeurs différemment réfrangibles, et vont se réunir en un même foyer.

Dollond, mort fort âgé en 1761.

Dollond, célèbre opticien anglais, consommé dans la théorie et la pratique de son art, saisit avec avidité cette vue générale ; mais jugeant que les hypothèses de l'auteur sur le rapport des réfractions de l'eau et du verre n'étaient pas suffisamment exactes, il y substitu celles qui résultent des expériences de Newton : alors il trouva par les formules d'Euler que tous les rayons ne pouvaient être réunis en un même foyer, à moins que le télescope n'eût une longueur infinie : inconvénient qui renversait le projet d'Euler, si les expériences de Newton étaient parfaitement exactes ; et comment oser élever des doutes sur l'espèce d'infaillibilité qu'on attribuait au créateur de l'Optique moderne ?

Transac. phil. an 1752.

Euler, sans se permettre de pareils doutes, répondit qu'on opposait à ses formules des quantités trop petites pour infirmer une théorie qui lui paraissait fondée incontestablement sur les propriétés des réfractions ; il démontra quelques incompatibilités dans les calculs que Dollond inférait des expériences de Newton ; il insistait de nouveau sur la similitude de son télescope avec les yeux des animaux, où la nature a placé différentes humeurs dont les qualités réfractives se corrigent mutuellement : enfin, il soutenait qu'on parviendrait tôt ou tard à lever toutes les difficultés qui paraissaient contraires à sa théorie.

Ac. de Berlin. 1751.

Il fut bientôt secondé par Klingenstierna, célèbre géomètre suédois. Ce dernier fit remettre à Dollond, au mois d'octobre 1754, un écrit par lequel il combattait, avec les

Ac. de Paris, 1756.

armes de la Géométrie et de la Métaphysique, une expérience de Newton, qu'on opposait à Euler. Alors Dollond, déjà fort ébranlé, soupçonna que Newton pouvait s'être trompé, et il prit le parti de répéter l'expérience, en suivant d'ailleurs le procédé de l'auteur.

Opt. de Newton, édit. latine, 1740, page 91.

La proposition expérimentale de Newton est conçue en ces termes : *Si les rayons de lumière traversent deux milieux contigus, de différentes densités, comme l'eau et le verre, soit que les surfaces réfringentes soient parallèles, ou qu'elles soient inclinées, et que cependant la réfraction de l'une détruise la réfraction de l'autre, de manière que les rayons émergens soient parallèles aux rayons incidens : alors la lumière sort toujours blanche.*

Cette conclusion LA LUMIÈRE SORT TOUJOURS BLANCHE était la question à examiner. Pour savoir ce qui en était, Dollond fit entrer les rayons du soleil, par un petit trou, dans une chambre obscure: à peu de distance du trou, il plaça un prisme de verre, dont les faces étaient parfaitement planes; le tranchant était en bas dans une situation horizontale ; à côté de la face la plus voisine du trou, il adapta, avec du ciment, une plaque de verre, faisant avec cette face un second prisme vide, ouvert par en haut, dans lequel il mit de l'eau ; le tout était disposé de manière que la réfraction produite par l'eau était détruite par la réfraction dans le prisme de verre, et que les rayons émergens étaient parallèles aux rayons incidens. Tout cet appareil était donc le même que dans la proposition contestée; mais la couleur des rayons émergens ne fut point blanche, comme Newton l'avait affirmé ; au contraire, le bord inférieur du soleil était fortement teint de bleu, et le bord supérieur était d'une couleur rougeâtre. Ainsi Dollond reconnut d'abord que l'eau ne disperse pas les couleurs autant que le verre, à réfractions égales ; ensuite, ayant varié l'angle au sommet du prisme d'eau, de telle manière que la dispersion des couleurs fût la même dans les deux cas, il trouva qu'alors les deux réfractions n'étaient pas égales. Toutes ces observations firent revenir Dollond au projet d'Euler, et il ne douta plus qu'il ne pût être réalisé, sinon avec l'eau et le verre, du moins avec d'autres matières transparentes, de différentes densités.

Il employa d'abord à cet effet le verre et l'eau, comme Euler l'avait proposé ; mais il reconnut bientôt, d'après les formules du géomètre allemand, que les courbures à donner aux objectifs étaient trop considérables pour ne pas produire une aberration fort sensible dans le foyer, et qu'un pareil inconvénient ne pouvait être levé que par un autre, celui de trop diminuer l'ouverture des objectifs. Euler avait senti et annoncé lui-même que c'étaient là les seules et véritables difficultés que sa théorie pût éprouver dans la pratique.

Dollond, parfaitement versé dans la connaissance des différentes espèces de verres, et convaincu qu'il s'en devait trouver dont les vertus réfractives fussent fort différentes, imagina d'employer deux sortes de verres connus en Angleterre, sous les noms de *flintglass* et de *crownglass*. Le premier est un verre très-blanc et fort transparent, qui donne les iris les plus remarquables, et par conséquent celui dans lequel la réfraction du rouge diffère le plus de celle du violet. Le second a une couleur verdâtre, et ressemble beaucoup en qualité à notre verre commun; il donne la moindre différence entre les réfractions du rouge et du violet. Dollond mesura les rapports des réfrangibilités par le même moyen qu'il avait employé pour le verre et l'eau : il trouva que le rapport des différences de réfrangibilités dans les deux matières était environ celui de 3 à 2. Ayant fait cette substitution dans les formules d'Euler, il obtint d'abord des résultats qui n'étaient pas très-satisfaisans. Mais enfin, à

Transac. phil. an. 1754.

force de tentatives et de combinaisons, soit dans le choix des matières d'une excellente qualité, soit dans celui des différentes espèces de sphères qui sont également propres, par la nature du problème, à réunir les foyers de toutes les couleurs, il parvint à construire des lunettes achromatiques, très-supérieures aux lunettes ordinaires. Il en construisit d'abord une de cinq pieds, dont l'effet était le même que celui d'une lunette ordinaire de quinze pieds. Du reste, il n'indiqua point la route qu'il avait suivie pour choisir les sphères propres à détruire les aberrations.

Ce problème était de nature à exciter les recherches des géomètres, par son utilité générale, et par la variété des cas qu'il renferme à raison du nombre plus ou moins grand de verres dont un télescope ou un microscope peut être composé. Aussi, Euler, Clairaut et d'Alembert ont donné sur toute cette théorie des lunettes achromatiques, d'excellens ouvrages, où l'on admire les finesses de l'Analise, l'élégance des solutions, et les conséquences qu'ils en ont su tirer. Outre les mémoires que nous avons déjà cités d'Euler, il en a encore fait imprimer deux dans le recueil de l'académie de Berlin, pour l'année 1757 : il a compris depuis toute cette matière dans son

Traité de Dioptrique, imprimé à Pétersbourg, en 1773. Il y a trois beaux mémoires
de Clairaut sur le même sujet, dans les vol   nes
de l'académie des sciences de Paris, pour les
années 1756, 1757, 1761. D'Alembert en a
fait l'objet du troisième volume tout entier de
ces *Opuscules Mathématiques*, publié en
1761, et d'un excellent mémoire imprimé dans
le volume de l'académie, pour l'année 1765.
Il a encore donné plusieurs suites à ces écrits,
dans les tom. IV, V et VII de ses *Opuscules
Mathématiques*. Les formules qu'il a trouvées
pour anéantir l'aberration de réfrangibilité ont
un avantage remarquable : elles servent à diminuer cette aberration en raison donnée ; ce qui
peut obvier à l'inconvénient où l'on tomberait,
si, pour détruire totalement cette aberration,
on augmentait trop l'aberration de sphéricité,
ou la courbure des surfaces. Il fait un très-
grand nombre d'autres observations intéressantes, et applicables au progrès de l'art. Je
renvoie à tous ces excellens ouvrages, pour
la parfaite connaissance du sujet : j'ajouterai
seulement que la construction des lunettes
achromatiques a fait rapidement des progrès
immenses : l'Astronomie et la Physique en
ont déjà retiré et ne cesseront jamais d'en
retirer les plus précieux avantages.

La postérité n'oubliera pas qu'elle doit la première idée de cette découverte à Euler, homme d'un génie et d'une fécondité qui tiennent du prodige. Pendant tout le cours de sa vie, les journaux et les recueils des académies sont pleins de ses recherches ; il publie de plus séparément une foule d'ouvrages brillans d'invention : en mourant, il laisse plus de cent excellens mémoires manuscrits à l'académie de Pétersbourg, qui les fait paraître successivement.

FIN DE L'ESSAI SUR L'HISTOIRE DES MATHÉMATIQUES.

DISCOURS

SUR

LA VIE ET LES OUVRAGES

DE PASCAL.

AVERTISSEMENT.

En 1779, je fis imprimer la collection complète des œuvres de Pascal, en cinq volumes *in-8°*., avec cette épigraphe, tirée de Tite-Live : *Cujus gloriæ neque profuit quisquam laudando, nec vitupe- rando quisquam nocuit, cum utrumque summis præditi fecerint ingeniis*. J'y joi- gnis un Discours sur la vie et les ou- vrages de cet homme célèbre. Ce Discours fut réimprimé séparément en 1781, avec plusieurs changemens et additions. Je le redonne ici, tel qu'il parut dans ce der- nier état, sauf quelques légères correc- tions de style.

Je prie les Lecteurs qui voudront juger équitablement de cet ouvrage, de vou- loir bien se reporter au temps où il fut composé : on remarquera que gêné par les circonstances, je n'ai pu, en certains endroits, dire ma pensée toute entière; mais du moins je n'ai jamais cherché à la défigurer. J'ai respecté le grand homme dont j'écris la vie, sans me livrer à aucun esprit de parti.

Quelques philosophes modernes, forcés de reconnaître la supériorité du génie de Pascal, et un peu incommodés par le poids de ses opinions religieuses, ont affecté de répandre que dans les dernières années de sa vie, où il les a le plus manifestées, sa tête était affaiblie. *Mon ami,* disait Voltaire à Condorcet, *ne vous lassez point de répéter que depuis l'accident du pont de Neuilly, le cerveau de Pascal était dérangé.* Il n'y a qu'une petite difficulté dans ce système : ce cerveau, dérangé en 1654, produisit en 1656 les *Lettres Provinciales,* et en 1658 les *Solutions des problèmes de la roulette.*

DISCOURS

SUR

LA VIE ET LES OUVRAGES

DE PASCAL.

Bl.aise Pascal naquit à Clermont en Auvergne,
le 19 juin 1623, d'Etienne Pascal, premier président à la cour des aides de cette ville, et d'Antoi-
nette Begon. Il eut un frère aîné qui mourut au
berceau, et deux sœurs dont il sera souvent parlé
dans la suite : l'une nommée *Gilberte*, née en 1620,
l'autre nommée *Jacqueline*, née en 1625.

La famille des Pascal avait été ennoblie par
Louis XI, vers l'année 1478 ; et depuis cette époque,
elle possédait dans l'Auvergne des places distin-
guées qu'elle honorait par ses vertus et par ses
talens.

A ces qualités héréditaires, Etienne Pascal joignait la science des lois, et une grande étendue de
connaissances dans les matières de Littérature, de
Mathématiques, de Physique, etc. La simplicité
des mœurs antiques et les plaisirs attachés aux plus

doux sentimens de la nature, faisaient de sa maison
le lieu de la paix et du bonheur. Tous les jours,
après avoir rempli ses fonctions d'homme public à
la cour des aides, il rentrait dans le sein de sa famille; et pour délassement, il venait partager les
soins domestiques avec une femme aimable et ver-
tueuse. Il eut le malheur de perdre cette épouse
chérie en 1626; et dès ce moment son âme, pro-
fondément affligée, se ferma à toute autre ambition
qu'à celle de donner une excellente éducation aux
trois enfans qui lui restaient. Il voulait les former
lui-même à la vertu et aux connaissances utiles;
mais il sentit bientôt que l'exécution de ce projet
ne pouvait se concilier avec les devoirs d'une ma-
gistrature pénible : il ne balança point; il vendit
sa charge en 1631, et vint demeurer à Paris avec
sa famille, afin de pouvoir remplir librement envers
elle des devoirs plus sacrés que ceux des relations
sociales dans une place de médiocre importance. Sa
principale attention se porta sur son fils unique,
qui avait annoncé presque dès le berceau ce qu'il
devait être un jour. Les langues et les premiers élémens des sciences furent les objets présentés d'abord
à l'avidité que cet enfant montrait de s'instruire. En
même temps Etienne Pascal enseignait le latin et
les belles-lettres à ses deux filles, pour les accou-
tumer de bonne heure à cet esprit de réflexion, si
important au bonheur de la vie, et non moins nécessaire aux femmes qu'aux hommes.

La fameuse guerre de trente ans désolait alors

toute l'Europe. Cependant, au milieu de tant de
désastres, l'éloquence et la poésie, déjà florissantes
en Italie depuis plus d'un siècle, commençaient à
jeter de l'éclat en France et en Angleterre; les
Mathématiques et la Physique sortaient des ténèbres; la saine philosophie, ou plutôt la vraie méthode de philosopher, pénétrait dans les écoles; et
la révolution que Galilée et Descartes avaient pré-
parée, s'accomplissait rapidement. Entraîné par ce
mouvement universel, Etienne Pascal devint géomètre et physicien. Il se lia, par conformité de goût
et d'occupations, avec le P. Mersenne, Roberval,
Carcavi, le Pailleur, etc. Ces savans hommes s'as-
semblaient de temps en temps les uns chez les
autres, pour raisonner sur les objets de leurs travaux, ou sur les différentes questions que le hasard
et la chaleur de la dispute pouvaient faire naître.
Ils entretenaient un commerce réglé de lettres
avec d'autres savans répandus dans les provinces
de France et dans les pays étrangers: par-là ils étaient
instruits très-promptement de toutes les découvertes qui se faisaient dans les Mathématiques et
dans la Physique. Cette petite société formait une
espèce d'académie dont l'amitié et la confiance
étaient l'âme, libre d'ailleurs de toute loi et de toute
contrainte. Elle a été la première origine de l'académie des sciences, qui ne fut établie, sous le sceau
de l'autorité royale, qu'en 1666.

Le jeune Blaise Pascal assistait quelquefois aux
conférences qui se tenaient chez son père. Il écoutait

20.

avec une extrême attention; il voulait savoir les
causes de tous les effets. On rapporte qu'à l'âge de
onze ans il composa un petit traité sur les sons,
dans lequel il cherchait à expliquer pourquoi une
assiette frappée avec un couteau, rend un son qui
cesse tout à coup lorsqu'on y applique la main.
Son père craignant que ce goût trop vif pour les
sciences ne nuisît à l'étude des langues, qu'on regardait alors comme la partie la plus essentielle de l'é-
ducation, décida, de concert avec la petite société,
que dorénavant on s'abstiendrait de parler de Mathématiques et de Physique en présence du jeune
homme. Il en fut désolé : on lui promit, pour l'ap-
paiser, de lui apprendre la Géométrie, quand il
saurait le latin et le grec, et quand il serait digne
d'ailleurs d'entendre cette science. En attendant,
on se contenta de lui dire qu'elle considère l'étendue des corps, c'est-à-dire, leurs trois dimensions, longueur, largeur et profondeur; qu'elle
enseigne à former des figures d'une manière juste
et précise, à comparer ces figures les unes avec les
autres, etc.

Cette indication vague et générale, accordée à
la curiosité importune d'un enfant, fut un trait de
lumière qui développa le germe de son talent pour
la Géométrie. Dès ce moment il n'a plus de repos :
il veut à toute force pénétrer dans cette science
qu'on lui cache avec tant de mystère, et qu'on croit
au-dessus de lui, par mépris pour son âge! Pendant ses heures de récréation, il s'enfermait seul

dans une chambre isolée : là, avec du charbon, il
traçait sur le carreau des triangles, des parallélo-
grammes, des cercles, etc., sans savoir les noms
de ces figures; ensuite il examinait les situations
que les lignes ont les unes à l'égard des autres en
se rencontrant; il comparait les étendues des figures, etc. Ses raisonnemens étaient fondés sur des
définitions et des axiômes qu'il s'était faits lui-même.
De proche en proche il parvint à reconnaître que la
somme des trois angles de tout triangle doit être me-
surée par une demi-circonférence, c'est-à-dire,
doit égaler la somme de deux angles droits; ce qui est
la trente-deuxième proposition du Ier. Livre d'Euclide. Il en était à ce théorème, lorsqu'il fut surpris
par son père, qui ayant su l'objet, le progrès et le
résultat de ses recherches, demeura quelque temps
muet, immobile, confondu d'admiration et d'attendrissement; puis courut tout hors de lui-même
raconter ce qu'il venait de voir à M. le Pailleur, son
intime ami.

Je ne dois pas dissimuler qu'on a élevé des nuages
sur ce trait de la vie de Pascal. Les uns l'ont nié
comme fabuleux et impossible; les autres l'ont admis, sans y trouver d'ailleurs rien d'extraordinaire.
Mais si on examine les choses sans prévention, on
verra que le fait est appuyé sur des témoignages
qui ne permettent pas de le révoquer en doute; et
on conviendra, d'un autre côté, qu'un tel effort de
tête et de génie dans un enfant, surpasse de beaucoup l'ordre commun.

Quoi qu'il en soit, on ne contraignit plus le goût du jeune Pascal : il eut toute liberté d'étudier la Géométrie ; on lui donna à lire, à l'âge de douze ans, les *Élémens* d'Euclide, qu'il entendit tout seul, et sans avoir jamais besoin de la moindre explication. Bientôt il fut en état de tenir un rang distingué dans les assemblées des savans, et d'y apporter des ouvrages de sa façon. Il n'avait pas encore seize ans, qu'il composa sur les sections coniques un petit traité, qui fut regardé alors comme un prodige de sagacité.

Etienne Pascal était le plus heureux des pères ; il voyait son fils marcher à pas de géant dans la carrière des sciences qu'il regardait comme le plus noble exercice de l'esprit humain : ses filles ne lui donnaient pas moins de satisfaction ; à une figure agréable, elles joignaient une raison supérieure à leur âge ; et le monde où elles paraissaient depuis peu de temps, commençait à les distinguer. Tout ce bonheur fut troublé par un de ces événemens que la prudence des hommes ne peut prévoir, ni empêcher.

Au mois de décembre ɪ638, le Gouvernement, appauvri par une longue suite de guerres et de déprédations dans les finances, fit quelques retranchemens sur les rentes de l'Hôtel-de-Ville de Paris. Cette manière de libérer l'état est, comme on sait, un des moyens les plus faciles qu'on puisse employer ; mais elle excita alors parmi les rentiers des murmures un peu vifs, et même des assemblées que l'on traita de séditieuses. Etienne Pascal fut accusé d'en être l'un des principaux moteurs. Cette imputation injuste pouvait avoir quelqu'ombre de vraisemblance, parce qu'en arrivant à Paris, il avait placé la plus grande partie de son bien sur l'Hôtel-de-Ville. Aussitôt un ministre terrible, dont le despotisme s'effarouchait de la moindre résistance, fit expédier un ordre d'arrêter Etienne Pascal, et de le mettre à la Bastille; mais averti à temps par un ami, il se tint d'abord caché, puis se rendit secrètement en Auvergne.

Qu'on se représente la douleur de ses enfans, et celle qu'il ressentit lui-même d'être forcé à les abandonner dans l'âge où ils avaient le plus besoin de sa vigilance paternelle! Si les hommes puissans, qui, sans examen, sans preuves, se permettent de telles violences, conservent un cœur encore accessible au remords, ils doivent être quelquefois bien malheureux.

L'ouvrage de la calomnie ne fut pas de longue durée; et on peut remarquer ici l'enchaînement bizarre des choses humaines. Le cardinal de Richelieu ayant eu la fantaisie de faire représenter devant lui, par de jeunes filles, l'*Amour tyrannique*, tragi-comédie de Scudéry, la duchesse d'Aiguillon, chargée de la conduite du spectacle, désira que Jacqueline Pascal, qui avait alors environ treize ans, fût l'une des actrices; mais Gilberte, sa sœur aînée, et chef de la famille en l'absence du père, répondit fièrement : *M. le cardinal ne nous donne*

pas assez de plaisir, pour que nous pensions a lui
en faire. La duchesse insista, et fit même entendre
que le rappel d'Etienne Pascal serait peut-être le
prix de la complaisance qu'elle exigeait. L'affaire
est proposée aux amis de la famille : on décide que
Jacqueline acceptera le rôle qui lui était destiné.
La pièce fut représentée le 3 avril 1639. Jacqueline
mit dans son jeu une grâce et une finesse qui enle-
vèrent tous les spectateurs, et principalement le
cardinal de Richelieu. Elle fut adroite à profiter de
ce moment d'enthousiasme. Le spectacle fini, elle
s'approche du cardinal, et lui récite un petit placet
en vers (*), pour demander le retour de son père.
Le cardinal la prenant dans ses bras, *l'embrassant
et la baisant à tous momens, pendant qu'elle disait
ses vers*, comme elle-même le raconte dans une
lettre écrite le lendemain à son père : *oui, mon
enfant*, répond-il, *je vous accorde ce que vous
demandez ; écrivez à votre père qu'il revienne en*

(*) Voici ce placet :

Ne vous étonnez pas, incomparable ARMAND,
Si j'ai mal contenté vos yeux et vos oreilles :
Mon esprit agité de frayeurs sans pareilles,
Interdit à mon corps, et voix, et mouvement.
Mais pour me rendre ici capable de vous plaire,
Rappelez de l'exil mon misérable père :
C'est le bien que j'attends d'une insigne bonté ;
Sauvez cet innocent d'un péril manifeste :
Ainsi vous me rendrez l'entière liberté
De l'esprit et du corps, de la voix et du geste.

toute sûreté. Alors la duchesse d'Aiguillon prit la parole, et fit ainsi l'éloge d'Etienne Pascal : *C'est un fort honnête homme ; il est très - savant, et c'est bien dommage qu'il demeure inutile. Voilà son fils,* ajouta - t - elle, en montrant Blaise Pascal, *qui n'a que quinze ans, et qui est déjà un grand mathématicien.* Jacqueline, encouragée par un premier succès, dit au cardinal : *Monseigneur, j'ai encore une grâce à vous demander.... — Eh quoi, ma fille ? demande tout ce que tu voudras ; tu es trop aimable, on ne peut rien te refuser.... — Permettez que notre père vienne lui - même remercier votre éminence de ses bontés.... — Oui, je veux le voir, et qu'il m'amène sa famille.*

Aussitôt on mande à Etienne Pascal de revenir en toute diligence : arrivé à Paris, il vole, avec ses trois enfans, à Ruel, chez le cardinal, qui lui fait l'accueil le plus flatteur : *Je connais tout votre mérite,* lui dit Richelieu ; *je vous rends à vos enfans, et je vous les recommande ; j'en veux faire quelque chose de grand.*

Deux ans après, c'est - à - dire, en 1641, Etienne Pascal fut nommé à l'intendance de Rouen, conjointement avec M. de Paris, maître des requêtes (*).

_____

(*) Etienne Pascal était chargé de la perception des tailles, et M. de Paris, de l'entretien des troupes qui se trouvaient alors en grand nombre en Normandie, à cause des troubles excités dans cette province.

Il remplit pendant sept années consécutives les importantes fonctions attachées à sa place, avec une capacité et un désintéressement qui furent également applaudis de la province et de la cour. Il avait emmené toute sa famille avec lui ; et la même année 1641, il maria sa fille Gilberte à M. Périer, qui s'était distingué dans une commission que le Gouvernement lui avait donnée en Normandie, et qui dans la suite acheta une charge de conseiller à la cour des aides de Clermont-Ferrand.

Blaise Pascal, déjà compté parmi les géomètres du premier ordre, eut un avantage peut-être unique, mais qu'il paya de sa santé et même de sa vie : celui de pouvoir se livrer sans contrainte et sans réserve à son génie pour les sciences. A peine âgé de dix-neuf ans, il inventa la fameuse *machine arithmétique* qui porte son nom. On sait combien les opérations de l'arithmétique sont nécessaires, non-seulement dans le commerce le plus ordinaire de la société, mais encore dans toutes les applications qu'on peut faire des mathématiques à la physique et aux arts, puisqu'en dernière analyse les relations des quantités qui entrent dans un problème, doivent toujours être exprimées en nombres. Mais quand les méthodes pour exécuter les calculs numériques, sont une fois trouvées, l'usage monotone et prolixe de ces méthodes fatigue très-souvent l'attention, sans attacher l'esprit. Rien ne serait donc plus utile qu'un moyen mécanique et expéditif de faire toutes sortes de calculs sur les nombres, sans autre secours que celui des yeux et de la main. Tel est l'objet que Pascal s'est proposé par sa machine. Les pièces qui en forment le principe et l'essence, sont plusieurs rouleaux ou barillets, parallèles entre eux, et mobiles autour de leurs axes : sur chacun d'eux on écrit deux suites de nombres depuis zéro jusqu'à neuf, lesquelles vont en sens contraires, de sorte que la somme de deux chiffres correspondans forme toujours neuf ; ensuite on fait tourner, par un même mouvement, tous ces barillets de gauche à droite, et les chiffres dont on a besoin, pour les différentes opérations de l'arithmétique, paraissent à travers de petites fenêtres percées dans la face supérieure. La machine est composée d'ailleurs de roues et de pignons qui s'engrennent ensemble, et qui font leurs révolutions par un mécanisme à peu près semblable à celui d'une montre ou d'une pendule. Il n'est pas possible d'en donner ici une explication plus détaillée (*). L'idée de cette machine a paru si belle et si utile, qu'on a cherché plusieurs fois à la perfectionner, et à la rendre plus commode dans la pratique. Leibnitz s'est occupé longtemps de ce problème ; et il a trouvé effectivement une machine plus simple que celle de Pascal. Malheureusement toutes ces machines sont coûteuses, un peu embarrassantes par le volume, et sujettes à

(*) Voyez-en la description par M. Diderot, dans l'Encyclopédie, ou dans le tome IV du Recueil des Œuvres de Pascal.

se déranger. Ces inconvéniens font plus que com-
penser leurs avantages. Aussi les mathématiciens
préférent-ils généralement les tables des logarithmes,
qui changent les opérations les plus compliquées de
l'arithmétique en de simples additions ou soustrac-
tions, auxquelles il suffit d'apporter une légère
attention, pour éviter les erreurs de calcul. Mais
la découverte de Pascal n'en est pas moins ingénieuse en elle-même. Elle lui coûta de grands efforts
de tête, tant pour l'invention, que pour faire concevoir la combinaison des rouages aux ouvriers
chargés de les exécuter. Ce travail opiniâtre et
forcé affecta sa constitution physique, déjà faible
et chancelante; et dès ce moment, sa santé alla
toujours en dépérissant.

La physique offrit bientôt après à sa curiosité
active et inquiète, l'un des plus grands phénomènes
qui existent dans la nature : phénomène dont l'explication est principalement due à ses expériences
et à ses réflexions. Les fontainiers de Côme de
Médicis, grand-duc de Florence, ayant remarqué
que dans une pompe aspirante, où le piston jouait
à plus de trente-deux pieds au-dessus du réservoir,
l'eau, après être arrivée à cette hauteur de trente-
deux pieds, dans le tuyau, refusait opiniâtrement
de s'élever davantage, consultèrent Galilée sur la
cause de ce refus qui leur paraissait fort bizarre.
L'antiquité avait dit : l'eau monte dans les pompes
et suit le piston, parce que la nature abhorre le
vide. Galilée, imbu de cette opinion reçue alors

dans toutes les écoles, répondit à la question des
fontainiers, que l'eau s'élevait en effet d'abord,
parce que la nature ne peut souffrir le vide, mais
que cette horreur avait une sphère limitée, et qu'au-
delà de trente et deux pieds elle cessait d'agir. On
rit aujourd'hui de cette explication : mais quelle
force n'a pas une erreur de vingt siècles, et comment se soustraire tout d'un coup à sa tyrannie?
Cependant Galilée sentit quelque scrupule sur la
raison qu'il s'étoit hâté de donner aux fontainiers :
car, pour l'honneur de la philosophie, il avoit cru
devoir leur faire promptement une réponse bonne
ou mauvaise. Il était alors avancé en âge, et ses
longs travaux l'avaient épuisé; il chargea Torricelli,
son disciple, d'approfondir la question, et de réparer, s'il en étoit besoin, le scandale qu'il craignait
d'avoir causé aux philosophes, qui, comptant
l'autorité pour rien, cherchent à puiser la vérité
immédiatement au sein de la nature, comme lui-
même l'avait enseigné par son exemple en plusieurs
autres occasions.

Torricelli joignait à de profondes connaissances
en géométrie, le génie de l'observation dans les
matières de physique. Il soupçonna que la pesanteur
de l'eau était un des élémens d'où dépendait son
élévation dans les pompes, et qu'un fluide plus
pesant s'y tiendrait plus bas. Cette idée, qui nous
paraît aujourd'hui si simple, et qui fut alors la véritable clef du problème, ne s'était encore présentée
à personne : et pourquoi en effet ceux qui admet-

taient l'horreur de la nature pour le vide, auroient-
ils pensé que le poids du fluide put la borner, ou
détruire son action ? Il ne s'agissait plus que d'interroger l'expérience. Torricelli remplit de mercure
un tuyau de verre, de trois pieds de longueur, fermé exactement en bas, et ouvert en haut ; il appliqua le doigt sur le bout supérieur, et renversant le
tube, il plongea ce bout dans une cuvette pleine de
mercure ; alors il retira le doigt, et après quelques
oscillations le mercure demeura suspendu dans le
tube à la hauteur d'environ vingt et huit pouces
au - dessus de la cuvette. Cette expérience est,
comme on voit, celle que nous offre continuellement le *Baromètre*. Torricelli la varia de plusieurs
manières ; et dans tous les cas le mercure se soutint
à une hauteur qui était environ la quatorzième
partie de celle de l'eau dans les pompes. Or, sous le
même volume, le mercure pèse à peu près quatorze
fois plus que l'eau. D'où Torricelli inféra que l'eau
dans les pompes, et le mercure dans le tube, devaient exercer des pressions égales sur une même
base ; pressions qui devaient être nécessairement
contrebalancées par une même force fixe et déterminée. Mais quelle est enfin cette force ? Torricelli,
instruit par Galilée que l'air est un fluide pesant,
crut et publia en 1645, que la suspension de l'eau
ou du mercure, quand rien ne pèse sur sa surface
intérieure, est produite par la pression que la pesanteur de l'air exerce sur la surface du réservoir
ou de la cuvette. Il mourut peu de temps après,

sans emporter, ou du moins sans laisser la certitude absolue que son opinion était réellement le secret de la nature.

Aussi cette explication n'eut-elle d'abord qu'un succès médiocre parmi les savans. Le système de l'horreur du vide était trop accrédité, pour céder ainsi sans résistance la place à une vérité qui, après tout, ne se présentait pas encore avec ce degré d'évidence propre à frapper tous les yeux, et à réunir tous les suffrages. On crut expliquer les expériences des pompes et du tube de Torricelli, en supposant qu'il s'évaporait de la colonne d'eau ou de mercure, une *matière subtile*, *des esprits aériens*, qui rétablissaient le plein dans la partie supérieure, et ne laissaient à l'horreur du vide que l'activité suffisante pour soutenir la colonne.

Pascal, qui dans ce temps-là était à Rouen, ayant appris du P. Mersenne le détail des expériences dont je viens de parler, les répéta, en 1646, avec M. Petit, intendant des fortifications, et trouva de point en point les mêmes résultats qui avaient été mandés d'Italie, sans y remarquer d'ailleurs rien de nouveau. Il ne connaissait pas encore alors l'explication de Torricelli. En réfléchissant simplement sur les conséquences immédiates des faits, il vit que la maxime admise partout, que la nature ne souffre pas le vide, n'avait aucun fondement solide. Néanmoins, avant que de la proscrire entièrement, il crut devoir faire de nouvelles expériences, plus en grand, plus concluantes que celles d'Italie. Il y employa des tuyaux de verre qui avaient jusqu'à cinquante pieds de hauteur, afin de présenter à l'eau un long espace à parcourir, de pouvoir incliner les tuyaux, et de faire prendre au fluide plusieurs situations différentes. D'après ses propres observations, il conclut que la partie supérieure des tuyaux ne contient point un air pareil à celui qui les environne en dehors, ni aucune portion d'eau ou de mercure, et qu'elle est entièrement vide de toutes les matières que nous connaissons et qui tombent sous nos sens; que tous les corps ont de la répugnance à se séparer l'un de l'autre, mais que cette répugnance, ou, si l'on aime mieux l'expression ordinaire, l'horreur de la nature pour le vide, n'est pas plus forte pour un grand vide que pour un petit; qu'elle a une mesure bornée et équivalente au poids d'une colonne d'eau d'environ trente-deux pieds de hauteur; que, passé cette limite, on formera au-dessus de l'eau un vide grand ou petit avec la même facilité, pourvu qu'aucun obstacle étranger ne s'y oppose, etc. On trouve ces premières expériences et ces premières vues de Pascal sur le sujet en question, dans un petit livre qu'il publia en 1647, sous ce titre : *Expériences nouvelles touchant le vide, etc.*

Cet ouvrage fut vivement attaqué par plusieurs auteurs, entre autres par le P. Noël, jésuite, recteur du collège de Paris. Toute la mauvaise Physique du temps s'arma pour expliquer des expériences qui la gênaient, et qu'elle ne pouvait nier.

Pascal détruisit facilement les objections du P. Noël; mais quoiqu'il approuvât déjà l'explication de Torricelli, dont il eut connaissance peu de temps après avoir publié son livre, il voyait avec peine que toutes les expériences qu'on avait faites, même les siennes, pouvaient encore prêter le flanc à la chicane scolastique, et qu'aucune d'elles ne ruinait directement le système de l'horreur du vide. Il fit donc de nouveaux efforts, et enfin il conçut l'idée d'une expérience qui devait décider la question, sans équivoque, sans restriction, et d'une manière absolument irrévocable; il y fut conduit par ce raisonnement:

Si la pesanteur de l'air est la cause qui soutient le mercure dans le tube de Torricelli, le mercure doit s'élever plus ou moins, selon que la colonne d'air qui presse la surface de la cuvette est plus ou moins haute, c'est-à-dire, plus ou moins pesante : si au contraire, la pesanteur de l'air ne fait ici aucune fonction, la hauteur de la colonne de mercure doit toujours être la même, quelle que soit la hauteur de la colonne d'air. Pascal était persuadé, contre le sentiment des savans de ce temps-là, qu'on trouverait des différences dans les hauteurs de la colonne de mercure, en plaçant successivement le tube à des hauteurs inégales par rapport à un même niveau. Mais pour que ces différences fussent sensibles et ne laissassent aucun prétexte d'en nier la réalité, il fallait pouvoir examiner l'état de la colonne dans des endroits élevés, les uns au-dessus des autres, d'une quantité considérable. La montagne du Puy-de-Dôme, voisine de Clermont, et haute d'environ cinq cents toises, en offrait le moyen. Pascal communiqua, le 15 novembre 1647, le projet de cette expérience à monsieur Périer, son beau-frère, qui était alors à Moulins, et il le chargea en même temps de la faire aussitôt qu'il serait arrivé à Clermont, où il devait se rendre incessamment. Quelques circonstances la retardèrent ; mais enfin elle fut exécutée le 19 septembre 1648, avec toute l'exactitude possible ; et les phénomènes que Pascal avait annoncés eurent lieu de point en point. A mesure qu'on s'élevait sur le coteau du Puy-de-Dôme, le mercure baissait dans le tube. Du pied au sommet de la montagne, la différence de niveau fut de trois pouces une ligne et demie. On vérifia encore ces observations, en retournant à l'endroit d'où l'on était parti. Lorsque Pascal eut reçu le détail de ces faits intéressans, et qu'il eut remarqué qu'une différence de vingt toises d'élévation dans le terrein produisait environ deux lignes de différence d'élévation dans la colonne de mercure, il fit la même expérience à Paris, au bas et au haut de la tour de Saint-Jacques-la-Boucherie, qui est élevée d'environ vingt-quatre à vingt-cinq toises ; il la fit encore dans une maison particulière, haute d'environ dix toises : partout il trouva des résultats qui se rapportaient exactement à ceux de M. Périer. Alors il ne resta plus aucun prétexte d'attribuer la suspension du mercure dans le tube à l'horreur du vide; car il aurait été absurde de dire que la nature abhorre plus le vide dans les endroits bas que dans les endroits élevés. Aussi tous ceux qui cherchaient la vérité de bonne foi, reconnurent l'effet du poids de l'air, et applaudirent au moyen neuf et décisif que Pascal avait imaginé pour rendre cet effet palpable.

On voit, dans l'histoire de cette recherche, un exemple insigne du progrès lent et successif des connaissances humaines. Galilée prouve la pesanteur de l'air : Torricelli conjecture qu'elle produit la suspension de l'eau dans les pompes, ou du mercure dans le tube; et Pascal convertit la conjecture en démonstration.

Il n'y a point de triomphe pur. L'expérience du Puy-de-Dôme eut dans le monde un éclat qui blessa quelques savans, au lieu d'exciter leur reconnaissance. Les Jésuites de Clermont-Ferrand firent soutenir des thèses dans lesquelles on accusait Pascal de s'être attribué les travaux des Italiens : calomnie absurde, qu'il confondit avec tout le mépris qu'elle méritait. Il semble que la société, par ces attaques réitérées, provoquait la guerre sanglante qu'il lui fit quelques années après, et dont les suites ont été si funestes pour elle.

Nous fournissons à regret un aliment à l'envie et à la malignité, qui se plaisent à voir les grands hommes s'attaquer et se dégrader les uns les autres; mais la fidélité de l'histoire ne nous permet pas de taire que Descartes voulut aussi ravir à Pascal la gloire de sa découverte. Dans une lettre (*) écrite à M. de Carcavi, en date du 11 juin 1649, Descartes s'exprime ainsi : *Je me promets que vous n'aurez pas désagréable que je vous prie de m'apprendre le succès d'une expérience qu'on m'a dit que M. Pascal avait faite ou fait faire sur les montagnes d'Auvergne, pour savoir si le vif-argent monte plus haut dans le tuyau étant au pied de la montagne, et de combien il monte plus haut qu'au-dessus ; j'aurois droit d'attendre cela de lui plutôt que de vous, parce que c'est moi qui l'ai avisé, il y a deux ans, de faire cette expérience, et qui l'ai assuré que bien que je ne l'eusse pas faite, je ne doutais point du succès.* Carcavi était étroitement lié d'amitié avec Pascal, et il eut soin de lui communiquer cette réclamation; mais Pascal la méprisa, ou n'y fit aucune réponse ; car dans un précis historique des faits relatifs à la question, adressé en 1651, à M. de Ribeyre, il s'attribue exclusivement l'expérience du Puy-de-Dôme, sans citer jamais Descartes ; il parle ainsi à son tour : *Il est véritable, monsieur, et je vous le dis hardiment, que cette expérience est de mon invention, et partant je puis dire que la nouvelle connaissance qu'elle nous a découverte, est entièrement de moi.* On croit remarquer dans tout le cours de ce récit le caractère de l'impartialité et de la candeur.

(*) Lettres de Descartes (*in*-12, 1725) tome VI, pag. 179.

Pascal y rend justice à Torricelli, de la manière la plus marquée et la plus franche. Pourquoi ne se serait-il pas conduit de même envers son compatriote, s'il lui avait eu réellement quelque obligation ? Baillet, dans la vie de Descartes, accuse Pascal de plagiat et même d'ingratitude envers son héros, avec un ton de légèreté et de confiance qui révolte, lorsque l'on considère le peu d'intelligence qu'il montre de la matière, les anachronismes et les autres fautes où il est tombé. Le respect seul pour la vérité m'arrache cette réflexion : car je rends d'ailleurs hommage, comme je le dois, au génie éminent de Descartes, et je conviens qu'il a possédé à un très-haut degré le don de l'invention. Si l'une de ses lettres, qui porte la date de l'année 1631 (*), a été en effet écrite dans ce temps-là, on voit qu'il avait alors, relativement à la pesanteur de l'air, à peu près les mêmes idées que Torricelli mit dans la suite au jour. Mais par malheur pour le philosophe français, la plupart de ses idées en physique n'étoient que des systèmes hasardés sans preuves, et souvent contredits par la nature. Aussi la postérité ne s'est-elle guère informée des conjectures heureuses ou malheureuses qu'il peut avoir proposées touchant la cause qui élève la colonne de mercure ou d'eau dans le vide ; et les expériences que Torricelli a faites le premier sur ce sujet, lui ont acquis une

_____

(*) Lettres de Descartes (même édition) tome V P, page 439.

gloire solide, qu'on ne lui enlèvera jamais. La vérité n'appartient pas à celui qui ne fait que la toucher en tâtonnant, mais à celui qui la saisit et la montre. Quant au point particulier qui concerne l'expérience du Puy-de-Dôme, pour peu que l'on connaisse la marche de l'esprit humain, on n'hésitera pas un moment à regarder Pascal comme le véritable inventeur. En effet, ses premières expériences lui avoient démontré la fausseté de la maxime ordinaire, que la nature ne peut souffrir le vide; il avait reconnu, de plus, que la nature souffre avec la même facilité un grand vide qu'un petit. Ces observations le disposaient à regarder, comme également chimériques, et l'horreur de la nature pour le vide, et la vertu qu'on prétendoit y attacher. Il trouvait, au contraire, que le système de la pesanteur de l'air expliquait, sans aucune difficulté, la suspension de l'eau ou du mercure. Une nouvelle expérience qu'il fit, avant celle du Puy-de-Dôme, le confirma dans ce sentiment. Ayant assemblé par les deux bouts opposés, deux tubes de Toricelli, qui communiquaient ensemble au moyen d'une branche recourbée remplie de mercure, il trouva que l'air venant à entrer dans la branche recourbée, le mercure, suspendu d'abord dans le tube inférieur, tombe dans la cuvette, et le mercure contenu dans la branche de jonction, s'élève dans le tube supérieur qui n'a point de communication avec l'air du dehors. Ces effets étaient presque une démonstration à ses yeux, que ce n'est pas l'horreur du vide, mais la pesanteur de l'air, qui soutient la colonne de mercure dans le tube de Torricelli ; d'un autre côté, il savoit que la surface supérieure d'un fluide étant toujours de niveau, l'atmosphère doit former autour de la terre une couche sphérique, plus ou moins épaisse, à raison des inégalités plus ou moins grandes qui se trouvent à la surface du globe terrestre ; enfin, d'après le principe découvert par Galilée, que les poids sont proportionnels aux masses, il voyait que la pression d'une colonne d'air doit être plus ou moins grande, selon que cette colonne, à base égale, est plus ou moins haute. Toutes ces notions, rapprochées les unes des autres, ne lui indiquaient - elles pas que le mercure dans le tube se tiendrait plus élevé au pied d'une haute montagne qu'au sommet ? Ne suffisaient-elles pas du moins, pour exciter dans son esprit la pensée de faire cette expérience ? Descartes se présente avec bien moins d'avantage. Malgré ce qu'il en dit à M. de Carcavi, l'explication des expériences de Torricelli, par la pesanteur de l'air, n'est point une suite de ses principes ; elle l'est si peu, que le P. Noël expliquait les mêmes expériences, par la combinaison de l'horreur du vide , avec l'action d'une matière subtile , semblable à celle de Descartes, laquelle pénétrait les pores du verre, et rétablissait le plein dans la partie supérieure du tube. Il est donc très-vraisemblable que Descartes n'a donné, ou même n'a pu donner à Pascal aucune vue nouvelle sur cette matière.

Qu'on me permette encore ici une réflexion.
S'il s'agissait de peser, entre deux hommes très-
inégaux, les prétentions réciproques à une même
découverte importante, la probabilité, dans le silence des preuves rigoureuses, ferait pencher la
balance pour le plus habile d'ailleurs. Mais contre
un homme tel que Pascal, qui a réellement fait
exécuter l'expérience du Puy-de-Dôme, Descartes ne doit pas se contenter de dire froidement,
un an après : *J'en ai donné l'idée;* il doit le prouver, et le simple témoignage qu'il rend lui-même
dans sa propre cause, ne peut être d'aucun poids.

La manière dont Pascal traita la question de la
pesanteur de l'air, mérite l'attention des philosophes. On voit qu'il marche à pas mesurés, s'appuyant toujours sur l'expérience, et n'abandonnant
jamais les opinions des anciens, que lorsqu'il y est
forcé par l'évidence même, et qu'il est sûr de pouvoir mettre à leur place des vérités incontestables. *Je
n'estime pas*, dit-il, *qu'il nous soit permis de nous
départir légèrement des maximes que nous tenons
de l'antiquité, si nous n'y sommes obligés par des
preuves indubitables et invincibles; mais en ce
cas je tiens que ce serait une extrême faiblesse d'en
faire le moindre scrupule.* On a osé l'accuser de
trop de timidité et de lenteur : on voudrait que du
premier pas il eût proscrit le système de l'horreur
du vide. Mais écartons pour un moment le ridicule
qu'on a jeté sur l'expression : pesons la chose en
elle-même. Où est donc l'absurdité palpable de

supposer que lorsqu'un corps vient à être déplacé, il existe dans la nature une puissance, une vertu active qui tend à rétablir le plein? Les phénomènes ne nous forcent-ils pas d'admettre aujourd'hui, entre tous les corps qui composent l'univers, une attraction réciproque, non moins incompréhensible? Qui peut affirmer cependant que la cause de cette attraction demeurera toujours cachée, et qu'un jour on ne la rapportera pas à quelque mécanisme jusqu'ici absolument inconnu? Or, si par similitude d'hypothèse, on admet dans la nature une tendance active au plein, pourquoi refuserait-on d'attribuer à cette tendance l'élévation de l'eau dans les pompes, ou celle du mercure dans le tube de Torricelli, lorsque la partie supérieure du tuyau est vide d'air grossier? La réserve de Pascal est donc celle d'un homme sage qui ne veut ni se tromper, ni s'exposer à tromper les autres. Il fait voir par ses premières expériences, que la nature n'a pas d'horreur pour le vide; mais d'après l'expérience du Puy-de-Dôme, il prononce affirmativement que la suspension de l'eau dans les pompes, ou celle du mercure dans le tube de Torricelli, est produite par le poids de l'air. Rien n'est plus lié et plus conséquent. Telle a été quarante ans après la méthode de Newton : c'est ainsi que le philosophe anglais a enrichi de nombreuses découvertes toutes les parties de la Physique. Descartes a suivi une route très-différente. Nous avons déjà remarqué sa passion pour les systèmes. Infidèle lui-même aux excellens préceptes qu'il a donnés, dans sa *Méthode*, pour chercher la vérité, il songeait moins à interroger qu'à deviner la nature. Son ambition était de fonder une secte; et pour y parvenir promptement, il détruisait les opinions reçues, et proposait les siennes sans examiner, avec trop de scrupule, si elles étaient conformes ou non aux phénomènes. Les erreurs où il est tombé ont égaré plusieurs savans; mais en le condamnant à cet égard, on est forcé d'avouer que son audace a été très-utile au progrès de la Philosophie : car lorsqu'il parut, toutes les écoles, esclaves d'Aristote, étaient plongées dans les ténèbres du Péripatétisme; et on ne pouvait espérer d'y introduire la lumière, qu'en renversant d'abord les autels que la superstition et l'ignorance avaient élevés depuis deux mille ans au philosophe grec. Si Descartes eût été plus modéré, les qualités occultes auraient résisté plus long-temps : et du moins son idée d'expliquer les effets physiques, par la matière et le mouvement, est très-belle et très-vraie en général. Mais dans un temps où les esprits se porteraient à la recherche de la vérité, par la voie de l'observation et de l'expérience, il faudrait soigneusement réprimer ou contenir l'esprit de système, parce qu'il substitue trop souvent les réponses précipitées d'une imagination ardente à celles de la nature, qu'il devrait attendre.

Les recherches de Pascal sur la pesanteur de l'air, le conduisirent insensiblement à l'examen des lois générales auxquelles l'équilibre des liqueurs est assujéti. Archimède avait déterminé la perte de poids que font les corps solides plongés dans un fluide, et la position que ces corps doivent prendre relativement à leur masse et à leur figure; Stévin, mathématicien flamand, avait remarqué que la pression d'un fluide sur sa base est comme le produit de cette base par la hauteur du fluide; enfin, on savait que les liqueurs pressent en tous sens les parois des vases où elles sont contenues : mais il restait encore à connaître exactement la mesure de cette pression, pour en déduire les conditions générales de l'équilibre des liqueurs.

Pascal établit pour fondement de la théorie dont il s'agit, que si l'on fait à un vase plein de liqueur et fermé de tous côtés, deux ouvertures différentes, et qu'on y applique deux pistons poussés par des forces proportionnelles à ces ouvertures, la liqueur demeurera en équilibre. Il prouve ce théorème de deux manières non moins ingénieuses que convaincantes. Dans la première démonstration, il observe que la pression d'un piston se communique à toute la liqueur, de manière qu'il ne pourrait s'enfoncer sans que l'autre piston se soulevât. Or, le volume du fluide demeurant le même, on voit que les espaces parcourus par les deux pistons, seraient réciproquement proportionnels à leurs bases, ou aux forces qui les poussent : d'où il résulte, par les lois connues de la Mécanique, que les deux pistons se contrebalancent mutuellement. La seconde démonstration est appuyée sur ce principe évident par lui-même, que jamais un corps ne peut se mouvoir par son poids, sans que son centre de gravité descende. Ce principe posé, l'auteur fait voir facilement que si les deux pistons, considérés comme un même poids, venaient à se mouvoir, le centre de gravité de leur système demeurerait néanmoins immobile : d'où il conclut que les pistons n'ont aucun mouvement, et que par conséquent le fluide est aussi en repos. Les différens cas d'équilibre des liqueurs et les phénomènes qui en dépendent, ne sont plus que des corollaires du théorème que je viens d'indiquer : Pascal entre à ce sujet dans des détails fort curieux.

L'état permanent de l'atmosphère s'explique par les mêmes moyens. Pascal remarque ici de plus, que l'air est un fluide compressible et élastique. Cette vérité, déjà connue depuis long-temps, avait été confirmée, au Puy-de-Dôme, par la voie de l'expérience. Un ballon à demi-plein d'air, transporté du pied au sommet de cette montagne, s'enfla peu à peu en montant, c'est-à-dire, à mesure que le poids de la colonne d'air dont il était chargé, diminuait ; puis se désenfla, ou se réduisit en un moindre volume, suivant l'ordre inverse, en descendant, c'est-à-dire, à mesure qu'il était plus chargé.

On doit rapporter à peu près au même temps les premières observations qu'on ait faites sur les changemens de hauteur auxquels la colonne mercurielle est sujette en un même lieu, par les divers changemens de temps. C'est de-là que le tube de Torricelli et les autres instrumens destinés au même usage, ont été appelés *Baromètres*. M. Périer observa ces variations à Clermont, pendant les années 1649, 1650, et les trois premiers mois de l'année 1651. Il avait engagé M. Chanut, ambassadeur de France en Suède, à faire de semblables expériences à Stockholm. Descartes, qui se trouvait dans la même ville sur la fin de l'année 1649, prit part à ce travail; et c'est à cette occasion qu'il indiqua l'idée d'un Baromètre double, contenant du mercure et de l'eau, afin de rendre plus sensibles les variations du poids de l'air, en les mesurant par celles de la colonne d'eau. Pascal se hâta d'avancer, d'après quelques observations informes, ou d'après une théorie vague et précaire, que l'air devient plus pesant à mesure qu'il est plus chargé de vapeurs : mais si cette proposition était vraie, Pascal se serait trompé en attribuant la suspension du mercure dans le tube de Torricelli, immédiatement à la pesanteur de l'air; car le plus souvent le mercure baisse dans les temps pluvieux. Quoi qu'il en soit, les premières explications qu'on a données des variations du mercure dans le baromètre méritent d'autant plus d'indulgence, qu'aujourd'hui même la cause de ces variations est encore assez peu connue, et qu'elles sont sujettes à plusieurs irrégularités qui troublent quelquefois les conséquences qu'on veut tirer de l'état du Baromètre.

Il paraît que les deux traités de Pascal sur

l'équilibre des liqueurs et sur la pesanteur de la masse de l'air, furent achevés en l'année 1653; mais ils n'ont été imprimés pour la première fois qu'en 1663, un an après la mort de l'auteur.

A la théorie des fluides, Pascal fit succéder différens traités sur la géométrie. Dans l'un, qui avait pour titre : *Promotus Apollonius Gallus*, il étendait la théorie des sections coniques, et il en découvrait plusieurs propriétés entièrement inconnues aux anciens ; dans d'autres , intitulés : *Tactiones sphæricæ; Tactiones conicæ; Loci plani ac solidi; Perspectivæ methodus* , etc. , il s'était pareillement ouvert des routes nouvelles. Il y a apparence que tous ces ouvrages sont perdus; du moins je n'ai pu parvenir à me les procurer : je n'en parle que sur une indication générale que l'auteur en donne lui-même, et sur une lettre de M. Leibnitz à l'un des fils de M. Périer, en date du 30 août 1676.

Les héritiers des manuscrits de Pascal sont très-blâmables de n'avoir pas publié ces recherches géométriques en même temps que les traités sur l'équilibre des liqueurs, et la pesanteur de l'air; car elles auraient alors contribué au progrès de la géométrie, et nous connaîtrions le point précis où Pascal les avait portées. D'ailleurs, les productions d'un homme de génie, en cessant même d'être nouvelles par le fond des choses, peuvent toujours être instructives par l'ordre des idées et des raisonnemens. Mais n'exagérons pas des pertes, ou déjà réparées, ou aisément réparables, quant à l'objet essentiel, c'est-à-dire quant aux connaissances qu'on pourrait espérer de puiser dans ces ouvrages. Considérons que si on les retrouvait aujourd'hui, ils ne nous offriraient tout au plus que des vérités de détail, et non pas des secours pour avancer la science. En effet, depuis le temps où ils furent écrits, les mathématiques se sont enrichies d'une foule de découvertes; les méthodes sont devenues plus simples, plus faciles et plus fécondes. Les grands géomètres de notre temps ne lisent pas Archimède, ni même Newton, pour y apprendre de nouveaux secrets de l'Art. Il y a dans ces recherches un progrès continuel de connaissances, qui, aux anciens ouvrages, en fait succéder d'autres plus profonds et plus complets. On étudie ces derniers, parce qu'ils représentent l'état actuel de la science; mais ils auront à leur tour la même destinée que ceux dont ils ont pris la place. Il n'en est pas ainsi dans les arts qui dépendent de l'imagination. Une tragédie telle que Zaïre sera lue dans tous les temps avec le même plaisir, tant que la langue française durera, parce qu'il ne reste rien à découvrir ni à peindre dans la jalousie d'Orosmane et la tendresse de Zaïre. Le poëte et l'orateur ont un autre avantage : leurs noms répétés sans cesse par la multitude, parviennent très-promptement à la célébrité. Cependant la gloire des inventeurs dans les sciences semble avoir un éclat plus fixe, plus imposant. Les vérités qu'ils ont découvertes circulent de siècle en siècle, pour l'utilité de tous les hommes, sans être assujéties à la vicissitude des langues. Si leurs ouvrages cessent de servir immédiatement à l'instruction de la postérité, ils subsistent comme des monumens destinés à marquer, pour ainsi dire, la borne de l'esprit humain, à l'époque où ils ont paru.

Il reste de Pascal plusieurs morceaux qui font connaître son génie pour les sciences, et qui l'ont placé parmi les plus grands mathématiciens. Je veux dire son triangle arithmétique, ses recherches sur les propriétés des nombres, son traité de la roulette, etc. Nous parlerons de tous ces ouvrages suivant l'ordre des temps où ils ont été écrits. Commençons par le triangle arithmétique, qui se présente le premier.

Si on veut se faire quelque idée de ce fameux triangle, qu'on se représente deux lignes perpendiculaires entre elles; qu'on les divise en parties égales, et qu'on leur mène des parallèles qui partent de tous les points de division. Il est évident qu'on formera, par cette construction, deux espèces de bandes ou rangées, les unes horizontales, les autres verticales; que chaque rangée horizontale ou verticale contiendra plusieurs quarrés ou cellules; que chaque cellule sera commune à une rangée horizontale et à une rangée verticale. Cela posé, Pascal écrit dans la première cellule qui est à l'angle droit, un nombre qu'on appelle *générateur*, et d'où dépend le reste du triangle. Ce nombre générateur

est arbitraire; mais étant une fois fixé, les autres
nombres destinés à remplir les autres cellules, sont
forcés; et en général le nombre d'une cellule quelconque est égal à celui de la cellule qui la précède
dans une rangée horizontale, plus à celui de la cellule qui la précède dans une rangée verticale. De-là
l'auteur tire plusieurs conséquences intéressantes :
il trouve le rapport des nombres écrits dans deux
cellules données; il somme la suite des nombres
contenus dans une rangée quelconque; il détermine
les combinaisons dont plusieurs quantités sont susceptibles, etc. On voit naître ici, sans effort et tout
naturellement, touchant les nombres, une foule
de théorèmes qu'on démontrerait difficilement par
toute autre méthode.

L'invention du triangle arithmétique est vraiment originale, et notre auteur n'en partage la
gloire avec personne. Dans le temps qu'il était
occupé de ces recherches, Fermat, conseiller au
parlement de Toulouse, et l'un des plus célèbres
mathématiciens du siècle passé, trouva une très-
belle propriété des nombres figurés, laquelle n'est
qu'un corollaire du triangle arithmétique : Pascal
n'oublia pas de le citer à cette occassion, en lui
donnant les plus grands éloges. On voit, par les
lettres qui nous restent de ces deux grands hommes,
avec quel plaisir ils se rendaient réciproquement
justice.

Parmi les propriétés du triangle arithmétique,
il y en a une très-remarquable : celle de donner les

II.   22

coefficiens des différens termes d'un Binome élevé à une puissance entière et positive. Newton a généralisé depuis cette idée de Pascal; et en substituant aux expressions radicales, la notation des exposans, imaginée par Wallis, il a trouvé la formule pour élever un binome à une puissance quelconque, entière ou rompue, positive ou négative.

Les mêmes principes donnèrent naissance à une nouvelle branche de l'analyse, qui a été très-féconde dans la suite, et c'est encore à Pascal qu'on en doit les élémens. Cette branche est le calcul des probabilités dans la théorie des jeux de hasard. Le chevalier de Meré, grand joueur, nullement géomètre, avait proposé sur ce sujet deux problèmes à Pascal. L'un consistait à trouver en combien de coups on peut espérer d'amener sonnez avec deux dés; l'autre, à déterminer le sort de deux joueurs après un certain nombre de coups, c'est-à-dire, à fixer la proportion suivant laquelle ils doivent partager l'enjeu, supposé qu'ils consentent à se séparer, sans achever la partie. Pascal eut bientôt résolu ces deux questions. Il n'a pas donné l'analise de la première: on voit seulement par l'une de ses lettres à Fermat, que suivant le résultat de son calcul, il y aurait du désavantage à entreprendre d'amener, en vingt-quatre coups, sonnez avec deux dés; ce qui est vrai en effet, comme il est également vrai qu'il y aurait de l'avantage à tenter la même chose en vingt-cinq coups. Mais il nous a laissé, relativement à la seconde question, un écrit pour déterminer en général les *partis* qu'on doit faire entre deux joueurs qui jouent en plusieurs parties; et il a encore traité la même matière dans ses lettres à Fermat. Le chevalier de Meré qui avait résolu, avec le secours de la logique naturelle, quelques cas particuliers et faciles de ces problèmes, incapable d'apprécier les recherches de Pascal, mais enorgueilli d'y avoir donné occasion, se crut en droit de les rabaisser; et poussant à l'excès la risible liberté que la plupart des gens du monde s'arrogent de tout juger, de tout improuver, sans avoir rien approfondi, il osa écrire à Pascal que *les démonstrations de la Géométrie sont le plus souvent fausses; qu'elles empêchent d'entrer dans des connaissances plus hautes qui ne trompent jamais; qu'elles font perdre dans le monde l'avantage de remarquer à la mine et à l'air des personnes qu'on voit, quantité de choses qui peuvent beaucoup servir,* etc. Si cette lettre ridicule a quelque sens, on entrevoit que l'auteur regarde l'art de saisir les faiblesses des hommes et d'en profiter, comme la suprême science : opinion d'une âme avide et dépravée, que personne n'oserait énoncer ouvertement, mais qui a toujours été la croyance et la règle des intrigans et des ambitieux, parce qu'en effet, dans un gouvernement corrompu, les richesses et les dignités ne sont, pour l'ordinaire, que des usurpations de l'adresse sur le mérite et sur la sottise.

On sent que le jugement du chevalier de Meré sur les découvertes de Pascal ne pouvait exciter

que la pitié, et non pas l'indignation. Format,
Roberval et les autres grands géomètres du temps,
applaudirent à ces mêmes découvertes, et leur suf-
frage eût consolé l'auteur, s'il avait eu besoin de
l'être. Il ne se borna pas à traiter la question sur
les *partis*, pour deux joueurs seulement : il étendit
ses recherches à un nombre quelconque de joueurs.
Roberval, frappé de la beauté de ces problèmes,
essaya, mais en vain, de les résoudre : Fermat y
réussit, en faisant usage de la théorie des combinaisons. Pascal, qui avait employé une méthode
différente, crut d'abord que celle des combinaisons
était défectueuse pour le cas où il y aurait plus de
deux joueurs ; mais il revint bientôt de cette légère
méprise, et il reconnut que la solution de Fermat,
d'ailleurs conforme à la sienne quant au résultat,
était aussi exacte dans les principes, qu'élégante par
la simplicité du calcul.

Toute la théorie du problème des *partis* est fondée sur deux principes fort simples. Le premier,
que si l'un des joueurs se trouve dans une position
telle que dans tous les cas, de gain ou de perte, il
lui appartienne une certaine somme sur l'enjeu, il
doit prendre cette somme entière, et n'en faire
aucun partage avec l'autre joueur. Le second, que
si l'enjeu doit appartenir tout entier à celui des
deux joueurs qui gagnera, en sorte qu'avant la partie, ils y aient l'un et l'autre un droit égal ; ils
doivent prendre chacun la moitié de l'enjeu, en
cas qu'ils veuillent se séparer sans jouer. De ces deux

principes combinés ensemble, résultent toutes les
règles qui sont nécessaires pour déterminer le sort
de plusieurs joueurs, ou pour calculer les probabilités de gain ou de perte qui leur restent, au moment que la partie est interrompue. Il ne s'agit point
ici d'examiner si, relativement à la fortune des
joueurs, ou par d'autres considérations, soit physiques, soit morales, ces règles ne doivent pas être
modifiées dans la pratique. M. Daniel Bernoulli a
discuté le premier objet (*), et M. d'Alembert
a proposé sur le second un grand nombre de
réflexions qui méritent toute l'attention des géomètres (**).

Le *Traité du triangle arithmétique* et les autres
qui y sont relatifs, furent trouvés tout imprimés,
quoique non publiés, parmi les papiers de Pascal,
après sa mort, arrivée en 1662. Mais ils avaient
été composés en l'année 1654, comme on le voit
par les dates des lettres de Pascal et de Fermat.

Quelques auteurs ont écrit que Huguens avait
donné en même temps que Pascal, et d'une manière
encore plus rigoureuse, la théorie des jeux de hasard. Mais la vérité est que l'ouvrage de Huguens,
de Ratiociniis in ludo aleœ, ne parut qu'en 1657,

(*) Voyez les anciens Mémoires de l'académie de Pétersbourg, années 1730 et 1731, tom. V, pag. 175.

(**) Voyez ses *Mélanges de Littérature*, tom. V, et ses
Opuscules Mathématiques, tom. II et V.

et que sa méthode n'est autre dans le fond que celle
de Pascal, déjà répandue parmi les géomètres dès
l'année 1654. Voici comment Huguens s'exprime
lui-même dans sa préface, avec une candeur bien
digne d'un si grand homme. « Il faut qu'on sache
» que toutes ces questions ont déjà été agitées parmi
» les plus grands géomètres de la France, afin
» qu'on ne m'attribue pas mal à propos la gloire
» de la première invention (*). » En effet, celui qui
a trouvé le tautochronisme de la cycloïde, la
théorie des développées, celle des forces centrales, etc., n'a pas besoin qu'on lui fasse des
présens.

Ce fut encore à peu près dans ce temps-là que
Pascal fit la découverte de deux machines très-
simples et très-usuelles : l'une est cette espèce de
chaise roulante, traînée à bras d'homme, que l'on
appelle vulgairement *brouette* ou *vinaigrette* (**);

(*) *Sciendum verò quòd jam pridem inter præstantissi-*
mos tota Galliá geometras calculus hic agitatus fuerit, ne
quis indebitam mihi primæ inventionis gloriam hâc in re
tribuat.

(**) La suspension de la brouette est ingénieuse, relativement à son objet. Deux ressorts de fer attachés solidement chacun par l'une de leurs extrémités au bas de la
partie antérieure de la caisse, portent à l'autre extrémité
qui est libre, et qui va en relevant, deux espèces d'é-
triers ; ces étriers soutiennent deux plateaux qui sont enfilés
par l'essieu, et qui ont la liberté de monter ou de descendre

l'autre est cette charrette à longs brancards, connue sous le nom de *haquet* (*).

Tous ces ouvrages ruinaient insensiblement la santé de Pascal. La faiblesse de son corps ne pouvait suffire à l'activité de son esprit. Dès la fin de l'année 1647, il avait été attaqué, pendant trois mois, d'une paralysie qui lui ôtait presque entièrement l'usage de ses jambes. Quelque temps après il vint demeurer à Paris avec son père et sa sœur Jacqueline. Tant qu'il fut environné de sa famille, il mettait quelque relâche à ses études; on l'obligeait à prendre de la dissipation; on lui fit faire quelques voyages en Auvergne et en d'autres provinces. Mais il eut le malheur de perdre son père en 1651; et sa sœur Jacqueline, occupée depuis long-temps du désir de se consacrer toute entière à Dieu, embrassa l'état de religieuse, à Port-Royal

---

le long de deux coulisses verticales; ce qui empêche ou diminue les secousses que produiraient les inégalités du terrein.

(*) Le haquet sert, comme on sait, à transporter des ballots pesans, des tonneaux pleins de liqueur, etc. Les deux brancards forment bascule et deviennent des plans inclinés, quand on veut faire monter ou descendre les fardeaux : un moulinet placé à l'avant du haquet, reçoit un cable qui soutient le poids ascendant ou descendant. Il y a d'autres espèces de haquets : celle-là est la principale ; elle contient, comme on voit, une combinaison heureuse du tour et du plan incliné.

des-Champs, en 1653. Il était d'ailleurs éloigné de
monsieur et de madame Périer, que la charge de
M. Périer retenait à Clermont. Ainsi resté seul de
sa famille à Paris, sans avoir personne qui pût le
contenir, il se livra à des excès de travail qui l'auraient conduit en peu de temps au tombeau, s'il
ne se fût enfin arrêté. La défaillance de la nature,
plus puissante que les conseils des médecins, le
força de s'interdire absolument toute étude, toute
contention d'esprit. Aux méditations du cabinet,
il substitua la promenade, et d'autres semblables
exercices modérés et salutaires. Il vit le monde; et
quoiqu'il y portât quelquefois une humeur un peu
mélancolique, il y plaisait par une raison supérieure, toujours accommodée à la portée de ceux
qui l'écoutaient. Cette espèce d'empire s'établit
avec plus de lenteur que celui des agrémens; mais
il est plus respecté et plus durable. Pascal prit à
son tour du goût pour la société : il songea même
à s'y attacher par les liens du mariage, espérant
que les soins d'une compagne aimable et sensible
adouciraient ses souffrances, augmentées encore
par l'ennui de la solitude; mais un événement im-
prévu changea tous ses projets.

Un jour du mois d'octobre 1654, étant allé se
promener, suivant sa coutume, au pont de Neuilly,
dans un carrosse à quatre chevaux, les deux premiers prirent le mors aux dents vis-à-vis un endroit
où il n'y avait point de parapet, et se précipitèrent
dans la Seine. Heureusement la première secousse

de leur poids rompit les traits qui les attachaient au
train de derrière, et le carrosse demeura sur le
bord du précipice ; mais on se représente sans peine
la commotion que dût recevoir la machine frèle et
languissante de Pascal. Il eut beaucoup de peine
à revenir d'un long évanouissement ; son cerveau
fut tellement ébranlé, que dans la suite, au milieu
de ses insomnies et de ses exténuations, il croyait
voir de temps en temps, à côté de son lit, un précipice prêt à l'engloutir. On attribue à la même
cause une espèce de vision ou d'extase qu'il eut
peu de temps après, et dont il conserva la mémoire, le reste de sa vie, dans un papier qu'il portait toujours sur lui entre l'étoffe et la doublure de
son habit.

Son père lui avait inspiré dès l'enfance l'amour
et la croyance intime de la religion. Ces sentimens,
gravés au fond de son cœur, mais un peu assoupis
par l'étude des sciences, se réveillèrent en ce moment, et reprirent toute leur force. Il regarda l'événement dont nous venons de parler, comme un
avis que le ciel lui donnait de rompre tous les en-
gagemens humains, et de ne vivre à l'avenir que
pour Dieu. Sa sœur Jacqueline l'avait déjà préparé,
par son exemple et par ses discours, à ce pieux
dessein. Il renonça donc entièrement au monde,
et ne conserva de liaison qu'avec quelques amis
remplis des mêmes principes. La vie réglée qu'il
menait dans sa retraite, apporta quelques adou-
cissemens à ses maux : elle lui procura même d'assez

longs intervalles de santé ; et c'est alors qu'il composa plusieurs ouvrages d'un genre bien opposé
aux Mathématiques et à la Physique : nouveaux
prodiges de son génie, et de la facilité incroyable
avec laquelle il saisissait tous les objets qu'on lui
présentait.

L'abbaye de Port-Royal, après un long état de
langueur et de relâchement, s'était élevée en peu
de temps à la plus haute réputation de vertu et de
régularité, sous le gouvernement de la mère Angé-
lique Arnaud. Cette fille célèbre, soigneuse d'augmenter la gloire de son petit empire, par tous les
moyens que pouvait avouer la religion, avait attiré
dans une maison particulière, attenante au monastère des champs, plusieurs hommes éminens en
savoir et en piété, qui, dégoûtés du monde, venaient chercher au désert le recueillement et la
tranquillité chrétienne : tels étaient ses deux frères,
Arnaud d'Andilli et Antoine Arnaud ; ses neveux,
Le Maître, et Saci, le traducteur de la Bible ; Nicole, Lancelot, Hermant, etc. La principale occu-
pation de ces illustres solitaires était d'instruire la
jeunesse : c'est dans leur école que Racine puisa la
connaissance des langues grecque et latine, le goût
de la saine antiquité, et les principes de ce style
harmonieux et enchanteur qui le caractérise, et
qui lui a donné la première place sur le Parnasse
français. Pascal désira de les connaître, et bientôt
il fut admis à leur familiarité la plus intime. Sans
prendre parmi eux d'établissement fixe, il leur

faisait, par intervalles, des visites de trois ou quatre mois. Il trouvait dans leurs entretiens tout ce qui pouvait l'intéresser : raison, éloquence, dévotion sincère et éclairée. De leur côté, ils ne tardèrent pas à reconnaître l'étendue et la profondeur de son génie. Rien ne lui paraissait étranger : la variété de son savoir, et l'esprit d'invention qui dominait en lui, le mettaient à portée de s'exprimer avec intelligence, et même de répandre des idées neuves sur toutes les matières que l'on agitait. Il s'acquit l'admiration et l'amour de tous les solitaires. Saci en particulier avait pour lui une estime remarquable dans son genre. Ce savant laborieux, qui passait sa vie à étudier l'Ecriture-Sainte et les ouvrages des Pères, s'était pris d'une passion violente pour saint Augustin : il y trouvait, par réminiscence, tout ce qu'il entendait dire d'extraordinaire. Dans cette pieuse illusion, aussitôt que Pascal laissait échapper quelques-uns de ces traits sublimes qui lui étaient familiers, Saci se rappelait d'avoir lu la même chose dans son auteur favori; mais il ne faisait qu'en admirer davantage Pascal, et il ne pouvait comprendre comment un jeune homme, sans avoir jamais lu les Pères, se rencontrait néanmoins toujours, par la seule pénétration de son esprit, avec le plus célèbre docteur de l'église. On ne se doutait pas encore que ce jeune homme dût être bientôt le défenseur et le plus ferme appui de Port-Royal. Je demande la permission d'entrer, à ce sujet, dans un certain détail, et de reprendre

les choses d'un peu haut. Ce n'est pas comme théologien que Pascal est le plus grand aux yeux de la
postérité, mais c'est par-là qu'il a eu peut-être le
plus de réputation dans son temps; et le tableau
succinct des opinions qu'il a combattues ou embras-
sées, offre un point de vue qui peut fournir la matière de plusieurs réflexions philosophiques.

Tout le monde connaît la fameuse querelle du
molinisme et du jansénisme, qui a si long-temps
agité l'église de France, troublé l'état, et fait le
malheur d'une foule d'hommes respectables dans
les deux partis. Il s'agissait d'expliquer l'action de
la grâce sur notre volonté, et de concilier la prédestination avec le libre arbitre : grands problèmes,
qui, sous des noms divers, ont été, dans tous les
temps, le tourment et l'écueil de la curiosité
humaine.

Nous avons la conviction intérieure que nous
sommes libres : c'est d'après cette conviction que
l'homme ose apprécier ses actions et celles des
autres, qu'il approuve ou qu'il blâme, qu'il jouit
du témoignage d'une conscience pure, ou qu'il est
déchiré par ses remords : c'est d'après elle qu'il
voit d'un œil bien différent le traître qui l'assassine
et la pierre qui le blesse par sa chute. Mais comment l'homme est-il libre? Comment cette liberté
se concilie-t-elle avec l'influence des motifs sur la
volonté, avec l'action universelle et continue de la
cause première et toute-puissante dont chaque
chose tient l'être et la manière d'être, avec la

connaissance certaine qu'a la Divinité, non-seulement du passé et du présent, mais encore de l'avenir ? L'examen de ces questions occupa et bientôt divisa les premiers philosophes grecs. Les uns se déclarèrent pour la liberté absolue de l'homme; les autres ne virent en lui qu'un instrument passif, sans cesse entraîné par la force irrésistible d'une puissance aveugle, appelée *destin*, qui, selon eux, gouvernait l'univers. Ces deux systèmes eurent à peu près un nombre égal de partisans. Et dès lors on put observer que les défenseurs du dogme de la fatalité faisaient profession de la morale la plus rigide dans la spéculation et dans la pratique : comme si à force de vertus, et en portant l'austérité jusqu'à l'excès, ils avaient voulu expier envers la société les conséquences destructives de toute morale qu'on imputait à leur doctrine métaphysique !

Les hommes, même en soumettant leur raison à des dogmes qu'ils respectaient comme enseignés immédiatement par la Divinité, n'ont pu renoncer à cette curiosité ardente et indiscrète qui les pousse à raisonner sur tout, et à vouloir tout expliquer. La même diversité d'opinions qui avait régné entre les philosophes de l'antiquité, a partagé les écoles des théologiens, et a formé, dans toutes les religions, des sectes rivales. Parmi les Mahométans, les questions de la prédestination et du libre arbitre sont un des principaux points qui divisent les sectateurs d'Omar et ceux d'Ali. C'était chez les Juifs un des objets de dispute entre les Pharisiens et les Saducéens. Dans le christianisme, la foi enseignant d'un côté que l'homme est libre, qu'il a le pouvoir de mériter et de démériter; de l'autre, que la sanctification est un don de Dieu, que les hommes ne peuvent rien sans son secours, que la vocation à la foi et au salut est absolument gratuite : l'opposition apparente entre ces vérités a redoublé encore l'épaisseur du voile qui couvre cet abîme.

Cependant les premiers chrétiens, occupés à la pratique des vertus, adoraient en paix des mystères qu'ils ne pouvaient pénétrer. Les dissensions ne s'élevèrent que lorsque cette ferveur venant à diminuer, l'attention commença à se fixer sur les parties spéculatives de la religion. C'est alors que dans l'embarras d'accorder le libre arbitre avec l'action de la grâce, on vit les esprits se partager, adopter et exagérer les vérités qui étaient les plus analogues à leur caractère, à leur manière de voir et de sentir, et surtout celles qui paraissaient se prêter le plus aux explications systématiques qu'ils se permettaient d'imaginer. De-là tous ces écarts, qui, tantôt d'un côté, tantôt de l'autre, ont altéré la pureté du dogme, et qui, se reproduisant sous différentes formes dans la suite des siècles, ont été tour à tour frappés des anathèmes de l'église.

Saint Augustin, par le zèle et les lumières qu'il déploya dans sa dispute contre Pélage, partisan outré de la liberté, mérita d'être appelé par excellence le *Docteur de la Grâce*. Avant cette dispute, il avait combattu les erreurs des Manichéens, contraires au libre arbitre. Par cette circonstance-là même, les théologiens des écoles opposées ont pu puiser des armes dans ses ouvrages; mais comme la controverse qu'il soutint contre les Pélagiens fut plus longue et plus animée, le parti dont les opinions s'éloignaient le plus des erreurs pélagiennes, a trouvé plus de facilité à s'appuyer de son autorité, et s'est toujours particulièrement fait gloire de marcher sous sa bannière.

Les ténèbres et l'ignorance qui suivirent la condamnation des Pélagiens, et les guerres où les chrétiens furent occupés, semblèrent amortir la curiosité sur ces questions. On en disputa cependant encore dans les couvens des moines, et depuis dans les universités, lorsque les études scolastiques se ranimèrent. L'école de saint Thomas-d'Aquin, qui adopta ce que la doctrine de saint Augustin avait de plus rigide, parut y ajouter quelque chose de plus rigide encore, en voulant l'expliquer par le système de la prémotion physique : système suivant lequel Dieu lui-même imprimerait à la volonté le mouvement qui la détermine. Les Franciscains et d'autres théologiens s'élevèrent fortement contre cette doctrine. On accusait les Thomistes d'introduire le fatalisme, de rendre Dieu auteur du péché, de le représenter comme un tyran qui, après avoir défendu le crime à l'homme, le nécessite à devenir coupable, et le punit de l'avoir été. Les Thomistes à leur tour reprochaient à leurs adversaires de transporter à la créature une puissance qui n'appartient qu'à Dieu, et de renouveler les erreurs de Pélage, en anéantissant le pouvoir de la grâce, et en faisant l'homme auteur de son salut.

Malgré l'aigreur de ces imputations réciproques et l'animosité qu'elles devaient inspirer, un concours heureux de circonstances en modéra les effets. Les deux opinions opposées avaient partagé les universités, et chaque parti avait à sa tête deux ordres rivaux : tous deux puissans, tous deux recommandables par une égale réputation de science et de piété, tous deux également chers au siége de Rome, par le zèle infatigable avec lequel ils travaillaient à étendre son autorité. Les papes avaient un trop grand intérêt à conserver ces deux appuis de leur puissance, pour faire pencher la balance en faveur de l'un ou de l'autre. Le peuple ne prit aucune part à ces disputes qu'il n'entendait pas ; la foi n'y était point intéressée ; Rome gardait le silence ; et jamais une question sur laquelle l'autorité a laissé librement soutenir le pour et le contre, n'a occasionné et n'occasionnera de troubles.

Luther et Calvin parurent : ces deux nouveaux réformateurs, ardens à chercher des contrariétés entre la croyance de l'église catholique et la doctrine des premiers siècles du christianisme, prétendirent embrasser, mais outre-passèrent beaucoup les principes que saint Augustin avait développés contre les pélagiens. Il est vrai que les luthériens ne furent pas long-temps sans revenir à des principes plus doux ; et que même parmi les calvinistes, Arminius et ses sectateurs abandonnèrent tout-à-fait la doctrine de Calvin, pour prendre celle de Pélage. Mais lors de l'établissement du protestantisme, le système de la prédestination la plus rigide étoit un des points que les novateurs prêchoient avec le plus d'enthousiasme, et que les théologiens catholiques s'attachèrent le plus à réfuter.

Les Jésuites, dont la société avait pris naissance dans ces temps d'orage et de dissensions, se livrèrent à la controverse avec toute l'activité que pouvait inspirer l'ambition d'acquérir la prépondérance dans l'église. Une métaphysique ingénieuse et séduisante leur attira des élèves et des sectateurs. Fiers de leurs succès, ils ne se bornèrent pas à combattre Luther et Calvin : ils voulurent élever une nouvelle école contre celle de saint Thomas. Le système du jésuite espagnol Molina, sur l'accord de la grâce et du libre arbitre, balança la prémotion physique. Dans ce système, dieu voit d'abord, par une prévision de simple intelligence, toutes les choses possibles ; il voit par une autre prévision que Molina appelle la *science moyenne*, ou la science des *futurs conditionnels*, non-seulement ce qui arrivera en conséquence de telle ou telle condition, mais encore ce qui serait arrivé (et qui n'arrivera pas), si telle ou telle condition avait eu lieu ; tous les hommes sont continuellement munis de grâces suffisantes pour opérer leur salut, grâces qui

II.   23

deviennent efficaces ou qui demeurent sans effet, selon le libre usage qu'ils en font ; lorsque Dieu veut convertir ou sauver un pécheur, il lui accorde les grâces auxquelles il prévoit, par la science moyenne, que le pécheur consentira, et qui le feront persévérer dans le bien. On voit par ce précis que Molina cherchant à sauver la liberté humaine, lui donne une étendue trop illimitée, trop indépendante du créateur. Il n'a même fait que substituer à la première difficulté une difficulté semblable, et peut-être plus grande : car suivant ses principes, la prescience d'un événement conditionnel qui ne doit pas arriver, est fondée sur une connexion entre cet événement et la condition dont il dépendait ; connexion absolument incompréhensible, et cependant nécessaire par elle-même, puisque la condition n'ayant point été et ne devant point être réalisée, il n'a existé, ni n'existera aucun exercice de la liberté, aucune détermination qui puisse en être l'effet.

Suarez fit quelques corrections au système de Molina, et crut pouvoir expliquer, par le concours simultané de Dieu et de l'homme, comment la grâce opère infailliblement son effet, sans que l'homme en soit moins libre d'y céder ou d'y résister ; mais cette association de la divinité aux actes de notre volonté faible et changeante, est encore un mystère non moins impénétrable que tous les autres points de la dispute.

Malgré les objections qui démontraient l'incertitude ou même la fausseté de leur doctrine, les

Jésuites la produisaient partout avec confiance, comme le véritable dénouement des difficultés que les SS. Pères avaient trouvées à concilier la liberté des actions humaines avec la prescience divine. Cette orgueilleuse prétention blessa les anciennes écoles. On fut indigné de la supériorité que ces nouveaux docteurs voulaient s'attribuer, pour avoir introduit dans la théologie quelques subtilités métaphysiques, qui dans le fond n'éclaircissaient rien, et qui même se contredisaient réciproquement. Les combats qu'ils eurent à soutenir en particulier contre les dominicains s'animèrent au point que le saint-siége crut devoir s'en occuper : les théologiens des deux ordres débattirent leurs opinions devant ces assemblées si connues sous le nom de congrégations *de Auxiliis*. Rome eut encore cette fois la sagesse de ne rien prononcer; mais l'éclat de ces thèses solennelles ne fit qu'augmenter l'acharnement des deux partis.

Pendant que ces funestes divisions troublaient l'église, Corneille Jansen, évêque d'Ypres, si connu sous le nom de *Jansenius*, homme respecté pour sa science et pour ses mœurs, et fort éloigné de prévoir qu'un jour son nom deviendrait un signal de discorde et de haine, s'occupait, dans le silence du cabinet, à méditer et à rédiger en corps de système les principes qu'il avait cru reconnaître dans les livres du docteur de la grâce. Il écrivit son ouvrage en latin, sous le titre d'*Augustinus*, et le soumit au jugement de l'église. A peine venait-il

23.

de l'achever, lorsqu'il mourut (en 1638) de la peste dont il fut atteint en examinant des papiers qui avaient appartenu à quelques-uns de ses diocésains enlevés par ce fléau.

L'*Augustinus* vit le jour, pour la première fois, en 1640 : c'était un énorme *in-folio*, écrit sans ordre et sans méthode, non moins obscur par le style et par une diffusion accablante, que par le fond même des matières. Quelle sensation, quel mal pouvait-il produire, si on l'eût abandonné à sa destinée naturelle ? Il dut tout son malheureux éclat aux hommes célèbres qui le mirent en évidence, et à l'animosité implacable de leurs ennemis.

L'abbé de Saint-Cyran (*), ami de Jansenius, imbu de la même doctrine, abhorrant les Jésuites et leur science moyenne, vantait l'*Augustinus*, même avant qu'il ne fût achevé, comme le dépôt des secrets de la prédestination ; et il en répandait les principes dans les lettres spirituelles qu'il écrivait de tous côtés. Bientôt après, les solitaires de Port-Royal firent profession publique des mêmes sentimens. Alors Jansenius devint l'oracle des écoles les plus renommées : c'était un homme suscité de Dieu, disaient-elles, pour servir d'interprète à saint Augustin. Les Jésuites irrités de l'abandon où ils voyaient tomber insensiblement leur théologie,

---

(*) Jean Duverger de Hauranne, né en 1581, mort en 1643.

et jaloux des savans de Port-Royal, qui les effa-
çaient dans tous les genres de littérature, se soule-
vèrent avec emportement contre l'ouvrage de Jansenius. La matière prêtait aux équivoques : en pres-
sant les paroles de l'auteur, ils parviennent à former
cinq propositions qui présentaient un sens évidemment faux et erroné ; ils les dénoncent au saint-
siége, et sollicitent à grands cris la condamnation
de l'*Augustinus*. Innocent X censura, le 31 mai
1655, les cinq propositions, sans décider d'ailleurs
d'une manière précise si elles étaient exactement
contenues dans le livre inculpé. Le clergé de France,
dans son assemblée de 1656, demanda un nouveau
jugement au pape, en lui peignant les Jansénistes
comme des sujets rebelles et hérétiques. Alexandre VII rendit, le 16 octobre 1656, une bulle qui
condamnait encore les cinq propositions, mais avec
la clause expresse qu'elles étaient fidèlement ex-
traites de Jansenius, et hérétiques dans le sens qu'il
leur attribuait. Cette bulle servit de base à un formulaire que le clergé dressa en 1657, et dont la cour
entreprit d'exiger rigoureusement la signature,
quatre ans après. Alexandre VII donna, en 1665,
une seconde bulle, avec un formulaire, sur le
même sujet.

Il est vraisemblable que les Jésuites auraient suc-
combé dans leur poursuite contre les disciples de
Jansenius, si des hommes tout-puissans dans l'Europe n'eussent eu intérêt de se joindre à eux. Le
cardinal de Richelieu, qui haïssait personnellement

l'abbé de Saint-Cyran, avait d'abord tenté de faire condamner ses écrits par le saint-siége; mais il mit peu de suite et peu de chaleur dans cette négociation : il n'était pas homme à essuyer les lenteurs ordinaires à la cour de Rome, pour un objet aussi frivole à ses yeux que la censure de quatre ou cinq propositions systématiques, hasardées par un théologien sans appui; il trouva plus simple et plus commode de faire enfermer l'abbé de Saint-Cyran au château de Vincennes.

Mazarin, moins violent, plus adroit dans l'art de cacher et d'assurer les effets de la haine, porta en secret de plus rudes coups aux Jansénistes. Il était indifférent au fond sur toutes les matières théologiques; il aimait peu les Jésuites, mais il savait que les solitaires de Port-Royal conservaient des liaisons avec le cardinal de Retz, son ennemi, qui l'avait fait trembler. Sans approfondir la nature de ces liaisons, formées anciennement, et très-innocentes en elles-mêmes, il les jugea criminelles; et pour s'en venger, il excita sourdement le clergé à demander la bulle de 1656. Ainsi, une question qui ne devait jamais être remuée, ou qui aurait dû naître et mourir dans l'obscurité des écoles, acquit de l'importance et troubla l'état pendant plus de cent ans, parce que les défenseurs d'un livre inintelligible et destiné à l'oubli, étaient les amis d'un archevêque de Paris, qui avait voulu faire chasser le premier ministre du roi de France! Mazarin ne prévit pas sans doute les funestes suites de sa faiblesse à mêler l'autorité dans une guerre théologique dont il aurait fallu ignorer l'existence; mais son exemple doit être une grande leçon pour les souverains et les ministres.

Les solitaires de Port-Royal et plusieurs autres théologiens, sans défendre le sens littéral des cinq propositions condamnées, prétendirent quelles n'étaient point contenues dans l'*Augustinus*, ou que si elles s'y trouvaient, c'était dans un sens catholique. On leur répondit par des assertions contraires. La querelle devint alors plus vive qu'elle n'avait jamais été : on écrivit de part et d'autre une multitude d'ouvrages où les passions humaines étouffant la charité si fort recommandée aux chrétiens, fournirent aux ennemis de la religion un triste sujet de triomphe.

De tous ceux qui combattirent pour Jansenius, aucun ne montra tant de zèle et de véhémence que le docteur Arnaud. Il avait l'âme élevée et les mœurs austères. Lorsqu'il s'engagea dans le sacerdoce, il donna presque tout son bien à la maison de Port-Royal, disant qu'un ministre de Jésus-Christ doit être pauvre. Son attachement à ce qu'il croyait la vérité, était inflexible comme elle. Il détestait la morale corrompue des Jésuites, et il était encore plus haï d'eux, tant parce que ses sentimens leur étaient bien connus, que parce qu'il était né d'un père qui avait plaidé avec chaleur, au nom de l'Université, pour qu'on leur interdît l'enseignement de la jeunesse, et qu'on les chassât même du royaume. On jugera par le trait suivant de l'intérêt qu'il mettait à l'affaire du Jansénisme : un jour Nicole, son ami et son compagnon d'armes pour la même cause, mais né d'ailleurs avec un caractère doux et accommodant, lui représentait qu'il était las de cette guerre, et qu'il voulait se reposer. *Vous reposer*, répond Arnaud : *eh ! n'aurez-vous pas pour vous reposer l'éternité toute entière ?*

Dans ces dispositions, Arnaud publia, en 1655, une lettre où il disait qu'il n'avait pas trouvé dans Jansenius les propositions condamnées ; et discutant en général la question de la grâce, il ajouta *que saint Pierre offrait dans sa chute l'exemple d'un juste à qui la grâce, sans laquelle on ne peut rien, avait manqué*. La première de ces deux assertions parut injurieuse au saint-siége ; la seconde fut regardée comme suspecte d'hérésie : elles excitèrent l'une et l'autre une grande rumeur dans la Sorbonne, dont Arnaud était membre. Les ennemis de ce docteur mirent tout en usage pour lui attirer une censure humiliante. Ses amis lui représentèrent la nécessité de se défendre. Il était né avec une grande éloquence, mais il n'en réglait pas assez les mouvemens : son style négligé et dogmatique nuisait quelquefois à la solidité de ses écrits ; car dans les matières qu'on ne peut soumettre à la démonstration géométrique, le charme de l'expression est l'un des principaux moyens pour persuader. Il composa une longue apologie de ses sentimens et de sa doctrine; mais, en rendant justice au fond, on trouva que cet écrit était pesant, monotone et peu propre à mettre le public dans ses intérêts. Il en convint lui-même de sang-froid, et il fut le premier à indiquer Pascal comme le seul homme capable de traiter le sujet d'une manière solide et piquante. Pascal consentit volontiers à prêter le secours de sa plume pour une cause qui intéressait des savans vertueux, infiniment chers à son cœur.

Le 23 janvier 1656, il publia, sous le nom de *Louis de Montalte*, sa première lettre *à un Provincial* (1), dans laquelle il se moque des assemblées qui se tenaient alors en Sorbonne pour l'affaire d'Arnaud, avec une finesse, une légèreté dont il n'y avait pas encore de modèle. Cette lettre eut un succès prodigieux; elle entraîna tout le public indifférent; mais la cabale qui voulait opprimer Arnaud, avait si bien pris ses mesures, on fit venir aux assemblées tant de moines et de docteurs mendians, dévoués à l'autorité, que non-seulement les deux propositions de ce docteur furent condamnées à la pluralité des voix, mais que lui-même

_____

(*) Les lettres qu'on appelle (par une expression fort impropre, mais que l'usage a consacrée) *Lettres Provinciales*, parurent d'abord sous ce titre : *Lettres écrites par Louis de Montalte à un Provincial de ses amis, et aux RR. PP. Jésuites, sur la morale et la politique de ces Pères.*

fut exclus pour toujours de la faculté de théologie,
par un décret du 31 janvier 1656.

Le triomphe de ses ennemis fut un peu troublé
par la seconde, la troisième et la quatrième lettres
au Provincial, qui suivirent de près le jugement
de la Sorbonne. Elles jetèrent un ridicule inefia-
çable sur plusieurs théologiens séculiers, et sur les
Dominicains, qui, pour ménager leur crédit et
pour satisfaire de petites haines, semblaient avoir
abandonné en cette occasion la doctrine de saint
Thomas. Mais les Jésuites, en particulier, qui
avaient le plus contribué à faire condamner Arnaud, expièrent chèrement la joie que ce succès
leur avait causée : ils furent immolés à la risée et
à l'indignation publique dans les lettres suivantes.
C'est dans leurs écrits de théologie morale que
Pascal alla chercher les traits qui devaient les
rendre à jamais odieux et ridicules, et préparer de
loin leur destruction.

On sait que toute la religion chrétienne roule
sur deux pivots : la croyance du dogme et la pratique des vertus. L'église a toujours regardé comme
ses ennemis ceux qui ont osé attaquer ou même
interpréter le dogme. Elle a porté la même vigilance et la même sévérité dans l'observation des
principes généraux de la morale : mais dans les
applications particulières de ces principes, il peut
y avoir des modifications qu'elle a permis de soumettre à l'examen. En effet, s'il existe des actions
humaines, visiblement criminelles, il en est d'autres

qui paraissent indifférentes, et qui tirent leur vrai caractère de l'intention ou des circonstances. Il a donc fallu que la morale eût ses interprètes, chargés de poser la limite entre le crime et la vertu, d'effrayer le coupable audacieux, et de rassurer quelquefois l'âme timide et ingénue qui s'exagère à elle-même ses faiblesses.

Les théologiens, obligés par état d'expliquer la religion au peuple, ne pouvaient laisser échapper cette occasion de signaler leur science et leur zèle. Toutes les écoles, tous les ordres religieux produisiront des docteurs qui, sous le nom de *Casuistes*, jugeaient les consciences et mettaient, pour ainsi dire, un tarif aux actions humaines. Ils furent utiles, tant qu'ils prirent eux-mêmes pour guide la morale simple et consolante de l'évangile : ils finirent par semer le désordre dans la société chrétienne, en voulant subordonner cette morale à leurs opinions systématiques, ou à des intérêts humains. On se rappelle les questions impertinentes sur les universaux, sur les cathégories, etc., que l'on a agitées, pendant des siècles d'ignorance, dans l'oisiveté et l'ennui des cloîtres. Le même esprit s'introduisit dans la théologie morale. On vit des auteurs graves épuiser leur subtilité à tourner une action sur toutes les faces ; à faire que vicieuse par le côté matériel, elle parût innocente par l'intention, ou dans un certain point de vue métaphysique ; à mettre l'homme qui venait les consulter, toujours dans l'incertitude s'il était digne de haine ou d'amour, et à se rendre ensuite, par la voie de la confession, les arbitres souverains des consciences. Une foule de questions extravagantes ou scandaleuses furent proposées et souvent décidées contre les plus simples lumières du sens commun. Rien n'aurait été sans doute plus nuisible aux mœurs que de pareilles décisions, si l'excès du ridicule n'avait écarté le danger.

La société des jésuites ne s'était pas moins adonnée à la théologie morale, qu'à la controverse. Je ne finirais point, si je voulais seulement rapporter ici les noms de leurs casuistes. On prétend qu'ils ont inventé ou perfectionné les fameux systèmes du *probabilisme*, des *restrictions mentales*, de la *direction d'intention*, etc. Tous ceux qui ont lu ces auteurs, disent qu'on y trouve de l'esprit, une dialectique subtile, et quelquefois même une sorte de sagacité à proposer et à résoudre des cas de conscience qui surprennent par leur singularité. Par exemple, on cite le traité *de Matrimonio*, par le jésuite espagnol Sanchez, comme un ouvrage achevé dans son genre : on assure que l'auteur a examiné la matière à fond, prévu tous les cas, et discuté toutes les questions que la nature, excitée par la chaleur du climat, pouvait offrir à l'imagination errante d'un solitaire.

Les décisions burlesques ou scandaleuses des moralistes de la *société* fournissaient donc à Pascal une ample moisson de plaisanteries et de sarcasmes. Mais il fallait un génie tel que le sien pour employer

ces matériaux, et pour en former un ouvrage qui
pût intéresser, non pas seulement les théologiens,
mais le public de tous les états. On a tant parlé de
ces fameuses *Lettres Provinciales*, que nous pouvons
presque nous dispenser d'en parler ici. Tout le
monde sait et répète que cet ouvrage n'avait aucun
modèle chez les anciens, ni chez les modernes, et
que l'auteur a deviné et fixé la langue française.
Voltaire dit en propres termes que les meilleures
comédies de Molière n'ont pas plus de sel que les
premières *Lettres Provinciales*, et que Bossuet n'a
rien de plus sublime que les dernières. A ces éloges
consacrés par la voix publique, j'ajouterai une
observation. L'un des plus grands mérites des *Lettres Provinciales* est, ce me semble, l'art admirable
avec lequel Pascal a su ménager les transitions dans
le sujet qui présentait peut-être à cet égard, le
plus de difficulté, par l'incohérence de ses parties.
Il passe d'un objet à un autre tout différent, sans
qu'on s'en aperçoive. La destruction des Jésuites
pourra diminuer un peu l'empressement de certains lecteurs pour cet ouvrage ; mais il subsistera
toujours parmi les gens de lettres et de goût, comme
un chef-d'œuvre de style, de bonne plaisanterie
et d'éloquence.

Il semble qu'on ne pouvait rien répondre à ce
livre foudroyant : les Jésuites montrèrent un courage qu'on n'attendait pas ; ils défendirent hardiment leurs casuistes. On a écrit qu'ils auraient dû
les abandonner, et rire eux-mêmes les premiers

des plaisanteries de Pascal, puisqu'après tout, les opinions relâchées qu'on leur reprochait, ne leur appartenaient pas exclusivement, et qu'on les aurait aussi trouvées dans la plupart des autres théologiens. Mais la *société*, accoutumée à se conduire par les principes d'une fierté inflexible et d'une politique conséquente, ne put se résoudre à condamner des auteurs qu'elle-même avait autorisés, et qui travaillaient à l'agrandissement de sa domination; car dans cet ordre singulier, tous les membres étaient conduits par une même impulsion qui dirigeait les talens et les occupations de chacun d'eux vers une fin unique : la gloire de l'institut. Jamais les Jésuites n'eurent l'intention de corrompre les mœurs; mais ils voulaient gouverner les consciences des rois et des grands. Pour y parvenir, ils s'étaient fait une espèce de théologie, moitié chrétienne, moitié mondaine; mélange adroit de rigorisme et de condescendance aux faiblesses des hommes : sans détruire le péché, elle facilitait le moyen de l'éviter, ou au moins d'en mériter le pardon. Ce système combiné avec art, qui a eu pendant cent cinquante ans le plus grand succès dans toute l'Europe, maintiendrait peut-être encore les Jésuites dans leur premier éclat, s'ils se fussent toujours conduits avec la sagesse et la réserve de leurs fondateurs.

Malheureusement pour eux, dans le temps que les *Lettres Provinciales* parurent, ils n'avaient aucun bon écrivain. Les réponses qu'ils opposèrent à cet ouvrage étaient aussi dépourvues de style, que répréhensibles du côté des choses. Elles ne pouvaient donc avoir, et n'eurent en effet, aucun succès, tandis qu'au contraire toute la France dévorait les *Lettres Provinciales*, et que les Jansénistes, pour les répandre encore davantage, s'empressaient de les traduire en plusieurs langues. Bientôt une clameur universelle s'éleva contre les Jésuites. On ne voulut point se prêter aux raisons qu'ils avaient eues d'adoucir la morale : ils en furent regardés comme les corrupteurs. Parmi les différens ouvrages qu'ils firent paraître pour la défense de leurs casuistes, il y en eut un qui révolta généralement le public ; il était intitulé : *Apologie des nouveaux Casuistes contre les calomnies des Jansénistes.* Les curés de Paris, et peu de temps après, ceux de plusieurs autres villes considérables, attaquèrent ce livre pernicieux par des écrits solides, véhémens, et d'une éloquence semblable à celle de Démosthène. Ces écrits étaient composés par Arnaud, Nicole et Pascal : les deux premiers fournissaient les matériaux, et Pascal tenait la plume. Ils produisirent dans le monde une sensation très-désagréable pour les Jésuites ; et malgré tout le crédit que ces Pères avaient dans le clergé, plusieurs évèques, d'une grande science et d'une haute vertu, publièrent des mandemens exprès contre l'*Apologie des Casuistes.*

Après tant d'humiliations et tant de revers dans les combats de plume, le seul parti raisonnable que les Jésuites eussent à prendre était de dévorer dans le fond du cœur des chagrins passagers, et de n'opposer à leurs adversaires d'autres armes qu'un profond silence. On eût regardé cette conduite prudente et dictée par l'intérêt, comme l'effet de la modération. Il est vrai qu'en ce moment les dispositions du peuple ne leur étaient pas favorables : on se souvenait encore confusément des troubles qu'ils avaient excités autrefois dans le royaume, au temps de la ligue ; la morale de leurs casuistes scandalisait et éloignait d'eux les âmes timorées. Mais la nation française oublie tout avec le temps. Bientôt elle n'eût considéré dans les Jésuites, ou que des victimes de l'oppression, dignes de sa pitié et de son appui, ou que des hommes supérieurs à l'injure, dignes de son estime. Les Jansénistes auraient perdu insensiblement les avantages de leurs victoires passées ; et jamais ils n'eussent obtenu, au milieu d'une vie tranquille, l'existence et la célébrité que la persécution leur donna dans la suite. L'orgueil et la haine en ordonnèrent autrement. Aveuglée par ces deux sentimens et par son crédit à la cour, la *société* saisit les moyens les plus prompts et les plus violens de nuire à ses ennemis. Les Jansénistes ne furent pas le seul objet de sa vengeance. Tous les particuliers, tous les corps même qui ne lui étaient pas entièrement dévoués, furent exposés à des vexations qu'elle leur suscitait. Elle abusa, sans honte et sans mesure, pendant un siècle entier, d'un pouvoir usurpé et précaire, mobile comme l'opinion

qui l'avait fait naître; mais enfin elle en a trouvé
le terme et la punition dans ces derniers temps. La
plupart des princes chrétiens, et le pape lui-même,
fatigués de ses intrigues, et de servir d'instrumens
à son intolérance, ont été forcés de la proscrire
dans tous les pays de leur domination. Quelquefois
la simple réforme a suffi pour ramener à leurs
principes et à leur première ferveur, des monastères corrompus par l'oisiveté et la mollesse. Mais,
quand un ordre nombreux, sous les étendards de
la religion, n'est réellement qu'un corps politique,
livré par système à une ambition toute mondaine,
quand il cabale dans les cours, trouble les gouvernemens, se rend même redoutable aux souverains:
la réforme n'offrirait qu'un remède inutile; elle
laisserait subsister la racine du mal, et on ne peut
l'extirper que par la destruction de l'institut.

La guerre que Pascal fit aux Jésuites dura environ trois ans. Elle l'empêcha de travailler, aussitôt
qu'il l'aurait désiré, à un grand ouvrage qu'il mé-
ditait depuis plusieurs années, pour prouver la
vérité de la religion. En différens temps, il avait
jeté sur le papier quelques pensées qui devaient
entrer dans son plan: il songeait tout de bon, en
1658, à exécuter cet ouvrage; mais ses infirmités
augmentèrent dès lors au point qu'il n'a jamais
pu l'achever, et qu'il ne nous en reste que des
fragmens.

L'accroissement de ses maux commença par
un horrible mal de dents, qui lui ôtait presque

entièrement le sommeil. Durant l'une de ses longues
veilles, le souvenir de quelques problèmes touchant
la *roulette*, vint travailler son génie mathématique.
Il avait renoncé depuis long-temps aux sciences
purement humaines; mais la beauté de ces problèmes, et la nécessité de faire quelque diversion à
ses douleurs, par une forte application, le plon-
gèrent dans une recherche qu'il poussa si loin,
qu'aujourd'hui même les découvertes qu'il y fit
sont comptées parmi les plus grands efforts de
l'esprit humain.

La courbe, nommée vulgairement *roulette* ou
cycloïde, est très-connue des géomètres. Elle se
décrit en l'air par le mouvement d'un clou attaché
à la circonférence d'une roue de voiture. On ne
sait pas au juste, et cette connaissance serait d'ailleurs fort indifférente en elle-même, quel est celui
qui a remarqué d'abord la génération de cette courbe
dans la nature; mais il est certain que les Français
sont les premiers qui aient commencé à découvrir
ses propriétés. En 1637, Roberval démontra que
l'aire de la roulette ordinaire est triple de celle de
son cercle générateur. Il détermina aussi, peu de
temps après, le solide que la roulette décrit en
tournant autour de sa base; et même, ce qui était
beaucoup plus difficile pour la Géométrie de ce
temps-là, le solide que la même courbe décrit en
tournant autour du diamètre de son cercle générateur. Torricelli publia la plupart de ces problèmes,
comme de son invention, dans un livre imprimé

en 1644; mais on prétendit en France que Torricelli avait trouvé les solutions de Roberval parmi les papiers de Galilée, à qui Beaugrand les avait envoyées quelques années auparavant; et Pascal, dans son *Histoire de la Roulette*, traita, sans détour, Torricelli de plagiaire. J'ai lu avec beaucoup de soin les pièces du procès; et j'avoue que l'accusation de Pascal me paraît un peu hasardée. Il y a apparence que Torricelli avait réellement découvert les propositions qu'il s'attribuait, ignorant que Roberval l'eût précédé de plusieurs années. Descartes, Fermat et Roberval résolurent un problème d'un autre genre, au sujet de la même courbe: ils donnèrent des méthodes pour en mener les *tangentes.*

Roberval et Torricelli avaient déterminé la mesure de la cycloïde et de ses solides, par des moyens très-ingénieux, mais sujets à l'inconvénient d'être trop bornés, et de ne pouvoir s'étendre au-delà des cas qu'ils avaient considérés. Il fallait traiter les mêmes questions d'une manière générale et uniforme : il fallait aller plus loin et s'en proposer d'autres; il restait à trouver la longueur et le centre de gravité de la roulette, les centres de gravité des solides, demi-solides, quarts de solides, etc., de la même courbe, tant autour de la base qu'autour de l'axe, etc. Ces recherches demandaient une nouvelle Géométrie, ou du moins un usage tout nouveau des principes déjà connus. Pascal trouva en moins de huit jours, au milieu des plus cruelles souffrances, une méthode qui embrassait tous les problèmes que je viens d'indiquer : méthode fondée sur la *sommation* de certaines suites, dont il avait donné les élémens dans quelques écrits qui accompagnent le traité du triangle arithmétique. De-là aux calculs différentiel et intégral il n'y avait plus qu'un pas ; et on a lieu de présumer fortement que si Pascal eût pu donner encore quelque temps à la Géométrie, il aurait enlevé à Leibnitz et à Newton la gloire d'inventer ces calculs.

Ayant parlé de sa méditation géométrique à quelques amis, et en particulier au duc de Roannez, celui-ci conçut le projet de la faire servir au triomphe de la religion. L'exemple de Pascal était une preuve incontestable qu'on pouvait être un géomètre du premier ordre et un chrétien soumis. Mais pour donner à cette preuve tout son éclat, les amis de Pascal arrêtèrent qu'on proposerait publiquement les mêmes questions, en y attachant des prix : car, disaient-ils, si d'autres géomètres résolvent ces problèmes, ils en sentiront au moins la difficulté ; la science y gagnera, et le mérite d'en avoir accéléré le progrès, appartiendra toujours au premier inventeur : si au contraire ils ne peuvent y atteindre, les incrédules n'auront plus aucun prétexte d'être plus difficiles, par rapport aux preuves de la religion, que l'homme le plus profond dans une science toute fondée en démonstrations.

En conséquence, on publia, au mois de juin 1658, un programme, dans lequel on proposait de trouver la mesure et le centre de gravité d'un segment quelconque de cycloïde; les dimensions et les centres de gravité des solides, demi-solides, quart de solides, etc., qu'un pareil segment produit en tournant autour de l'abscisse ou de l'ordonnée. Et comme les calculs pour la solution complète et développée de tous ces problèmes pouvaient demander beaucoup de temps et de travail, il fallait du moins qu'au défaut d'une telle solution, les concurrens envoyassent quelques applications de leurs méthodes à des cas particuliers et remarquables, comme, par exemple, quand l'abscisse est égale au rayon ou au diamètre du cercle générateur. On promit deux prix, l'un de quarante pistoles pour celui qui résoudrait le premier ces problèmes, l'autre de vingt pistoles, pour le second : on choisit, pour examiner les pièces du concours, les plus fameux géomètres résidans à Paris : les pièces, souscrites par un notaire, devaient être remises, avant le premier octobre suivant, à M. de Carcavi; l'un des juges et le dépositaire de l'argent des prix. Pascal se tint caché, dans toute cette affaire, sous le nom de A. Dettonville (*).

Le programme en question attira de nouveau les regards des géomètres sur la cycloïde, que l'on

---

(*) C'est-à-dire, *Amos Dettonville* : anagramme de *Louis de Montalte*, qui est le nom sous lequel Pascal avait publié les *Lettres Provinciales*.

commençait un peu à oublier. Huguens quarra le segment compris depuis le sommet jusqu'à l'ordonnée qui répond au quart du diamètre du cercle générateur : Sluze, chanoine de la cathédrale de Liége, mesura l'aire de la courbe par une méthode nouvelle et très-ingénieuse ; Wren, géomètre anglais et grand architecte, puisqu'il a bâti l'église de Saint-Paul de Londres (*), fit voir qu'un arc quelconque de cycloïde, compté depuis le sommet, est double de la corde correspondante du cercle générateur; il détermina de plus le centre de gravité de l'arc cycloïdal, et les surfaces des solides de révolution que cet arc produit. Fermat et Roberval, sur le simple énoncé des théorèmes de Wren, en donnèrent aussitôt la démonstration, chacun de leur côté. Mais toutes ces recherches, quoique très-belles en elles-mêmes, ne répondaient pas, au moins entièrement, aux questions du programme. Aussi leurs auteurs, en les envoyant, n'avaient pas le dessein de les soumettre au concours. Il n'y eut que deux géomètres qui, ayant traité sans exception tous les

---

(*) Il est enterré dans cette église, et voici son épitaphe :

Hic jacet CHRISTOPHORUS WREN
Hujus Ecclesiæ Conditor et Artifex
Viator
Si monumentum requiris
Circumspice

problèmes proposés, crurent avoir droit de prétendre aux prix. Le premier fut le P. Lallouère (*), jésuite Toulousain, qui avait de la réputation dans les Mathématiques, surtout parmi ses confrères ; le second fut Wallis, dont nous avons déjà parlé, justement célèbre par son *Arithmétique des infinis*, publiée en 1655. Ils eurent l'un et l'autre une dispute fort vive à ce sujet avec Dettonville : on a écrit, et on répète encore, qu'il avait fait injustice à tous les deux. Ce reproche auquel les Jésuites ont cherché à donner de la consistance, serait une tache à la mémoire de Pascal, s'il avait quelque fondement solide : le lecteur en jugera ; je commence par Lallouère.

Nous lisons dans le jugement des commissaires pour les prix, et le P. Lallouère le raconte également dans son traité latin *de cycloïde*, que vers les derniers jours du mois de septembre 1658, il écrivit à M. de Carcavi qu'il avait résolu tous les problèmes de Dettonville, et qu'il envoyait pour échantillon le calcul de l'un des cas proposés. Malheureusement ce calcul, qui n'était accompagné d'aucune méthode, se trouva faux. Lallouère reconnut lui-même cette erreur, qui sautait aux yeux, mais sans la corriger, dans plusieurs lettres écrites à la fin de septembre et au commencement d'octobre.

(*) C'est le nom de ce Jésuite, et non pas *Laloubère*, comme quelques auteurs l'ont écrit.

Il est clair par-là qu'il ne lui restait plus de droit légitime aux prix, puisqu'à l'expiration du terme fixé par le programme, il n'avait produit ni méthode qui par sa bonté pût faire pardonner un calcul défectueux, ni calcul qui par sa justesse pût être censé dériver d'une bonne méthode. Il fut forcé d'en convenir. On l'avertit de plus en particulier, et même publiquement, dans l'*Histoire de la Roulette*, qui parut le 10 octobre 1658, que les cas dont il faisait mention étaient déjà résolus par Roberval. Dettonville terminait cette même histoire en proposant de nouveaux problèmes qui n'étaient plus l'objet d'aucun prix, mais qui tendaient à compléter la théorie de la roulette : il demandait le centre de gravité d'un arc quelconque de cycloïde ; les dimensions et les centres de gravité de la surface, demi-surface, quart de surface, etc., que cet arc décrit en tournant autour de l'axe ou de la base : si au premier janvier 1659, personne n'avait résolu ces problèmes ; il s'engageait à publier alors ses propres solutions.

En avouant modestement sa méprise, Lallouère pouvait, au défaut d'un prix, s'attirer de la gloire par son travail : car un tel aveu lui donnait le droit de perfectionner à loisir ses recherches ; et le traité que nous avons cité de lui fait juger qu'il était capable, non pas d'une grande invention, mais d'ajouter au moins des choses intéressantes aux découvertes des inventeurs. Mais par une jactance mal entendue, il donna lieu à un fâcheux examen

de son talent et de ses connaissances mathématiques. La réputation de savoir d'un géomètre médiocre est (si on me permet ce parallèle) comme
l'honneur d'une femme : lorsqu'on y porte la plus
légère atteinte , la blessure est presque toujours
mortelle. L'orgueilleux jésuite continua d'écrire
que , nonobstant sa première inadvertance, il avait
trouvé des choses très-extraordinaires touchant la
cycloïde, mais qu'il ne voulait les mettre au jour
qu'après que Dettonville aurait donné ses propres
solutions, faisant entendre que celui - ci n'avait
peut - être pas résolu lui - même les questions qu'il
proposait aux autres. Dettonville répondit à cette
espèce de défi en homme supérieur et bien instruit
des forces de l'athlète qui osait le provoquer : il
déclara qu'il renonçait à l'honneur d'avoir résolu
le premier ces problèmes , et qu'il le cédait tout
entier au jésuite toulousain , si ce jésuite voulait
publier ses solutions avant le premier janvier 1659.
Cette déclaration ne permettait plus à Lallouère de
reculer, s'il avait réellement possédé les méthodes
qu'il s'attribuait ; mais on ne put jamais rien arra-
cher de lui.

Le premier janvier étant arrivé , Dettonville
fit imprimer son traité de la Roulette ; il envoya le
commencement de cet ouvrage à Lallouère, afin
qu'il y vît le calcul du cas sur lequel il était
trompé : mais celui-ci, au lieu de marquer sa reconnaissance , répondit qu'il avait précisément
ainsi rectifié lui - même sa première solution.

Dettonville, qui avait prévu la réponse, se moqua de lui, comme il s'était moqué de ses confrères les casuistes : avec cette différence néanmoins, que les décisions d'Escobar et de Tambourin étaient un peu plus plaisantes que les prétentions de Lallouère en géométrie.

Le Jésuite humilié n'opposa à ces railleries que son immense traité *de Cycloïde*, qu'il fit imprimer en 1660. Mais cet ouvrage trop long-temps attendu, et fondé sur une synthèse prolixe et laborieuse, eut d'autant moins de succès auprès des géomètres, qu'il ne contenait rien qui n'eût été donné, du moins en substance, par Dettonville. D'ailleurs, l'auteur y rappelait sans nécessité une promesse magnifique, déjà mal accueillie lorsqu'il la fit pour la première fois, dix ans auparavant, celle de publier incessamment la quadrature du cercle. Que pouvait-on penser d'un homme qui, pour me servir d'une expression ingénieuse de Fontenelle, avait eu le malheur de faire une pareille découverte?

Wallis n'approcha guère davantage du but. On avait eu soin de lui envoyer le programme de Dettonville, aussitôt qu'il fut imprimé. La difficulté de ces problèmes l'effraya d'abord, et ne croyant pas sans doute pouvoir en trouver la solution et la faire parvenir ensuite à Paris, dans le temps prescrit, il demanda que le concours fût fermé à une époque plus éloignée pour les savans étrangers, ou du moins qu'en les obligeant de faire

partir leurs solutions avant le premier octobre, on
n'exigeât pas à la rigueur, qu'elles arrivassent au plus
tard ce même jour à Paris : car il peut se faire, écri-
vait-il, qu'elles demeurent long-temps en chemin,
ou par les incommodités de la guerre, ou par celles
de la saison, ou par des vents contraires, si elles ont
la mer à traverser : il est même possible que d'une
manière ou d'autre, elles viennent à se perdre, et
alors ne serait-il pas juste qu'on en pût envoyer
de nouvelles copies, pourvu que les officiers publics attestassent légalement la conformité de ces copies avec les premières ? Detonville répondit qu'un
pareil arrangement était illusoire ; qu'en l'adop-
tant le concours n'aurait pas de fin, puisqu'on serait
toujours incertain du temps où des solutions qu'on
supposerait parties des pays étrangers avant le
premier octobre, pourroient arriver à Paris; que
par-là on s'exposerait à des discussions embarrassantes sur la priorité des dates; qu'afin d'éviter
ces discussions, il avait cru devoir fixer un lieu et
un temps pour recevoir les pièces du concours;
qu'à la vérité ces conditions étaient plus avanta-
geuses aux Français, surtout à ceux de Paris, qu'aux
étrangers; mais qu'en faisant faveur aux unes il
n'avait pas fait d'injustice aux autres; qu'il laissait
à tout le monde le mérite de l'invention; qu'il ne
disposait point de la gloire, mais que donnant l'argent des prix, il avait le droit d'en régler la dis-
pensation; qu'il aurait pu proposer ces prix uniquement pour les Français, comme en d'autres

occasions il pourrait en proposer, ou pour les
Allemands ou pour les Chinois; qu'enfin il avait
établi les lois du concours, de la manière qui lui
avait paru la plus équitable et la plus exempte
d'inconvéniens.

Il y a apparence que Wallis comptait peu sur
le succès de sa demande; car sans attendre de réponse il prit le parti le plus certain et le plus
noble: celui de chercher incontinent la solution des
problèmes proposés. Le résultat de ce travail fut la
matière d'un ouvrage auquel il fit apposer la date
du 19 août (vieux style) 1658, par un notaire
d'Oxfort, et qu'il fit remettre à Paris, chez M. de
Carcavi, dans les premiers jours du mois de septembre suivant. Durant le cours du même mois,
Wallis écrivit quelques lettres aux juges des prix,
pour corriger des erreurs qu'il avait remarquées
dans son écrit. La dernière de ces lettres portait
que tout le mal n'était peut-être pas encore réparé.
Les juges examinèrent avec attention l'ouvrage et
les corrections de l'auteur. Cet examen leur prouva
que Wallis n'avait pas déterminé d'une manière
exacte les dimensions des solides de la Cycloïde
autour de l'axe, ni le centre de gravité de cette
courbe, ni ceux de ses parties, ni les centres de
gravité des solides, demi-solides, etc., tant autour de la base que l'axe; qu'outre les fautes qu'il
avait remarquées dans son ouvrage, il y en avait
encore d'autres, et que ses corrections même en
contenaient de nouvelles; que toutes ces fautes

n'étaient pas de calcul, mais de méthodes, puisque les calculs étaient faits exactement d'après les méthodes; que l'auteur s'était principalement trompé, en ce qu'il traitait certaines surfaces, indéfinies en nombre, et qui n'étaient pas également distantes les unes des autres, de la même manière que si elles l'étaient; ce qui l'avait nécessairement conduit à de faux résultats. D'où les juges conclurent que Wallis n'avait non plus aucun droit aux prix.

Cette décision le piqua vivement. Il s'en plaint avec amertume dans la préface de son traité *de Cycloïde*, et dans plusieurs autres endroits de ses ouvrages; il montre en toute occasion les sentimens d'une vive haine contre la nation française; il voudrait être plaisant, il n'est que chagrin, au sujet de la faveur qu'il prétend que Dettonville a *faite à ses Français*, dans les conditions des prix. Cependant il est forcé d'avouer que son premier écrit contenait des fautes, et que ses corrections même n'en étaient pas exemptes; il ajoute seulement qu'il n'avait pas cru devoir indiquer en quoi consistaient ces dernières fautes, parce qu'il soupçonnait qu'on étoit mal intentionné envers lui : mais on sent tout le ridicule de cette défaite. Comment aurait-on pu lui dénier la justice, si, au terme fixé pour la clôture du concours, il avait fourni des solutions exactes? Toute son apologie ne prouve autre chose, sinon qu'il a été jugé et condamné suivant la rigueur de la loi. Peut-être auroit-on pu lui accorder quelques délais pour rectifier ses

méthodes et ses calculs; mais ces délais n'eussent
été qu'un simple acte d'indulgence qu'il n'était pas
en droit d'exiger. Plusieurs historiens de la Cycloïde,
et entr'autres *Groningius*, ont épousé son ressentiment, sans remonter aux pièces originales qui
en démontrent évidemment l'injustice.

A ces preuves positives, se joignent des considérations morales qui n'ont pas moins de force.
Est-il croyable que Pascal, qui dépensait la plus
grande partie de son bien en aumônes, eût manqué à l'obligation plus essentielle, d'acquitter une
dette légitime ? Ignorait-il que la justice est le
premier devoir de l'homme ? Aurait-il osé trans-
gresser publiquement ce précepte ? En aurait-il eu le
pouvoir, et n'y avait-il pas d'autres juges des prix ?
Qu'auraient pensé ces hommes austères auxquels
il était en spectacle ? Supposera-t-on que l'esprit
de parti ait pu les aveugler tous au point que,
pour assurer à un janséniste l'honneur d'avoir
résolu seul des problèmes difficiles, on ait formé le
projet de soutenir cette prétention par un mensonge
impossible à cacher ?

Les recherches de Wallis sur la Cycloïde ne
parurent, en 1659, qu'après celles de Pascal.
Wallis s'y borna d'abord aux problèmes du programme : il ne résolut ceux qui avaient été proposés
au mois d'octobre, dans l'histoire de la roulette,
qu'en 1670, dans la seconde partie de son traité
de mécanique, où il parle du centre de gravité.
Il craignait, dit-il, que s'il eût donné la solution

de ces derniers problèmes dans son premier écrit, immédiatement après que le livre de Dettonville venait de paraître, on ne le soupçonnât d'avoir profité de cet ouvrage ; ce qui l'avait déterminé à publier d'abord son traité, tel à peu près qu'il avoit été envoyé pour le concours.

Je n'ajouterai plus qu'une réflexion sur ce sujet. Wallis, quelque temps après avoir reçu le *Traité de la Roulette* de Pascal, écrivit à Huguens, que cet ouvrage lui paraissait *plein de génie ;* et qu'il l'avait lu avec d'autant plus de plaisir et de facilité, que la méthode de l'auteur n'était pas fort différente de la sienne, fondée sur *l'arithmétique des infinis,* dont il avait donné un traité en 1655 ; mais il faut observer que les principes de ce traité sont les mêmes que ceux du triangle arithmétique inventé par le Géomètre français, dès l'année 1654 : au lieu qu'en 1658 même, Wallis ne savait pas encore les employer d'une manière sûre, puisqu'il avait commis plusieurs fautes dans ses solutions.

Cependant Pascal s'avançait à grands pas vers le tombeau. Les trois dernières années de sa vie ne furent plus, pour ainsi dire, qu'une agonie continuelle ; il devint presque entièrement incapable de méditation. Dans les courts intervalles où il lui restait quelque liberté d'esprit, il s'occupait de son ouvrage concernant la religion ; il écrivait ses pensées sur les premiers morceaux de papier qui lui tombaient sous la main ; et quand il ne pouvait pas tenir lui-même la plume, il les dictait à un domestique intelligent, toujours assidu auprès de lui.

Ces fragmens furent recueillis après sa mort; et MM. de Port-Royal choisissant ce qui était le plus conforme à leur goût ou aux intérêts de la religion, en formèrent un petit volume, qui parut en 1670, sous ce titre : *Pensées de M. Pascal sur la religion et sur quelques autres sujets.*

Il y a dans ce recueil plusieurs morceaux très-imparfaits, trop courts, trop peu développés, souvent vicieux par l'expression : il y en a d'autres d'une profondeur et d'une éloquence inimitable. Quelquefois l'auteur n'expose sa pensée qu'à demi, et on a de la peine à la deviner; d'autrefois il s'énonce avec toute la clarté possible, sans tomber dans la diffusion : ces alternatives dépendent de la disposition physique où ses organes se trouvaient. En général, sa marche est fière et imposante; il attache et subjugue le lecteur; il discute et approfondit plusieurs grands objets, comme la nécessité d'étudier la religion, les preuves historiques et morales qui en démontrent la vérité, les caractères distinctifs auxquels on doit la connaître, la divinité de Jésus-Christ, etc. Nous ne pouvons pas le suivre ici en détail : contentons-nous de donner une idée générale et abrégée de son plan.

Quel sentiment doit éprouver l'homme jeté sur la terre, pourvu d'intelligence et environné de toutes les merveilles de la nature? Tout lui annonce sans doute un Être suprême qui a tiré l'univers du néant, et qui le gouverne à sa volonté. Mais se bornera-t-il à une admiration stérile de tant de prodiges? Est-ce là le seul hommage que la créature intelligente puisse rendre au Créateur? Ne lui doit-elle pas un tribut perpétuel de reconnaissance et d'adoration? Mais quel culte cet être souverain exige-t-il de nous? Interrogeons les philosophes; parcourons l'*Histoire des Peuples*; examinons leurs lois, leurs usages, leurs opinions religieuses: nous trouverons d'abord des sectes de philosophes qui se contredisent les unes les autres sur la nature du souverain être, sur la destination de l'homme, sur les récompenses et les peines qu'il doit espérer ou craindre; des religions où l'on adore plusieurs dieux, et souvent des dieux plus corrompus et plus ridicules que les hommes; des cultes qui naissent et meurent avec les empires; partout le mensonge et la superstition répandant leurs ténèbres sur la terre. Dans cette nuit d'erreurs, un peuple caché dans la Palestine, non loin des bords de la Méditerranée, vient attirer notre attention par les circonstances extraordinaires de son histoire, et par sa manière d'exister parmi tous les autres peuples. Il se présente avec un seul livre, qui contient tout à la fois l'histoire de son origine, les lois politiques de son institution, et le culte religieux qu'il rend au Créateur. Tous les autres peuples avaient défiguré l'image de Dieu; lui seul nous la présente dans son intégrité; lui seul enseigne clairement que l'univers est l'ouvrage de ce Dieu, que l'homme avait reçu une portion de son intelligence infinie, mais que la créature s'étant révoltée contre le Créateur, elle a perdu, en grande partie, les avantages qu'elle tenait de sa bonté; que dès lors elle est devenue sujette au péché, à la douleur et à la mort. Ces notions si simples, si naturelles, expliquent mieux que tous les systèmes des philosophes, l'origine du mal qui existe sur la terre, et fondent nos espérances pour une meilleure vie. En approfondissant de plus en plus l'histoire du peuple juif, on reconnaît qu'il possède la vérité; qu'il l'a reçue immédiatement de son auteur même : on est frappé de la divinité des écritures; on admire l'accomplissement des prophéties; on voit naître et s'élever sur des fondemens inébranlables la religion chrétienne, qui est la fin et le complément de celle que Dieu avait donnée aux Juifs pour un temps limité dans ses décrets.

Pascal ne regardait pas seulement la religion chrétienne comme vraie, il la croyait nécessaire aux hommes pour fixer leur incertitude, pour adoucir les maux de la vie, et surtout pour nous consoler dans ces derniers momens où l'âme, dénuée de tout appui, est prête à tomber dans les abîmes de l'éternité. Aussi a-t-il établi sur la connaissance du cœur humain plusieurs argumens en faveur de la religion. Il pensait même que pour le commun des hommes, il vaut mieux s'attacher à la faire aimer et désirer, que de chercher à la prouver par des raisonnemens dont tous les esprits

ne peuvent pas sentir la force et les conséquences.
« La plupart de ceux qui entreprennent, dit-il,
» de prouver la Divinité aux impies, commencent
» d'ordinaire par les ouvrages de la nature, et ils
» réussissent rarement. Je n'attaque pas la solidité
» de ces preuves consacrées par l'Ecriture-Sainte :
» elles sont conformes à la raison; mais souvent
» elles ne sont pas assez conformes et assez propor-
» tionnées à la disposition de l'esprit de ceux pour
» qui elles sont destinées.... La Divinité des chré-
» tiens ne consiste pas en un Dieu simplement au-
» teur des vérités géométriques et de l'ordre des
» élémens; c'est la part des païens : elle ne con-
» siste pas simplement en un Dieu qui exerce sa
» providence sur la vie et sur les biens des hommes,
» pour donner une heureuse suite d'années à ceux
» qui l'adorent; c'est le partage des Juifs: mais le
» Dieu d'Abraham et de Jacob, le Dieu des chré-
» tiens, est un Dieu d'amour et de consolation;
» c'est un Dieu qui remplit l'âme et le cœur qu'il
» possède; c'est un Dieu qui leur fait sentir inté-
» rieurement leur misère et sa miséricorde infinie;
» qui s'unit au fond de leur âme; qui la remplit
» d'humilité, de joie, de confiance et d'amour;
» qui la rend incapable d'autre fin que de lui-
» même. »

On voit, par le même recueil, que Pascal avait
porté dans l'étude de l'homme autant de profondeur que dans celle des Mathématiques. Rien n'égale
la vérité et l'éloquence avec laquelle il peint les

contrariétés qui se trouvent dans notre nature, nos grandeurs, nos faiblesses, nos misères, les effets de l'amour-propre, etc. Dans ce tableau sublime, l'homme apprend à se connaître, et à fixer lui-même la place qu'il doit occuper dans l'univers. « Qu'il ne s'arrête pas, dit notre auteur, à regarder » simplement les objets qui l'environnent ; qu'il » contemple la nature entière dans sa haute et » pleine majesté ; qu'il considère cette éclatante » lumière, mise comme une lampe éternelle pour » éclairer l'univers ; que la terre lui paraisse comme » un point, au prix du vaste tour que cet astre » décrit ; et qu'il s'étonne de ce que ce vaste tour » n'est lui-même qu'un point très-délicat, à l'égard » de celui qu'embrassent les astres qui roulent dans » le firmament. Mais si notre vue s'arrête là, que » l'imagination passe outre : elle se lassera plutôt de » concevoir que la nature de fournir. Tout ce que » nous voyons du monde n'est qu'un trait imper- » ceptible dans l'ample sein de la nature. Nulle » idée n'approche de l'étendue de ses espaces ; nous » avons beau enfler nos conceptions, nous n'en- » fantons que des atômes, au prix de la réalité des » choses. C'est une sphère infinie, dont le centre » est partout, la circonférence nulle part. »

Quel doit être l'étonnement de l'homme, au mi-lieu de ces merveilles qui frappent ses regards de tous côtés ! « Mais pour lui présenter un autre pro- » dige aussi étonnant, qu'il recherche dans ce qu'il » connaît les choses les plus délicates ; qu'un ciron,

» par exemple, lui offre dans la petitesse de son
» corps des parties incomparablement plus petites,
» des jambes avec des jointures, des veines dans
» ces jambes, du sang dans ces veines, des humeurs
» dans ce sang, des gouttes dans ces humeurs, des
» vapeurs dans ces gouttes : que divisant encore
» ces dernières choses, il épuise ses forces et ses
» conceptions, et que le dernier objet où il peut
» arriver soit maintenant celui de notre discours;
» il pensera peut-être que c'est là l'extrême peti-
» tesse de la nature : je veux lui faire voir là dedans
» un abîme nouveau : je veux lui peindre non-
» seulement l'univers visible, mais encore tout ce
» qu'il est capable de concevoir de l'immensité de
» la nature, dans l'enceinte de cet atôme imper-
» ceptible..... Qu'il se perde dans ces merveilles
» aussi étonnantes par leur petitesse, que les autres
» par leur étendue. Car qui n'admirera que notre
» corps, qui tantôt n'était pas perceptible dans
» l'univers imperceptible lui-même dans le sein
» du tout, soit maintenant un colosse, un monde,
» ou plutôt un tout à l'égard de la dernière peti-
» tesse où l'on ne peut arriver ?»

La pensée est la véritable prérogative de l'homme.
C'est par-là qu'il est grand, si le mot de grandeur
peut être appliqué à un être borné. «C'est de la
» pensée que nous tirons toute notre dignité; c'est
» de-là qu'il faut nous relever, non de l'espace et
» de la durée. Travaillons donc à bien penser;
» voilà le principe de la morale. Il est dangereux

» de trop faire voir à l'homme combien il est égal
» aux bêtes, sans lui montrer sa grandeur : il est
» encore dangereux de lui faire trop voir sa gran-
» deur sans sa bassesse ; il est encore plus dange-
» reux de lui laisser ignorer l'un et l'autre ; mais
» il est très-avantageux de lui représenter l'un et
» l'autre. »

Que l'homme apprécie donc ses vrais avantages,
et qu'il ne sorte point des limites prescrites à sa
faiblesse. « Cet état, qui tient le milieu entre les
» extrêmes, se trouve en toutes nos puissances.
» Nos sens n'aperçoivent rien d'extrême : trop de
» bruit nous assourdit, trop de lumière nous
» éblouit : trop de distance et trop de proximité
» empêchent la vue : trop de longueur et trop de
» brièveté obscurcissent un discours : trop de plai-
» sir incommode ; trop de consonnances déplaisent ;
» nous ne sentons ni l'extrême chaud, ni l'extrême
» froid ; les qualités excessives nous sont ennemies,
» et non pas sensibles ; nous ne les sentons plus,
» nous les souffrons. Trop de jeunesse et trop de
» vieillesse empêchent l'esprit ; trop et trop peu
» de nourriture troublent ses actions ; trop et trop
» peu d'instruction l'abêtissent. Les choses ex-
» trêmes sont pour nous comme si elles n'étaient
» pas, et nous ne sommes point à leur égard : elles
» nous échappent, ou nous à elles.... La faiblesse
» de la raison de l'homme paraît bien davantage
» en ceux qui ne la connaissent pas, qu'en ceux
» qui la connaissent. Si on est trop jeune, on ne

» juge pas bien; si on est trop vieux, de même;
» si on n'y songe pas assez, si on y songe trop,
» on s'entête, et l'on ne peut trouver la vérité. Si
» l'on considère son ouvrage incontinent après
» l'avoir fait, on en est encore tout prévenu; si
» trop long-temps après, on n'y entre plus. Il
» n'y a qu'un point indivisible qui soit le véritable
» lieu de voir les tableaux; les autres sont trop
» près, trop loin, trop haut, trop bas. La pers-
» pective l'assigne dans l'art de la peinture; mais
» dans la vérité et dans la morale, qui l'assi-
» gnera?.... Cette maîtresse d'erreur, que l'on
» appelle fantaisie et opinion, est d'autant plus
» fourbe, qu'elle ne l'est pas toujours; car elle se-
» rait règle infaillible de vérité, si elle l'était in-
» faillible du mensonge. Mais étant le plus souvent
» fausse, elle ne donne aucune marque de sa
» qualité, marquant de même caractère le vrai et
» le faux. Cette superbe puissance, ennemie de la
» raison, qui se plaît à la contrôler et à la domi-
» ner, pour montrer combien elle peut en toutes
» choses, a établi dans l'homme une seconde na-
» ture. Elle a ses heureux et ses malheureux; ses
» sains, ses malades; ses riches, ses pauvres; ses
» fous et ses sages: et rien ne nous dépite davan-
» tage, que de voir qu'elle remplit ses hôtes d'une
» satisfaction beaucoup plus pleine et entière que
» la raison: les habiles par imagination, se plai-
» sant tout autrement en eux-mêmes, que les
» prudens ne peuvent raisonnablement se plaire,

» ils regardent les gens avec empire , ils disputent
» avec hardiesse et confiance : les autres avec
» crainte et défiance : et cette gaîté de visage leur
» donne souvent l'avantage dans l'opinion des
» écoutans, tant les sages imaginaires ont de fa-
» veur auprès de leurs juges de même nature :
» elle ne peut rendre sages les fous, mais elle les
» rend contens, à l'envi de la raison, qui ne peut
» rendre ses amis que misérables. L'une les comble
» de gloire, l'autre les couvre de honte. Qui dis-
» pense la réputation ? qui donne le respect et la
» vénération aux personnes, aux ouvrages, aux
» grands, sinon l'opinion ? Combien toutes les
» richesses de la terre sont-elles insuffisantes sans
» son consentement ? L'opinion dispose de tout :
» elle fait la beauté, la justice et le bonheur, qui
» est le tout du monde. Je voudrais de bon cœur
» voir le livre italien dont je ne connais que le
» titre, et qui vaut lui seul bien des livres : *Della*
» *opinione regina del mundo*. J'y souscris ; sans le
» connaître, sauf le mal, s'il y en a. »

L'homme est vain naturellement. « Nous ne nous
» contentons pas de la vie que nous avons en nous
» et en notre propre être : nous voulons vivre dans
» l'idée des autres, d'une vie imaginaire ; et nous
» nous efforçons pour cela de paraître. Nous tra-
» vaillons incessamment à embellir et à conserver
» cet être imaginaire, et nous négligeons le véri-
» table ; si nous avons, ou la tranquillité, ou la
» générosité, ou la fidélité, nous nous empressons

» de le faire savoir, afin d'attacher ces vertus à cet
» être d'imagination : nous les détacherions plutôt
» de nous pour les y joindre, et nous serions vo-
» lontiers poltrons, pour acquérir la réputation
» d'être vaillans. »

Mais à quel titre l'homme veut-il qu'on s'occupe
sans cesse de lui ? De quoi peut-il s'enorgueillir ?
d'élever ou d'abaisser les empires ? « Cromwel al-
» lait ravager toute la chrétienté : la famille royale
» était perdue, et la sienne à jamais puissante, sans
» un petit grain de sable qui se mit dans son urètre :
» Rome même allait trembler sous lui; mais ce
» petit gravier, qui n'était rien ailleurs, mis en
» cet endroit, le voilà mort, sa famille abaissée, et
» le roi rétabli. »

De connaître les fondemens de la justice ? il les
ignore. « On ne voit presque rien de juste ou d'in-
» juste qui ne change de qualité en changeant de
» climat. Trois degrés d'élévation du pôle renver-
» sent toute la jurisprudence : un méridien décide
» de la vérité, ou peu d'années de possession ; les
» lois fondamentales changent ; le droit a ses épo-
» ques. Plaisante justice, qu'une rivière ou une
» montagne borne ! Vérité au-deçà des Pyrénées,
» erreur au-delà. »

De la force de son esprit ? « L'esprit du plus
» grand homme du monde n'est pas si indépendant
» qu'il ne soit sujet à être troublé par le moindre
» tintamarre qui se fait autour de lui. Il ne faut
» pas le bruit d'un canon pour empêcher ses pensées :

» il ne faut que le bruit d'une girouette ou d'une
» poulie. Ne vous étonnez pas, s'il ne raisonne
» pas bien à présent, une mouche bourdonne à ses
» oreilles : c'en est assez pour le rendre incapable
» de bon conseil. Si vous voulez qu'il puisse trou-
» ver la vérité, chassez cet animal qui tient sa
» raison en échec, et trouble cette puissante intel-
» ligence qui gouverne les villes et les royaumes. »

De l'empire qu'il a sur ses sens et sur son imagination ? il en est au contraire l'esclave ; sa raison
est continuellement séduite et entraînée par les
objets extérieurs. « Nos magistrats ont bien connu
» ce mystère : leurs robes rouges, leurs hermines,
» dont ils s'emmaillottent en chats fourrés, les pa-
» lais où ils jugent, les fleurs de lys ; tout cet appa-
» reil auguste était nécessaire. Si les médecins
» n'avaient des soutanes et des mules, et que les
» docteurs n'eussent des bonnets quarrés, et des
» robes trop amples de quatre parties, jamais ils
» n'auraient dupé le monde, qui ne peut résister
» à cette montre authentique. Les seuls gens de
» guerre ne se sont pas déguisés de la sorte, parce
» qu'en effet leur part est plus essentielle : ils
» s'établissent par la force, les autres par grimaces.
» C'est ainsi que nos rois n'ont pas recherché ces
» déguisemens : ils ne se sont pas masqués d'habits
» extraordinaires pour paraître tels ; mais ils se
» font accompagner de gardes et de hallebardes,
» ces trognes armées, qui n'ont de mains et
» de force que pour eux : les trompettes et les

» tambours, qui marchent au-devant, et ces lé-
» gions qui les environnent, font trembler les
» plus fermes : ils n'ont pas l'habit seulement, ils
» ont la force. Il faudrait avoir une raison bien
» épurée, pour regarder, comme un autre homme,
» le grand-seigneur environné dans son superbe
» sérail de quarante mille janissaires. »

Je ne me lasse point de transcrire Pascal ; mais
il faut lire son ouvrage même. Tout informe qu'il
est, on y trouvera telle page qui contient plus
d'idées que des livres entiers sur des matières
semblables.

Les premiers éditeurs de ce recueil en avaient
rejeté plusieurs pensées très-intéressantes, et même
des dissertations assez étendues et complètes dans
leur genre : tels sont un écrit sur l'autorité en matière de philosophie, des réflexions sur la Géométrie en général, un petit traité de l'art de persuader, plusieurs pensées morales détachées, etc.
Tous ces morceaux sont infiniment précieux, par
la justesse, la saine raison et les vues nouvelles
qui y règnent. J'ai réparé le tort qu'on avait eu
de les supprimer. Les manuscrits de l'auteur nous
ayant été conservés par M. l'abbé Périer, son
neveu, je m'en suis procuré une copie exacte ;
et c'est d'après cette copie qu'on a inséré dans la collection complète des Œuvres de Pascal, imprimée en
1779, un très-grand nombre de choses qui ne sont
point dans l'édition de Port-Royal, ni même dans
le supplément publié par le P. Desmolets.

Tout ce qui reste de notre auteur montre en général la préférence qu'il donnait à la méthode des géomètres, sur les autres moyens de chercher la vérité. L'avantage de cette méthode consiste en ce qu'elle définit clairement toutes les choses obscures ou inconnues; qu'elle n'emploie jamais dans ses définitions que des termes justes et bornés à la seule acception qu'on leur attribue; qu'elle évite soigneusement la redondance des mots et des idées, ayant soin de faire connaître chaque objet par une seule propriété. Si on appliquait ces règles à plusieurs questions de métaphysique ou de théologie, on couperait la racine à bien des disputes : mais alors de quoi s'occuperait-on dans un grand nombre d'écoles?

L'ouvrage que Pascal destinait à la défense du christianisme, était l'expression d'une foi active et constante qui lui faisait pratiquer toutes les austérités de la morale évangélique. Nous avons ici pour témoin madame Périer, sa sœur : nous la prendrons pour guide dans cette partie de son histoire. On a déjà fait remarquer, et ce récit montrera encore mieux l'injustice de ceux qui accusent la Géométrie de nous porter à l'incrédulité et au déréglement. Pourquoi, en effet, imputer à cette science même l'erreur coupable de certains géomètres qui, ne distinguant pas assez les différentes sortes de preuves dont chaque sujet est susceptible, méprisent ou affectent de mépriser celles de la religion? N'y a-t-il pas dans tous les genres des hommes qui abusent de leurs lumières? Les poëtes, les orateurs, les peintres, etc., sont-ils, en général, plus croyans, plus dévots que les savans proprement dits? Ne serait-il pas raisonnable de penser que l'étude des sciences exactes, peu destinée à exciter les applaudissemens de la multitude, nous prépare aux vertus chrétiennes, en inspirant le goût de la réflexion, l'amour du travail, le mépris des honneurs et de la fortune, en humiliant même l'orgueil humain, par les difficultés insurmontables que l'esprit trouve à chaque pas dans ses recherches, et qui lui font sentir combien il est borné?

Pascal remplissait tous les devoirs du chrétien, comme le plus simple et le plus humble des fidèles. Il ne manquait jamais d'assister aux offices divins de sa paroisse, à moins que ses infirmités ne l'en empêchassent absolument. Dans la vie privée, il était sans cesse occupé à mortifier ses sens, et à élever son âme à Dieu. Il avait pour maxime de renoncer à tout plaisir, à toute superfluité. Il retranchait avec tant de soin ce qui lui paraissait inutile, dit madame Périer, qu'il finit par faire ôter de sa chambre toutes les tapisseries, comme des meubles de luxe, uniquement destinés à réjouir la vue. Quand on l'obligeait de faire, pour sa santé, quelque chose qui pouvait flatter ses sens, il avait soin d'en distraire son esprit, et d'en écarter toute idée de plaisir. Il ne pouvait souffrir qu'on louât en sa présence la bonne chère:

il voulait qu'on mangeât uniquement pour satisfaire l'appétit, et non pour contenter le goût. Dès
le commencement de sa retraite, il avait examiné la quantité d'alimens nécessaire pour son
estomac; il ne la passait jamais, et quelque dégoût
qu'il y trouvât, il la mangeait toujours : méthode respectable par son principe, mais souvent
bien contraire à l'état physique et variable du corps
humain.

Sa charité était extrême : il regardait les pauvres comme ses véritables frères : l'affection qu'il
leur portait allait si loin, qu'il ne pouvait jamais
leur refuser l'aumône, quoiqu'il la fît souvent
sur son nécessaire; car il avait peu de bien, et
ses infirmités l'obligeaient à des dépenses qui sur-
passaient son revenu. Lorsqu'on lui faisait des
représentations sur ses excès en ce genre, il
répondait : *J'ai remarqué que, quelque pauvre
qu'on soit, on laisse toujours quelque chose en
mourant.*

Il n'approuvait point ces projets de réglemens
que certains particuliers proposent quelquefois
pour prévenir tous les besoins des malheureux :
il disait que ces projets généraux regardent l'admi-
nistration, et que l'homme privé doit chercher à servir les pauvres pauvrement, c'est-à-dire, selon son
pouvoir actuel, sans se livrer à des idées spéculatives et infructueuses, dont la recherche n'est,
pour l'ordinaire, que l'aliment de l'oisiveté ou de
l'avarice.

Quelque temps avant sa mort, il logeait dans sa maison un pauvre homme et son fils, uniquement par commisération chrétienne ; car il n'en retirait aucune espèce de service. L'enfant fut attaqué de la petite vérole, et on ne pouvait guère le transporter ailleurs sans danger. Pascal était déjà lui-même très-malade : il avait un besoin continuel des secours de madame Périer, que des affaires de famille, et surtout le désir de voir son frère, avaient amenée à Paris depuis un certain temps. Et comme elle habitait une maison particulière, avec ses enfans, qui n'avaient pas eu la petite vérole, Pascal ne voulut pas qu'elle s'exposât au danger de la leur apporter. Il prononça contre lui-même en faveur du pauvre : il quitta sa maison pour ne plus y rentrer, et vint occuper, chez madame Périer, un petit appartement, peu commode pour son état.

Nous citerons un autre trait, non moins remarquable, de sa charité. Un matin, en revenant de Saint-Sulpice, où il avait entendu la messe, il rencontra une jeune fille de la campagne, très-belle, qui lui demanda l'aumône. Frappé du danger auquel elle était exposée, et ayant appris que son père était mort depuis peu, et que sa mère mourante venait d'être transportée ce jour-là même à l'hôpital, il crut que Dieu lui envoyait cette fille précisément au moment qu'elle avait besoin de secours. Il la mena sur-le-champ à un vénérable ecclésiastique du séminaire ; et sans se faire connaître, donna de l'argent pour la nourrir et la vêtir, jusqu'à ce qu'on

pût lui trouver une condition avantageuse : il dit
à ce bon prêtre, en le quittant, que le lendemain
il lui enverrait une femme pour l'aider dans cette
œuvre pieuse. Le succès fut heureux et prompt ;
la jeune fille fut placée. On ne sut qu'après la mort
de Pascal, qu'il était l'auteur de cette bonne action.
Madame Périer, en la racontant, n'ajoute pas, ce
qu'on a appris depuis, qu'elle en avait partagé le
mérite avec son frère.

Je me dispenserai de louer Pascal sur la pureté de
ses mœurs : on conçoit qu'avec un corps exténué
par les maladies et les macérations chrétiennes, il
devait fuir sans effort, les plaisirs des sens ; mais il
ne cessait de remercier Dieu de l'avoir reduit à cet
état d'abattement et de langueur, qui lui paraissait
la situation la plus désirable pour un chrétien. Son
amour pour la chasteté était si grand, qu'il ne
pouvait souffrir les discours qui y portaient la plus
légère atteinte. Il poussait le scrupule sur ce point,
jusqu'à désapprouver les embrassemens que madame Périer faisait quelquefois à ses enfans : il
croyait que cette manière de leur témoigner de la
tendresse, pouvait avoir des suites dangereuses pour
les mœurs.

On remarque qu'il était un peu enclin à la vanité.
Et comment en effet ne se serait-il pas quelquefois
livré au sentiment de sa supériorité ? Mais il portait
toujours sur lui une ceinture de fer, hérissée de
pointes ; et quand il se surprenait quelque mouvement d'orgueil, *il se donnait*, dit madame Périer,

des coups de coude pour redoubler la violence des piqûres, et pour se rappeler ainsi à la modestie et à l'humilité chrétienne.

Persuadé que la loi de Dieu défend de trop abandonner son cœur aux créatures, il s'efforçait de modérer l'affection qu'il avait pour ses parens. Il ne montrait donc à personne ces attachemens vifs et empressés auxquels le monde semble mettre un si grand prix; et il ne voulait pas qu'on en eût pour lui. Madame Périer, née avec une âme douce et sensible, se plaignait quelquefois de ses froideurs à leur sœur Jacqueline, religieuse à Port-Royal, qui la consolait et la rassurait. En effet, s'il se présentait quelque occasion où madame Périer eût besoin de son frère, il la servait avec tant de chaleur et tant d'intérêt, qu'elle ne pouvait plus douter qu'il ne l'aimât sincèrement. Elle attribuait donc aux maux qu'il souffrait la manière indifférente dont il recevait les soins qu'elle lui rendait: ignorant que cette espèce d'insensibilité avait une source plus pure et plus élevée; elle en fut instruite, le soir même qu'il mourut, par ces paroles qu'il avait écrites sur un papier détaché : « Il est injuste » qu'on s'attache à moi, quoiqu'on le fasse avec » plaisir et volontairement : je tromperais ceux » en qui je ferais naître ce désir; car je ne suis » la fin de personne, et n'ai de quoi le satisfaire. » Ne suis-je pas prêt à mourir? et ainsi l'objet de » leur attachement mourra. Donc comme je se- » rais coupable de faire croire une fausseté,

» quoique je la persuadasse doucement, qu'on la
» crût avec plaisir, et qu'en cela on me fît plai-
» sir : de même je suis coupable, si je me fais ai-
» mer, et si j'attire les gens à s'attacher à moi. Je
» dois avertir ceux qui seraient prêts à consentir
» au mensonge, qu'ils ne le doivent pas croire,
» quelque avantage qui m'en revienne ; et de
» même, qu'ils ne doivent pas s'attacher à moi :
» car il faut qu'ils passent leur vie à plaire à Dieu,
» ou à le chercher. »

Les prodiges opérés dans l'établissement de la
religion lui avaient prouvé que Dieu a plus d'une
fois interrompu le cours ordinaire des lois de la
nature pour instruire les hommes : convaincu que
la même Providence ne cesse point de veiller sur
son église, il pensait qu'elle se manifeste encore
quelquefois par des miracles ; et il crut en remarquer un exemple dans un événement extraordinaire qui arriva pendant qu'il combattait la morale
corrompue des Jésuites. Une fille de M. et madame
Périer, nommée *Marguerite*, pensionnaire au
monastère de Port-Royal de Paris, âgée de dix
à onze ans, était affligée depuis trois ans et demi
d'une fistule lacrymale de la plus mauvaise espèce : elle jetait par l'œil, par le nez et par la
bouche une matière d'une puanteur insupportable.
Le vendredi 24 mars 1656, on lui fit toucher la
relique de la sainte Epine, que M. de la Poterie,
ecclésiastique d'une haute dévotion, avait prêtée
au monastère de Port-Royal ; et aussitôt la jeune

fille se trouva guérie. Racine dit, dans l'*Histoire de Port-Royal*, que le silence était si grand dans ce monastère, que plus de six jours après ce miracle, il y avait des sœurs qui n'en avaient point entendu parler. Il n'est pas dans le cours ordinaire des choses, que les personnes dont la foi est la plus ardente, voient s'opérer, sous leurs yeux, un miracle, sans être frappées d'étonnement, sans se presser de le communiquer, et d'en rendre gloire à Dieu. La réserve des religieuses de Port-Royal pourra donc paraître à certains esprits jeter des doutes sur le fait même : à des esprits plus favorablement disposés, elle prouvera que la guérison de la jeune Périer n'était point un de ces ressorts préparés d'avance, un de ces artifices pieux que les chefs de parti se sont trop souvent permis pour attirer à eux la multitude crédule.

Les directeurs de Port-Royal, sincèrement persuadés du miracle, ne crurent pas qu'il leur fût permis de taire une faveur de la Providence, aussi signalée, aussi glorieuse pour la religion catholique, et aussi propre à faire triompher leur cause. Ils voulurent donner au fait la plus grande authenticité. Quatre médecins célèbres et plusieurs chirurgiens qui avaient examiné et traité la maladie, attestèrent qu'elle était incurable par tous les moyens humains, et que la guérison ne pouvait en être que surnaturelle. Le miracle fut publié avec l'approbation solennelle des vicaires-

26.

généraux qui gouvernaient le diocèse de Paris en l'absence du cardinal de Retz. La manière dont il fut reçu dans le monde désespéra les Jésuites. Ils entreprirent de le nier : pour motiver leur incrédulité, ils employaient ce ridicule argument : Le Port-Royal est hérétique, et Dieu ne fait pas des miracles pour les hérétiques. On leur répondit : Le miracle de Port-Royal est très-certain ; vous ne pouvez révoquer en doute un fait avéré : donc les Jansénistes soutiennent la bonne cause, et vous êtes des calomniateurs. Une circonstance particulière vint à l'appui de ce raisonnement. La sainte relique n'opérait des miracles qu'à Port-Royal : ayant été transportée chez les Ursulines et chez les Carmélites, elle n'y en fit aucun, *parce que ces religieuses n'avaient point d'ennemis*, et qu'ainsi *elles n'avaient pas besoin, comme quelques-unes d'elles ont dit, que Dieu fît un miracle pour prouver qu'il est avec elles* (*). Les Jésuites scandalisèrent les personnes pieuses, et les railleurs se moquèrent d'eux. Rien ne manqua en cette occasion au triomphe des Jansénistes. Pascal demeura convaincu que la guérison de sa nièce était l'œuvre de Dieu, et cette fille en eut la même persuasion, qu'elle a conservée pendant toute sa vie, qui a été très-longue. La croyance

---

(*) Voyez le recueil des OEuvres de Pascal, tome III, page 479.

à un miracle particulier, qui n'est ni rapporté dans les livres saints, ni consacré par les décisions de l'église, n'intéresse point la foi : la question se réduit à un simple point de fait sur lequel les opinions peuvent se partager. Mais ce qu'il n'est pas permis ici de révoquer en doute, c'est la sincérité et la candeur de Pascal, dont la droiture et l'amour pour la vérité ne se sont jamais démentis. Certainement il n'y a personne à qui son autorité ne doive paraître d'un grand poids. S'il s'est trompé, il faut le respecter encore dans son erreur : il faut considérer que le sentiment naturel d'un chrétien souffrant, à qui la religion semble envoyer des consolations, est de les recevoir avec une foi humble et reconnaissante, et non pas de les soumettre à l'examen du scepticisme.

Pendant les deux dernières années de sa vie, Pascal fut tourmenté par tous les maux du corps et de l'esprit. Il eut, en 1661, la douleur de voir naître cette longue persécution sous laquelle la maison de Port-Royal succomba enfin dans la suite. La faveur publique était pour les Jansénistes ; mais cette faveur-là même ne faisait qu'irriter davantage les Jésuites, qui ayant trouvé le moyen de surprendre l'autorité, en portèrent l'abus au dernier excès. Pour parvenir sûrement à perdre les savans de Port-Royal, la *société* imagina de faire imposer aux religieuses de cette abbaye la loi de signer le formulaire de 1657 : bien certaine que l'avis de leurs directeurs serait, ou de ne point signer, ou de ne signer qu'avec des restrictions également favorables à ses projets de vengeance et de destruction. Les grands-vicaires de Paris eurent ordre, en conséquence, de se rendre aux deux monastères, et d'y faire exécuter cette loi en toute rigueur. Je n'ai pas besoin de peindre ici le déplorable embarras où se trouvèrent les religieuses, forcées de porter leur jugement sur le livre de Jansenius, dont elles n'entendaient ni la langue, ni la matière : respectant d'une part l'autorité qui les pressait, de l'autre craignant de trahir la vérité ; rebelles aux yeux du gouvernement, si elles refusaient de signer, et coupables aux yeux de leurs directeurs, si elles paraissaient donner leur approbation à un écrit qu'ils présentaient comme arraché au clergé et au pape, par les intrigues des Jésuites. Ces cruelles perplexités coûtèrent la vie à Jacqueline Pascal : lors de la visite des grands-vicaires, elle était sous-prieure à Port-Royal-des-Champs; les combats violens qu'elle essuya, placée entre le désir de se soumettre et les terreurs de sa conscience, firent en elle une si grande révolution, qu'elle tomba malade, et mourut le 4 octobre 1661 : *première victime du Formulaire*, comme elle disait elle-même. Tous ceux qui la connaissaient la pleurèrent sincèrement. Elle avait beaucoup d'esprit et de sensibilité; elle faisait bien des vers; à l'âge de quatorze ans, elle avait remporté le prix de poésie qui se distribue à Rouen le jour de

la Conception. On nous a conservé (*) d'elle plusieurs pièces où l'on trouve de la facilité, du naturel et quelquefois de l'élégance. Pascal aimait
tendrement cette sœur : lorsqu'il apprit sa mort,
il dit en poussant un profond soupir : *Dieu nous
fasse la grâce de mourir comme elle.*

Dans ce combat de l'obéissance et des scrupules,
les religieuses de Port-Royal adressèrent à la cour
quelques plaintes modérées : mais ces plaintes, in-
terprétées par les Jésuites, eurent la couleur d'une
résistance coupable; et on se persuada que les directeurs du monastère y fomentaient une hérésie
dangereuse. Cependant ils n'avaient jamais balancé
à condamner les cinq propositions en elles-mêmes;
ils avaient seulement distingué, dans la CONSTI-
TUTION d'Alexandre VII, deux questions, l'une
de droit, l'autre de fait : ils recevaient comme une
règle de foi la question de droit, c'est-à-dire,
la censure des cinq propositions dans le sens qu'elles
offraient immédiatement, et abstraction faite de
toutes les circonstances qui pouvaient les restreindre
ou les modifier; mais ils ne se croyaient pas obligés
d'adhérer à l'assertion du pape, lorsqu'il disait que
les cinq propositions étaient formellement contenues dans Jansenius, et hérétiques dans le sens
de cet auteur, parce qu'il était possible, selon eux,

(*) Voyez le livre qui a pour titre : *Recueil de plusieurs
Pièces pour servir à l'Histoire de Port-Royal* (1740.)

que les papes et l'église même se trompassent sur
les questions de fait. Si on n'avait réellement cherché, dans ces disputes, que la vérité et la con-
corde, il semble que cette distinction aurait pu
rapprocher les esprits. Pascal l'avait adoptée pleinement ; elle sert de base aux deux dernières
Lettres Provinciales qui parurent en 1657. Quatre
ans après, lorsqu'on voulut obliger les religieuses
de Port-Royal de souscrire au Formulaire, les
Jansénistes montrèrent une nouvelle condescendance : ils consentirent que les religieuses signas-
sent, en déclarant simplement qu'elles ne pouvaient pas juger si les propositions condamnées
par le pape, et qu'elles condamnaient sincèrement,
étaient tirées ou non de Jansenius. Mais cette restriction légère et raisonnable ne put contenter
les Jésuites, qui voulaient absolument perdre les
solitaires de Port-Royal, ou les forcer à une ré-
tractation déshonorante. C'est ce que Pascal avait
prévu. Aussi, loin d'approuver la facilité des Jansénistes, il ne cessait de leur dire : *Vous cherchez
à sauver Port-Royal; vous ne le sauverez point,
et vous trahissez la vérité!* Il en vint jusqu'à changer d'avis au sujet de la distinction du fait et du
droit. La doctrine de Jansenius sur les cinq propositions lui parut être exactement la même que
celle de saint Paul, de saint Augustin et de saint
Prosper. D'où il concluait que les papes, en condamnant le sens de Jansenius, s'étaient trompés,
non pas seulement sur le fait, mais encore sur

le droit, et qu'on ne pouvait signer en conscience
le Formulaire, qu'en exceptant d'une manière bien
prononcée ce même sens de Jansenius. Il accusa
de faiblesse les solitaires de Port-Royal : il leur
dit nettement que dans leurs différens écrits, ils
avaient eu trop d'égard à l'utilité présente, et que
comme elle avait changé selon les divers temps,
ils s'étaient trop prêtés aux circonstances. L'élévation de son âme et la droiture de son esprit ne
voyaient plus dans tous ces tempéramens que des
subterfuges inventés par le besoin, condamnables
aux yeux des hommes, et absolument indignes
des véritables défenseurs de l'église. On répondit
à ces reproches, en expliquant au long, et d'une
manière ingénieuse, les moyens de souscrire au
Formulaire, sans blesser sa conscience, et peut-
être sans déplaire au gouvernement. Mais toutes
ces explications ne firent point changer de sentiment à Pascal : elles eurent même un effet opposé
à celui qu'on désirait ; elles occasionnèrent quelque
réfroidissement dans ses liaisons avec les solitaires
de Port-Royal. Cette petite mésintelligence, qu'on
ne cacha point de part et d'autre, fut dans la suite
la source d'un mal entendu assez singulier, dont
les Jésuites voulurent tirer avantage. M. Beurier,
curé de Saint-Etienne-du-Mont, homme pieux,
mais d'ailleurs peu instruit, qui assista Pascal dans
sa dernière maladie, ayant entendu dire vague-
ment à cet homme célèbre qu'il ne pensait pas
comme les solitaires de Port-Royal sur les matières

de la grâce, crut que ces paroles signifiaient qu'il pensait comme leurs adversaires. Il n'imaginait pas qu'on pût être plus janséniste, s'il est permis de parler ainsi, que Nicole et Arnaud. Trois années environ s'étaient écoulées depuis la mort de Pascal, lorsque M. Beurier, sur le témoignage confus de sa mémoire, attesta par écrit à l'archevêque de Paris, Hardouin de Péréfixe, moliniste zélé, que Pascal lui avait dit qu'il s'était séparé des solitaires de Port-Royal sur la question du Formulaire, et qu'il ne leur trouvait pas assez de soumission pour le Saint-Siège. C'était précisément tout le contraire. Les Jésuites firent un pompeux étalage de cette déclaration : ils n'avaient pu répondre aux lettres provinciales; ils cherchaient à persuader que l'auteur les avait rétractées, surtout les deux dernières, et qu'il avait fini par adopter leur théologie. Mais les jansénistes confondirent aisément cette ridicule prétention. On opposa au témoignage de M. Beurier, des témoignages contraires, infiniment plus circonstanciés et plus positifs; et ce qui ne laissait aucun doute, on produisit les écrits dans lesquels Pascal expliquait lui-même ses sentimens. Frappé de ces preuves victorieuses, et rappelant mieux ses esprits, M. Beurier reconnut qu'il avait mal pris les paroles de son pénitent, et rétracta formellement sa déclaration. Enfin les Jésuites furent forcés de convenir que Pascal était mort dans les principes du jansénisme le plus rigoureux.

Revenons à sa dernière maladie. Il fut attaqué,

au mois de juin 1662, d'une colique très-aiguë et presque continuelle, qui ne lui permettait que des momens de sommeil. Les médecins qui le traitaient, témoins de ses douleurs, jugeaient bien qu'elles affaiblissaient beaucoup son corps ; mais comme elles n'étaient accompagnées d'aucun symptôme de fièvre, ils ne regardèrent pas son état comme dangereux. Il était fort éloigné d'avoir la même sécurité ; du premier moment, il dit qu'on y serait trompé, et qu'il mourrait de cette maladie. Il se confessa plusieurs fois, il voulait qu'on lui apportât le viatique ; mais, pour ne pas effrayer ses amis, il consentit aux délais qu'on lui demandait, sur la parole des médecins qui ne cessaient d'assurer que d'un jour à l'autre il serait en état d'aller recevoir la communion à l'église. Cependant ses douleurs augmentaient toujours : à la colique qui déchirait ses entrailles, se joignirent de violens maux de tête, et des étourdissemens très-fréquens ; bientôt ses souffrances devinrent insupportables. Il était néanmoins tellement résigné à la volonté de Dieu, qu'il ne laissa jamais échapper le moindre mouvement de plainte ou d'impatience. Son imagination, échauffée par l'ardeur du mal, n'était occupée que de projets de bienfaisance et de charité. Il fit son testament, où les pauvres eurent la meilleure part : il aurait même désiré leur laisser tout son bien, si une telle disposition n'eût été trop nuisible aux enfans de M. et madame Périer, qui n'étaient pas riches. Du moins, s'il ne pouvait faire davantage

pour les pauvres, il voulait mourir parmi eux,
il demanda avec instance, pendant plusieurs
jours, qu'on le transportât aux incurables; et on ne
put le faire revenir de cette idée, qu'en lui promet-
tant que s'il guérissait, il serait libre de consacrer
entièrement sa vie et ses biens au service des pauvres. Durant toutes ces agitations, il lui prit, le 17
août, une convulsion si forte, qu'on le crut mort.
Ceux qui l'assistaient, étaient désespérés de s'être
refusés au désir ardent qu'il avait témoigné tant de
fois de recevoir l'eucharistie. Mais ils eurent la consolation de le voir revenir en pleine connaissance.
Alors M. le curé de Saint-Etienne-du-Mont, entrant avec le Saint-Sacrement : *Voici*, lui dit-il,
celui que vous avez tant désiré. Pascal se souleva
de son lit de douleurs, et reçut le viatique avec un
respect et une résignation qui arrachèrent des
larmes à tous les assistans. Un moment après, ses
convulsions le reprirent et ne le quittèrent plus :
il mourut le 19 août 1662, à l'âge de trente-neuf
ans et deux mois (*).

(*) Pascal est enterré à Paris, à Saint-Etienne-du-
Mont, sa paroisse, derrière le maître-autel, près la chapelle de la Vierge, à main droite, au coin du pilier de la
même chapelle. L'épitaphe qui suit fut appliquée à ce
pilier; mais on l'a transportée depuis au bas de l'église,
au-dessus de la porte latérale à droite.

Pro columnâ superiori,
Sub tumulo marmoreo,

Jacet BLASIUS PASCAL *Claromontanus, Stephani*

Son corps ayant été ouvert, on trouva qu'il avait l'estomac et le foie flétris, les intestins gangrenés : on remarquera avec étonnement que son crâne contenait une quantité énorme de cervelle, dont la substance était fort solide et fort condensée.

Tel fut cet homme extraordinaire, qui reçut en partage de la nature tous les dons de l'esprit : géomètre du premier ordre ; dialecticien profond ; écrivain éloquent et sublime. Si on se rappelle que dans une vie très-courte, accablée de souffrances presque continuelles, il a inventé la machine arithmétique, les principes du calcul des probabilités, la méthode pour résoudre les problèmes de la roulette ; qu'il a fixé d'une manière irrévocable les opinions encore flottantes des savans, par rapport aux effets du poids de l'air ; qu'il a établi le premier,

---

Pascal in Supremâ apud Arvernos Subsidiorum Curiâ Præsidis filius. Post aliquot annos in severiori secessu et divinæ legis meditatione transactos, feliciter et religiosè in pace Christi vitâ functus anno 1662, ætatis 39, die 19 Augusti. Optasset ille quidem præ paupertatis et humilitatis studio etiam his sepulchri honoribus carere, mortuusque etiamnùm latere, qui vivus semper latere voluerat. Verùm ejus hac in parte votis cùm cedere non posset Florinus Perier in eâdem Subsidiorum Curiâ Consiliarius, ac Gilbertæ Pascal, Blasii Pascal sororis, conjux amantissimus, hanc tabulam posuit, quâ et suam in illum pietatem significaret, et Christianos ad christiana precum officia sibi et defuncto profutura cohortaretur.

sur des démonstrations géométriques, les lois générales de l'équilibre des liqueurs; qu'il a écrit un des
ouvrages les plus parfaits qui ait paru dans la langue
française; que dans ses *Pensées*, il y a des morceaux
d'une profondeur et d'une éloquence incomparables :
on sera porté à croire que chez aucun peuple, dans
aucun temps, il n'a existé de plus grand génie.

Tous ceux qui l'approchaient, dans le commerce
ordinaire de la vie, reconnaissaient sa supériorité :
on la lui pardonnait, parce qu'il ne la faisait jamais
sentir. Sa conversation instruisait, sans qu'on s'en
aperçût et qu'on pût en être humilié. Il était d'une
indulgence extrême pour les défauts d'autrui. Seulement, par une suite de l'attention qu'il avait de
réprimer en lui-même les mouvemens de l'amour-
propre, il en aurait souffert difficilement dans les
autres l'expression trop marquée. Il disait à ce sujet,
qu'un honnête homme doit éviter de se nommer;
que la piété chrétienne anéantit le *moi* humain, et
que la civilité humaine le cache et le supprime. On
voit par les *Lettres Provinciales*, et par plusieurs
autres ouvrages, qu'il était né avec un grand fond
de gaîté : ses maux même n'avaient pu parvenir à
la détruire entièrement. Il se permettait volontiers
dans la société ces railleries douces et ingénieuses,
qui n'offensent point, et qui réveillent la langueur
des conversations : elles avaient ordinairement un
but moral; ainsi, par exemple, il se moquait avec
plaisir de ces auteurs qui disent sans cesse : *Mon
livre, mon commentaire, mon histoire;* ils feraient

mieux, ajoutait-il plaisamment, *de dire: Notre livre, notre commentaire, notre histoire, vu que d'ordinaire il y a en cela plus du bien d'autrui que du leur.*

Il était en vénération dans sa famille, à qui il avait inspiré son goût pour les sciences, ses opinions théologiques, et surtout son amour pour la vertu. M. Périer, son beau-frère, mourut en 1672, avec la réputation d'un excellent magistrat et d'un saint : les sciences conserveront le souvenir de ce qu'il fit pour elles, en secondant les vues de Pascal sur la pesanteur de l'air. Madame Périer mourut au mois d'avril 1687, à Paris, pendant un voyage qu'elle y fit, ayant rempli tous les devoirs d'une femme forte et d'une mère chrétienne. Jamais l'union de ces deux époux ne fut troublée, parce qu'elle avait la religion pour base.

F I N.

TABLE.

II.   27

Fin de la Table du second volume.

NOTICE

DES

PRINCIPAUX OUVRAGES

DE

CHARLES BOSSUT.

Des raisons, dont il est inutile d'instruire le public, obligent de donner cette courte Notice, et d'y joindre quelques témoignages de poids. La défense de soi-même est de droit naturel ; et lorsqu'elle porte uniquement sur des faits, elle ne peut donner lieu à aucune maligne interprétation : *Se ipsum deserere turpissimum est.*

Bossut commença à se faire connaître de l'académie des sciences de Paris, par un mémoire qu'il y lut au mois de décembre 1752. Ce mémoire intitulé : *Usage de la différentiation des paramètres pour la solution de plusieurs problèmes de la méthode inverse des tangentes*, fut loué et approuvé; il est imprimé dans le tome II du recueil *des Savans Étrangers.* Un mois après, l'auteur ayant été nommé professeur de Mathématiques à l'école du corps militaire du génie, à Mézières, fut admis au nombre des correspondans de l'académie.

Le même volume contient deux autres mémoires de Géométrie, envoyés par Bossut à l'académie, en 1754.

Il y a trois mémoires du même auteur, dans le tome III : savoir, 1°. la démonstration d'un théorème

27.

d'Euler, simplement énoncé dans les actes de Leipsick (1754) sur la détermination de deux arcs d'ellipse dont la différence forme une quantité algébrique; 2°. des recherches sur plusieurs questions intéressantes de Dynamique; 3°. une nouvelle manière de démontrer les propriétés de la cycloïde.

En 1760, Bossut partagea le prix de l'académie de Lyon *sur la meilleure forme des rames*, avec M. Jean Bernoulli, le fils, et M. Janneret, élèves l'un et l'autre du célèbre Daniel Bernoulli.

En 1761, il partagea le prix de l'académie des sciences de Paris, avec M. Jean – Albert Euler, digne fils du grand Euler. Le sujet de ce prix était : *La meilleure manière de lester et d'arrimer un vaisseau, et les changemens qu'on peut faire à l'arrimage, soit pour faire mieux porter la voile au navire, soit pour lui procurer plus de vitesse, soit pour le rendre plus ou moins sensible au gouvernail.* Clairaut, l'un des juges du prix, après avoir annoncé à Bossut le succès de sa pièce, dans une lettre du 8 mars 1761, poursuit ainsi : *Quoique je vous eusse volontiers donné tout le prix, s'il n'avait tenu qu'à moi, je ne puis cependant trouver malheureux pour vous de n'en avoir eu que la moitié, parce qu'il me paraît qu'il y a beaucoup de gloire à votre âge à être proclamé l'égal d'un aussi grand géomètre que M. Euler : le triomphe entier eût été moins brillant, puisqu'on n'aurait pas su qu'il avait lieu,etc.* La pièce de M. J. A. Euler est imprimée, quant aux principes théoriques, sous le nom de son père, parmi les mémoires de l'académie de Berlin, pour l'année 1760.

En 1762, Bossut remporta le prix de l'académie des sciences de Paris, sur la question : *Si les planètes se meuvent dans un milieu dont la résistance produise* quelque effet sensible sur leurs mouvemens. Il fit imprimer sa pièce à part, en 1765, et l'ayant envoyée à l'académie de Pétersbourg, il reçut cette réponse du secrétaire, en date du $\frac{10}{25}$ novembre 1766 : *Notre académie impériale des sciences a été bien aise de recevoir votre pièce sur la résistance de l'éther, couronnée par l'académie royale de Paris... MM. Euler, père et fils, qui, comme vous savez, se trouvent chez nous depuis quelques mois, l'ayant examinée particulièrement, vous rendent justice par leur rapport, et par la lettre ci-jointe, qui me dispense de vous mander en détail le sentiment de l'académie sur votre mémoire, etc.*

Lettre de M. J. A. Euler, à M Bossut, Pétersbourg, $\frac{9}{20}$ novembre 1766.

J'ai été bien ravi, Monsieur, de voir ici votre mémoire sur la résistance de l'éther, qui vous a mérité le prix de l'académie royale des sciences de Paris, l'an 1762 : comme j'avais travaillé sur le même sujet, j'ai vu avec la plus grande satisfaction que nous nous sommes parfaitement rencontrés sur tout ce qui regarde les planètes principales et les comètes ; mais, pour ce qui regarde la lune, je vous avoue franchement que je n'ai pas osé entreprendre cette recherche, croyant d'ailleurs que la question se bornait aux planètes principales. C'est donc avec le plus grand plaisir que j'ai vu de quelle manière vous avez réussi à surmonter les difficultés que j'avais redoutées ; et si la résistance de la lune est suffisamment vérifiée par l'expérience, on peut maintenant soutenir que celle des planètes principales est presque entièrement insensible, etc.

La même année 1762, l'académie de Toulouse adju-

gea le prix quadruple qu'elle avait proposé *sur la construction la plus avantageuse des digues*, à une pièce
composée en commun par Bossut, et Viallet, ingénieur
des ponts et chaussées.

En 1765, Bossut partagea le prix double de l'académie
des sciences de Paris, avec MM. Grognard, Bourdé de
Villehuet, et Gautier, sur ce sujet : *Quelles sont les
méthodes usitées dans les ports pour lester et arrimer
les vaisseaux de toutes les grandeurs et de différentes
espèces, le poids et la distribution des matières qu'on
y emploie, l'effet qu'elles produisent sur le sillage, sur
les lignes d'eau, sur les propriétés de bien porter la
voile, de bien gouverner, d'être doux à la mer, et sur
les autres qualités d'un vaisseau ; les inconvéniens
dont ces méthodes sont susceptibles, et les remèdes
qu'on y pourrait apporter.*

Cette même année 1765, Bossut remporta le prix de
l'académie de Toulouse, *sur la recherche des lois du
mouvement que les fluides suivent dans les conduites de
toute espèce.*

La même recherche ayant été proposée pour le sujet
du prix de l'année 1768, principalement pour le mouvement des eaux dans les tuyaux de conduite, Bossut
fut encore couronné.

Le Gouvernement le nomma, en 1768, à la place
d'examinateur des élèves du corps militaire du génie,
vacante par la mort de Camus ; et en même temps l'académie des sciences de Paris l'admit au nombre de ses
membres. L'institut de Bologne, en Italie, l'académie
de Pétersbourg, celle de Turin, la société provinciale
d'Utrecht, etc., et enfin l'institut national de France,
l'ont aussi adopté successivement.

On trouve de lui deux mémoires dans le volume de

l'académie des sciences de Paris, pour l'année 1769 : l'un, sur la manière de sommer les suites dont les termes sont des puissances semblables de sinus ou cosinus d'arcs qui croissent en progression arithmétique ; l'autre, sur la détermination générale de l'effet des roues mues par le choc de l'eau. Le premier de ces mémoires, fondé sur une méthode neuve et très-simple, a eu un succès brillant : il a été commenté ou étendu par MM. Daniel Bernoulli, Euler et Lexel. (Voyez les mémoires de l'académie de Pétersbourg, pour l'année 1773.) Le second contient la solution générale d'un problème difficile, dont on n'avait donné jusque-là que des solutions particulières et insuffisantes.

En 1771, Bossut publia son *Traité théorique et expérimental d'Hydrodynamique.* Condorcet, alors secrétaire de l'académie des sciences, après avoir donné une idée générale de cet ouvrage, dans le volume de 1771, conclut ainsi : *Il n'y a qu'un géomètre, et un géomètre bien exercé à la théorie et au calcul, qui puisse donner aux expériences la forme qu'elles doivent avoir pour être comparables avec la théorie, pour qu'on puisse les employer à rectifier les hypothèses, ou à trouver une théorie conforme à la nature ; il n'y a qu'un géomètre qui puisse savoir, soit quelle précision peut produire dans la théorie, une expérience dont le degré d'exactitude est donné, soit réciproquement avec quelle précision les expériences doivent être faites, pour qu'on puisse les employer à fonder une théorie ou à la vérifier. Des expériences faites par un géomètre tel que M. l'abbé Bossut, doivent donc être bien précieuses, tant pour les mathématiciens qui voudront approfondir la théorie des fluides, que pour les mécaniciens qui s'occupent d'Hydraulique.* En effet, l'Hydrodynamique de Bossut est devenu un livre classique en France et dans les pays étrangers.

En 1775, Bossut fit, par ordre du Gouvernement, une longue suite d'expériences *sur la résistance des fluides*, principalement dans les canaux étroits et peu profonds. Le détail en est imprimé dans un ouvrage particulier, intitulé : *Nouvelles expériences sur la résistance des fluides*, etc. (Paris, 1777.)

En 1778, il en fit d'autres, (imprimées dans le volume de l'académie pour cette année) *pour découvrir la loi suivant laquelle diminue la résistance d'une proue angulaire*, *à mesure que cette proue devient plus aiguë.* Lorsque la vitesse est fort lente, le changement de proue n'en apporte que très-peu à la résistance; mais lorsque la vitesse est un peu grande, comme, par exemple, de 5 à 6 pieds par seconde, la résistance diminue beaucoup à mesure que l'angle de la proue devient plus aigu. Bossut a fait des expériences pour des proues angulaires qui varient de 12 en 12 degrés, depuis l'angle de 180 degrés, c'est-à-dire, depuis le simple plan, jusqu'à l'angle de 12 degrés ; et il a représenté les résultats par une formule fort simple, assez conforme aux phénomènes : il ne la donne cependant que pour une approximation, qu'on peut perfectionner, ou remplacer ; ce qui est très-facile au moyen des méthodes d'interpolation.

Ceux qui voudront répéter ces expériences, ou les comparer avec d'autres, ou en faire de semblables, sont avertis, et doivent bien considérer d'avance que la grande difficulté est de faire aller le bateau ou le corps flottant, exactement en ligne droite : les serpentemens peuvent produire des différences très-considérables dans les résultats, absolus ou comparatifs.

Les expériences sur la résistance dans les canaux

étroits et peu profonds étaient un sujet presque entièrement neuf. On savait, par les assertions des bateliers
sur les canaux de Hollande, que la difficulté de la navigation augmentait sensiblement lors des basses eaux :
Franklin avait reconnu en gros la vérité de cette assertion, par une petite expérience où il faisait courir un
bateau de 6 pouces de longueur sur 2 pouces un quart
de largeur, dans un canal long de 14 pieds, et large de 5
à 6 pouces; mais outre qu'il n'avait point de montre
pour mesurer le temps, et qu'il se contentait de compter
les secondes à la voix, il s'était trompé, en estimant les
résistances par la simple raison inverse des temps, au
lieu d'employer la raison inverse des *quarrés* des temps.
Les expériences de Bossut ont pleinement éclairci cet
objet de la plus haute importance pour la navigation
dans les canaux, souterrains ou à ciel ouvert.

Les volumes de l'académie des sciences de Paris, pour
les années 1774 et 1776, contiennent des *Recherches
nouvelles* de Bossut, sur *l'équilibre des voûtes.*

Dans le volume de 1777, il a donné *une méthode
nouvelle pour résoudre des problèmes qui se rapportent
au retour des suites*, et il en a fait une application particulière au problème de Képler, sur l'anomalie moyenne
des planètes.

Il a composé un cours de Mathématiques à l'usage
des élèves du corps du génie, et en général à celui des
écoles publiques. Ce cours, réimprimé plusieurs fois,
contient un grand nombre de choses qui appartiennent
à Bossut : on se contentera de citer la théorie générale
et directe qu'il a donnée (ce que personne n'avait fait
avant lui) du mouvement des centres de gravité.

On connaît le *Traité de calcul différentiel et de
calcul intégral*, qu'il publia il y a quatre ans.

On ne fait pas mention d'une foule de mémoires
(demeurés manuscrits) qu'il a composés pour le Gouvernement, ou pour l'instruction de ses élèves pendant
qu'il était professeur à l'école de Mézières. On s'abstient
aussi de citer les extraits, ou les mémoires qu'il a
insérés en différens temps dans les journaux.

Son *Essai sur l'Histoire générale des Mathématiques*, et son *Discours sur la vie et les ouvrages
de Pascal*, sont aujourd'hui soumis au jugement du
public.

www.ingramcontent.com/pod-product-compliance
Lightning Source LLC
Chambersburg PA
CBHW060951220326
41599CB00023B/3678